U0295403

本书出版由上海科技专著出版资金资助
上海交通大学学术出版基金资助项目

空间结构风工程

何艳丽　编著

上海交通大学出版社

内 容 提 要

本书浅入深出地阐述了空间结构风工程的基本理论、分析方法、试验技术以及风工程最新的进展和研究成果,主要内容包括:结构风的基本特征、风荷载的模拟方法、风振响应的分析方法、计算流体动力学数值模拟方法以及风洞试验技术。

本书内容丰富、体系完整,注重理论与实际工程结合,既可作为结构工程相关专业的研究生教学用书,也可作为结构工程人员的参考资料。

图书在版编目(CIP)数据

空间结构风工程/何艳丽编著. —上海:上海交通大学出版社,2012

ISBN 978-7-313-08406-4

Ⅰ. 空... Ⅱ. 何... Ⅲ. 空间结构—抗风结构
Ⅳ. TU352.2

中国版本图书馆 CIP 数据核字(2012)第 080854 号

空间结构风工程

何艳丽 编著

上海交通大学出版社出版发行

(上海市番禺路 951 号 邮政编码 200030)

电话:64071208 出版人:韩建民

浙江云广印业有限公司 印刷 全国新华书店经销

开本:787mm×960mm 1/16 印张:16 字数:297 千字

2012 年 9 月第 1 版 2012 年 9 月第 1 次印刷

ISBN 978-7-313-08406-4/TU 定价:50.00 元

出版说明

　　科学技术是第一生产力。21 世纪，科学技术和生产力必将发生新的革命性突破。

　　为贯彻落实"科教兴国"和"科教兴市"战略，上海市科学技术委员会和上海市新闻出版局于 2000 年设立"上海科技专著出版资金"，资助优秀科技著作在上海出版。

　　本书出版受"上海科技专著出版资金"资助。

上海科技专著出版资金管理委员会

前　　言

　　大跨度空间结构的发展状况是衡量一个国家建筑科学技术水平发展的重要标志之一，而对于轻柔的空间结构，风荷载是重要的甚至是决定性的设计荷载，因此，空间结构风工程的发展，是推动空间结构向更超大轻柔方向发展的动力之一。

　　作者一直以来都致力于空间结构风工程的教学、理论研究和实际应用工作，在工程应用与指导研究生学习的过程中感觉到，虽然新型空间结构风工程的理论体系已基本建立，但空间结构风工程的基本理论与研究方法仍零星散布于一些文献中，缺乏一本系统介绍它们的书籍。本书的编著中系统地考虑了空间结构的特性，可作为在读的研究生学习教材或参考书，同时也可为结构工程师提供空间结构抗风设计方面的指导。

　　本书在内容编排上，注重讲述较为成熟的国内外最新研究成果，同时也介绍了作者研究团队及其研究生们的研究成果(第5章中引用了研究生李燕、张丽梅和任涛的学位论文的部分内容)。同时，本书在各有关章节列入了大量计算例题，包括对一些大型工程实例的分析，以帮助读者更好地理解方法的应用。

　　全书共分8章和两个附录，第1章绪论深入浅出地介绍了空间结构风工程的基本内容；然后依次介绍了结构风工程必要的基础知识、结构风的基本特性、风荷载的模拟方法、空间结构顺风向响应的分析方法、空间结构横风向涡激振动与驰振、复杂空间结构的计算流体力学分析方法，以及空间结构的风洞试验技术。附录A列出了全国基本风压标准值表、附录B列出了常见形体结构的体型系数，这样读者拿到这本书，就可以很方便地进行各项实际工程的风工程研究和抗风设计工作。

　　收入本书的部分研究成果是在作者承担的中国博士后基金和国家自然科学基金项目(项目号:50808122)下完成的，感谢这些基金的资助。书中引用了大量国内外公开发表的文献资料，在引用这些资料时均有注明，并谨在此表示感谢。

　　由于作者才疏学浅，疏漏之处恳请读者提出宝贵意见，批评指正。

何艳丽

2012年9月

目　　录

第1章 概 论

空间结构一直是倍受瞩目的一种结构形式,由于它能够充分利用不同材料的特性,以适应各种变化的建筑造型需要,具有结构受力合理,造型优美新颖,制作安装简便等特点,近年来得到了迅速的发展。其结构形式有网架结构、网壳结构、悬索结构、薄膜结构等各种形式,广泛应用于展览馆、体育场馆、车站、机场航站楼等建筑物。

大跨柔性屋盖结构大都重量轻、刚度低、外形美,属于风敏感性结构。由于结构轻柔,自振频率低,在风激作用下易产生较大的振动和变形,具有高度柔性和强非线性,风荷载往往是该类结构设计中的主要控制荷载。屋面覆盖层在灾害性台风作用下可能受到很大的吸力,引发屋盖掀落事故,甚至导致主体结构破坏,而长时间持续的风致振动则可能使结构某些部分如节点、支座等产生疲劳与损伤。如我国 2003 年苏州体育场遭遇风灾,损坏严重,相当部分悬挑屋盖的维护结构被大风掀起;8807 号台风造成杭州机场候机楼、市体育馆屋顶严重损坏;9417 号台风在浙江温州登陆,造成温州机场严重受损。风与结构复杂的相互作用对大跨空间结构抗风设计、防灾减灾分析提出了挑战,因此,空间结构的风振研究日益受到重视。

1.1 空间结构风毁的案例

在风力作用下,对大跨空间结构损坏,特别是屋顶被风掀起的例子是屡见不鲜的。这种对风敏感的结构在国内外的资料中,即使跨度很小,仅几十米的屋盖也能受到破坏,我国沿海台风造成屋盖损坏的则更多。

(1) 2004 年,河南省体育中心体育场屋盖在 9 级风作用下,屋盖的覆面层和固定槽钢被风撕裂并吹落 100 平方米[1],3 副 30 平方米的大型采光窗被整体吹落,雨篷吊顶被吹坏,破坏情况见图 1-1。

(2) 2005 年 9 月 28 日,海南三亚遭受台风"达维"重创,三亚美丽之冠顶冠被撕裂[2],冠体其他部位膜结构完好(见图 1-2)。在此次台风中,在海滨、公园等旅游场所修建的用于遮阳的半开放式膜结构也有很多被撕破(见图 1-3)。

(3) 2007 年 1 月 5 日中午,位于温哥华市中心的卑诗省体育馆(BC Place Stadium)圆顶突然塌陷[3]。卑诗省体育馆建于温哥华举办 1986 年世界博览会之时,是温哥华标志性建筑之一。体育馆圆顶材料是玻璃纤维,只有 1/30 英寸的厚

图 1-1　河南体育馆屋盖被风吹坏

图 1-2　三亚美丽之冠顶冠被撕坏

图 1-3　公园小品膜被撕毁

度,却比钢还要坚固。通常情况下,电力驱动的风扇会保持体育馆内的气压始终高于外界,而即使风扇停止,大门关闭,也要4～6个小时屋顶才会塌陷。卑诗省体育馆的倒塌与恶劣天气有关,一个月来,温哥华地区连遭大雨大风大雪袭击,但当时屋顶上积下的雪和雨水并不是很多,在该体育馆的天顶塌下时,有关的系统并未处于融雪的状态,天顶的排水也正常,所以不需要启动融雪系统。当时有一潭半融的雪和水在屋顶积聚,在强风的吹动下,其中一块三角形的天顶布幕突然出现裂痕,并且迅速被强风撕开一个大洞(见图1-4)。当局及时放下天顶,成功地将破洞处局限在其中一块布幕上,并没有造成结构性的损坏。

图 1-4　加拿大温哥华卑诗省体育馆破坏图

(4)甬台温高速公路枫桥收费站建于2002年,工程为双向8车道设计,钢结构为相贯桁架体系,用钢量42吨,膜展开面积约1300平方米。膜材设计使用法拉利1202T,实际工程用米乐FR-1000型,两种膜材受力指标接近。工程距离海边约20公里,并且经受住了过去三年台风的袭击,在2005年8月遭遇"麦莎"强台风时受到损坏(见图1-5)。

(5)高速公路嘉兴收费站建于2002年,在2006年的一次局部大风(类似龙卷风)中膜片被撕裂一道缝(见图1-6)。然后在大风中破坏范围逐渐加大,导致整个结构的损坏(见图1-7)。

1.2　风振理论研究

空间结构在风激作用下的反应分析,是全面地了解这类结构的工作性能,进一步提高设计水平的重要基础性工作,过去这方面的研究较少,尤其是关于大跨度柔性屋盖在风作用下的气弹性能的研究更少。近年来国内外一些研究者开创了较系统的关于风振反应的研究,取得了可喜的成果。

图 1-5 高速公路枫桥收费站破坏图

图 1-6 高速公路嘉兴收费站局部破坏图

空间结构风致效应属于流体与固体相互作用的范畴。因此,风效应研究自然包括三个要素:风环境、风荷载与结构响应。

风环境包括从气象学、微气象学与气候学中导出的一些基本内容。气象学提供对大气流动基本特征的描述与解释,那些对结构的响应影响很大的特征自然是设计者应当了解的,但微气象学与空间结构风工程关系更大一些,例如平均风速随高度而增加的关系;脉动风的湍流强度与积分尺度以及与地面粗糙度的关系等,都是必不可少的风环境资料。气候学指结构物特定选址处的风况预测,如五十年一

图 1-7　高速公路嘉兴收费站破坏图

遇的极值风速和风向的预测、选址处风速风向玫瑰图等。

风荷载就是风对结构的作用力,这种作用力实质是风与结构相互作用的结果。随机变化的风流过本身也在振动的空间结构物时,使得围绕结构物表面的大气压力形成一种特定的分布状态,并且在不断的变化之中。为了研究的方便,现将随机变化的风分为平均风(不随时间变化的定常流)和脉动风(非定常流,又称湍流)两部分,根据空间结构的特点,将风荷载与风致响应的分类列表,如表 1-1 所示。

表 1-1　风荷载与风致响应的分类

自然风的分量	风荷载类型	结构响应类型与特征
平均风(定常流)	平均风力	静变形与静力失稳
	涡激力	涡振(介于强迫振动与自激振动之间)
	自激力	驰振、颤振(自激振动)
脉动分量(非定常流)	脉动风力	强迫限幅振动

从表 1-1 看出,涡振、驰振以及脉动风下的强迫振动是大跨度空间结构风致振动的主要形态。

涡振是由于气流经过结构后产生旋涡并脱落引起的,介于强迫振动与自激振动之间。当风速位于某一区段时,横风向旋涡脱落频率与结构频率一致时将产生共振。涡振是在低风速下容易出现的一种风致振动现象,涡振带有自激性质,但振动的结构反过来会对涡脱形成某种反馈作用,使得涡振振幅受到限制。尽管涡振不像驰振一样是发散的毁灭性的振动,但由于是低风速下常易发生的振动,且振幅之大足以影响使用和施工的安全,因此在抗风设计时也应引起足够的重视。涡振至今尚未有可接受的数学分析方法,主要是靠风洞试验或者是数值风洞的结果来判定[4-5]。

驰振是一种气动力不稳定现象,一切气动不稳定现象都必含有因物体运动而作用在物体上的气动力,这种气动力就是自激力。当风力方向与结构主轴方向不一致时,可有一微小夹角。当基本风速达到某一临界值时,结构的总阻尼为负值,此时振动将逐渐无限增大,便可产生横风向失稳式振动,在工程上必须加以防止。大跨柔性屋盖结构面薄且覆盖面积大,因而竖向刚度相应很小,竖向风荷载对结构的动力响应可能影响较大。驰振可归结为求解动力学失稳临界状态的问题,一般应用复数特征值求解方法[6-7]。

脉动风下的强迫振动是一种随机振动,因此需要采用随机振动的分析方法,求得表征随机响应的特征量。研究脉动风作用下的结构响应,在理论上已发展了一些在频域和时域内的求解方法。目前工程上经常采用并已被写入有关规范的方法是以振型分解法为基础的频域分析方法。该方法的特点是概念清晰,但是这种方法是以线性化假定为前提的,因而仅可作为一种近似方法应用于一些以钢结构为主要受力构件的屋盖结构。时程分析法根据风荷载的统计特性进行计算机模拟,人工生成具有特定频谱密度和空间相关性的风速时程曲线,该方法能很好地考虑结构的非线性;当用于索膜体系的屋盖结构时,有一些学者又采取了一些改进措施,在运动方程中考虑结构的运动对风压的修正,尽管这些改进方法能考虑一些结构与风之间的相互作用,但仍不能很好地模拟大跨柔性屋盖结构与风的耦合作用。因此,传统的以实测风速时程或模拟风速时程作为外加时变动荷载为基础的时域分析方法已很难有效考虑风与结构的流固耦合作用。

张拉索膜形式的大跨柔性空间结构在风荷载的作用下通常会产生较大的变形和振动,这种大幅的变形和振动反过来也会影响到其表面风压分布,产生"流固耦合"效应。因此,考虑风与结构相互作用的流固耦合分析方法是求解大跨度柔性屋盖风振响应的最好的方法[8]。大跨柔性空间结构在风荷载作用下的耦合振动问题在理论上可描述为不可压缩黏性流体与几何非线性弹性体之间的非定常耦联振动问题。对这一问题的求解包括流体域、结构域和网格域三个计算模块:①流体域主要是模拟近地面大气边界层风场,属于钝体空气动力学范畴;②结构域主要是模拟柔性大跨空间结构的风致动力响应,属于几何非线性弹性体的大位移、小应变受迫振动问题;③网格域主要是以任意拉格朗日欧拉(Arbitrary Lagrange Euler,ALE)描述为基础的动态网格计算问题以及流体与结构网格之间的数据传递问题[9-12]。

1.3 我国的空间结构风工程研究

对于空间结构在顺风向下的响应,无论是在时域法、频域法还是随机离散分析法,国内许多学者都进行了大量的理论和实际工程的分析工作。哈尔滨工业大学的学者把随机振动离散分析方法应用于悬索结构体系的风振响应分析[13-15],并在大量数据的基础上统计风振响应与荷载之间的关系,从而拟合了悬索结构体系响应的风振系数。在频域内,很多学者都采用以振型分解法为基础的频域分析法对大跨空间结构进行了风振响应分析[16-21],并提出了空间结构风振响应分析方法——补偿模态法[22-23],即根据不同模态对整个结构在脉动风作用下应变能的贡献多少来定义模态对结构风振响应的贡献,并对截断模态补偿后再进行风振响应分析;当结构的非线性程度较高时,大多采用时域分析方法来解决[24-25]。

空间结构往往由钢结构构件与索、膜等结构构件组合形成,国外的很多资料都表明,大跨屋盖结构在风力作用下会导致较明显的气弹反应和气动力不稳定现象,因而研究这类结构在风荷载作用下的响应及空气动力稳定性十分重要,但国内对于大跨空间结构横风向的涡振、空气动力失稳方面的风振机理、理论和实际分析工作仍然很少[26-27]。

另外,对于大型柔性空间结构,需要考虑流固耦合的影响来研究其在风作用下的响应及气弹性能[28]。这一方面的研究,也还是属于起步阶段。目前,国内研究大跨柔性空间结构与风环境流固耦合作用的方法可分为三类。一类为采用时变的风荷载,通过风与结构的相对速度不断修正风荷载,并在时域内求解结构动力方程,求解过程中以此来考虑膜结构与风环境的"耦合作用"[29-30];第二类为在结构运动方程中,通过引入耦合参数(附加质量、气动阻尼、气承刚度等)修正运动方程,来考虑膜结构与风环境的耦合作用,耦合参数一般由经验解析公式或风洞实验确定[31];第三类为基于计算流体动力学(Computational Fluid Dynamics,CFD)和计算固体动力学(Computational Solid Dynamics,CSD)建立一种数值风洞模型,通过中间数据交换平台传递 CFD 与 CSD 耦合数据,间接地实现了膜结构与风环境的数值耦合作用。随着 CFD 理论及计算机的发展,该方法无疑具有良好的研究前景。目前,这种方法正在为众多研究人员所认识[32-35],成为一种前沿的研究领域。目前,应用 CFD 数值模拟方法,为研究大型空间结构屋盖表面的静态风压分布规律提供了一种较为简单、快捷的途径,而且可以基本满足工程精度要求[36-38],但是对于像大跨空间结构这种复杂结构,目前的湍流模拟技术尚不成熟,计算结果的精确性仅限于一些平均物理量的模拟上,对于流动中高频脉动成分的模拟结果在工程应用上多采取谨慎的态度,与实验结果尚有出入。因此,对于前景十分看好的

CFD数值模拟技术,要成熟、有效地应用于大跨空间结构的流固耦合风工程研究还有很艰巨的路要走。

风洞试验是空气动力学研究的一个十分重要且不可替代的手段,进行空间结构风工程研究所要求的风洞是边界层风洞。如今刚性模型的风洞试验理论和技术手段都很成熟,且已有很多实际工程进行了类似的试验,主要是为了确定空间结构屋盖的体型系数分布[39-43];但是弹性模型的风洞试验[44-45],由于要求满足各种相似比的要求,而这些要求很多是难以或无法同时满足的,只有依据试验目的适当放松某些相似比的要求,因此对模型的设计者提出了很高的要求,只有精心设计的模型,才能测出结构准确的风致现象和各种响应,因此现阶段大跨度空间结构弹性模型的风洞试验还处于起步阶段,这势必也是今后要进一步发展的领域。另外,由于风洞试验存在着弹性模型试验和风场模拟方面的局限和误差,因此实测的结果比风洞试验的结果更可靠,但在国内,对结构进行风振实测的案例是凤毛麟角,这也是国内风工程需要发展的一个重要方向。

如上所述,近年来我国在空间结构风工程方面所积累的理论及试验研究成果,可以说是相当丰富的,取得了较为丰硕的成果;空间结构所采用的结构形式丰富多彩,相应所进行的理论研究也是多方位的。目前关于这些基本理论问题的研究仍方兴未艾,这将为今后空间结构的进一步发展奠定坚实的基础。

参考文献

[1] http://210.51.25.156/forum/viewthread.php? tid=62317.

[2] http://news.sohu.com/20051011/n227170193.shtml.

[3] http://news.sohu.com/20070106/n247453004.shtml.

[4] Goswami I, Scanlan R H, Jones N P. Vortex-induced vibration of circular cylinders[J]. Journal of Engineering Mechanics, 1993,119(11):2271-2287.

[5] Larsen A. A generalized model for assessment of vortex-induced vibrations of flexible structures[J]. Journal of Wind Engineering and Industrial Aerodynamics, 1995,57: 281-294.

[6] Scanlan R H. The action of flexible bridges under wind, I:flutter theory[J]. J. Sound and Vibration, 1978,60(2):187~199.

[7] Nakamura Y. Recent research into bluff-body flutter[J]. J. Wind. Eng. Ind. Aerodyn., 1990,33:1-9.

[8] 钱若军,董石麟,袁行飞. 流固耦合理论和应用述评[C]. 第十二届空间结构学术会议论文集,北京,2008:399-403.

[9] Bathe K J, Zhang H, Ji S. Finite element analysis of fluid flows fully coupled with

structural interactions[J]. Computers & Structures,1999,72(1-3):1-6.

[10] Bathe K J, Zhang H. A flow-condition-based interpolation finite element procedure for incompressible fluid flows[J]. Computers & Structures,2002,80:1267-1287.

[11] Kohno H, Bathe K J. A nine-node quadrilateral FCBI element for incompressible fluid flows[J]. International Journal for Numerical Methods in Fluids,2006,51:673-699.

[12] Gluck M, Breuer M, Durst F, et al. Computation of wind-induced vibration of flexible shells and membranous structures[J], Journal of Fluid and Structure, 2003,17:739-765.

[13] 谭东耀,杨庆山.有色噪声激励下结构随机振动离散分析方法[J].哈尔滨建筑工程学院学报,1989,22(1):23-35.

[14] 谭东耀等.空间相关过滤白色噪声激励下结构的随机振动离散分析方法[J].计算结构力学及其应用,1993,10(2):157-165.

[15] 杨庆山,沈世钊.悬索结构随机风振反应分析[J].建筑结构学报,1998,19(4):29-39.

[16] 米婷,罗永峰.六种网格形式的单层球面网壳的风振响应[J].空间结构,2003,9(1):11-19.

[17] 周岱,舒新玲,周笠人.大跨空间结构风振响应及其计算与试验方法[J].振动与冲击.2002,21(4):7-17.

[18] 邓华,李本悦.空间网格结构风振计算频域法的参数讨论及数值分析[J].空间结构,2004,10(4):36-43.

[19] 胡继军.网壳风振及控制研究[D].上海:上海交通大学博士论文,2001.

[20] 胡继军,黄金枝,董石麟,陈务军.网壳风振随机响应有限元法分析[J].上海交通大学学报,2000,34(8):1053-1060.

[21] 胡继军,李春祥,黄金枝.网壳风振响应主要贡献模态的识别及模态相关性影响分析[J].振动与冲击,2001,20(1):22-25.

[22] 何艳丽,董石麟.大跨空间网格结构风振系数探讨[J].空间结构,2001,28(6):3-10.

[23] 何艳丽.空间网格结构频域风振响应分析模态补偿法[J].工程力学,2002,19(4):1-6.

[24] 李永梅,赵胥英,章慧蓉,李雪松.新型索承网壳结构非线性风振反应特性及参数分析[J].空间结构,2008,14(3):28-35.

[25] 李元齐,董石麟.大跨度空间结构风荷载模拟技术研究及程序编制[J].空间结构.2001,7(3):3-11.

[26] 何艳丽.大跨空间网格结构的风振理论及空气动力失稳研究.上海:上海交通大学博士后研究工作报告,2001.

[27] 张相庭,王起,史宇炜.大跨度索膜屋盖结构横风向非线性共振响应和空气动力失稳研究[M].大型复杂结构体系的关键科学问题及设计理论研究论文集,上海:同济大学出版社,2000.

[28] 沈世钊,武岳.膜结构风振响应中的流固耦合效应研究进展[J].建筑科学与工程学报,2006,23(1):1-9.

[29] Shizhao Shen, Qingshan Yang. Wind-induced response analysis and wind-resistant design

of hyperbolic paraboloid cable net structures[J]. Int. J. Space Structures,1999,14(1):57-65.

[30] 向阳,沈世钊,李君. 薄膜结构的非线性风振响应分析[J].建筑结构学报. 1999,20(6):38-46.

[31] 杨庆山,王基盛,王莉. 薄膜结构与风环境的流固耦合作用[J]. 空间结构,2003, 9(1):20-24.

[32] 武岳,沈世钊. 膜结构风振分析的数值风洞方法[J]. 空间结构,2003,9(2):38-43.

[33] 马俊,周岱,李华峰,朱忠义. 大跨柔性空间结构风压和耦合风效应分析[C]. 第十二届空间结构学术会议论文集,北京,2008:343-348.

[34] 孙晓颖,武岳,沈世钊. 薄膜结构流固耦合效应的简化数值模拟方法[C].第十二届空间结构学术会议论文集,北京,2008:326-331.

[35] 孙晓颖. 薄膜结构风振响应中的流固耦合效应研究[D]. 哈尔滨工业大学博士论文,2007.

[36] 何艳丽,陈务军,董石麟. 鞍型屋盖平均风压系数分布的数值模拟[C]. 第十二届空间结构学术会议论文集,北京,2008:316-320.

[37] 周骥,张其林,殷惠君. 底裙开敞伞形膜结构风荷载的数值模拟[C].第十二届空间结构学术会议论文集,北京,2008:362-367.

[38] 齐辉,黄本才等.益阳体育场大悬挑屋盖风压分布数值模拟[J].空间结构,2003, 9(2):52-55.

[39] 陈勇,焦俭,赵辉等.面向设计的房屋建筑刚性模型风洞试验[J].空间结构,2003, 9(2):47-51.

[40] 周春,周晓峰等.上海国际赛车场建筑群的风荷载研究[J].空间结构,2004,10(4):3-6.

[41] 王吉民,孙炳南,楼文娟. 双坡屋面薄膜结构模型风压系数的风洞试验研究[J].工业建筑,2002,32(3):58-60.

[42] 裴永忠,朱丹,高撼. 广州新白云国际机场机库风荷载体型系数研究[J].空间结构,2005, 11(4):54-58.

[43] 董明,余梦麟,陈绩明,姚念亮. 余姚国际塑料城会展中心屋面的风荷载研究[J].空间结构,2005,11(4):50-53.

[44] 向阳,沈世钊,赵臣. 张拉式薄膜结构的弹性模型风洞实验研究[J]. 空间结构,1998,5(3):31-36.

[45] 王吉民,孙炳楠,楼文娟. 膜结构风荷载特性和风振响应特性的风洞试验研究[J]. 空间结构, 2001,7(3):18-25.

第2章 结构风工程基础知识

2.1 结构动力学基础知识

2.1.1 结构振动方程

实际结构均为连续分布质量体系,为无限自由度系统。但对于复杂的空间结构来说,采用连续质量体系是无法求解运动方程的。一般都是把结构分成有限个单元,取单元连接处的位移为未知数,而且单元特性不是按偏微分方程而是按假定位移函数列出,则可列出有限个只包括单元连接点位移为未知数的常微分方程组,称为有限自由度体系。

运动方程一般描述为

$$[M]\{\ddot{x}\} + [C]\{\dot{x}\} + [K]\{x\} = \{P(t)\} \tag{2-1}$$

式中:$[M]$,$[C]$,$[K]$分别为结构的质量矩阵、阻尼矩阵和刚度矩阵;本书用[ ]表示矩阵,用{ }表示向量。方程左边三项分别为结构惯性力、阻尼力和恢复力,右边为干扰力。

2.1.2 结构动力特性

结构的动力特性一般包括自振频率、振型及阻尼,在结构风致动力响应分析中是必须用到的。

1. 结构自振频率及振型

按式(2-1),在自由振动中忽略阻尼力和干扰力,即为以连接点位移为未知数的自由振动方程

$$[M]\{\ddot{x}\} + [K]\{x\} = \{0\} \tag{2-2}$$

式中:$[M]$,$[K]$分别为结构的质量矩阵和刚度矩阵。

对应的特征方程为

$$([K] - \omega^2[M])\{\varphi\} = \{0\} \tag{2-3}$$

通过

$$|[K] - \omega^2[M]| = 0 \tag{2-4}$$

求出该系统的 N 个固有频率 $\omega_j (j = 1, 2, \cdots, N)$。将 ω_j 代入特征方程,可求得 ω_j 对

应的特征向量 φ_j、φ_j 的物理意义是系统以 ω_j 的圆频率振动时,各自由度的振幅比。φ_j 显然没有确定振幅的实际大小,但确定了系统振动的形态,因此又叫做振型或模态。

振型具有正交特性。设第 j,k 阶振型分别为 $\{\varphi\}_j$,$\{\varphi\}_k$,则

$$\{\varphi\}_j^{\mathrm{T}}[M]\{\varphi\}_k = 0 \qquad j \neq k \tag{2-5}$$

$$\{\varphi\}_j^{\mathrm{T}}[K]\{\varphi\}_k = 0 \qquad j \neq k \tag{2-6}$$

2. 结构阻尼

结构的阻尼值是影响结构响应的重要因素,由于阻尼的机理复杂,到目前为止尚无准确测定阻尼矩阵中各系数的方法。常用的处理方法有两种。

1) 瑞利阻尼矩阵

假定阻尼矩阵与质量矩阵和刚度矩阵成正比,有

$$[C] = \alpha[M] + \beta[K] \tag{2-7}$$

只要能求出 α 和 β,则阻尼矩阵可求得。在已经求得的若干个固有频率中,任意找到两个固有频率 ω_i,ω_k,并由试验或已知资料确定其相应的阻尼比 ζ_i,ζ_k,则系数 α,β 和其他各振型的阻尼比可由下式确定:

$$\left.\begin{array}{l} \alpha = \dfrac{2\omega_i\omega_k(\zeta_i\omega_k - \zeta_k\omega_i)}{\omega_k^2 - \omega_i^2} \\[3mm] \beta = \dfrac{2(\zeta_k\omega_k - \zeta_i\omega_i)}{\omega_k^2 - \omega_i^2} \\[3mm] \zeta_j = \dfrac{1}{2}\left(\dfrac{\alpha}{\omega_j} + \beta\omega_j\right) \end{array}\right\} \tag{2-8}$$

瑞利阻尼假设的优点是:由于 $[M]$,$[K]$ 均满足振型正交条件,因此瑞利阻尼也满足了振型正交性。

2) 直接假定阻尼比 ζ,确定

$$[C] = \begin{bmatrix} 2\zeta_1\omega_1 & & 0 \\ & \ddots & \\ 0 & & 2\zeta_j\omega_j \end{bmatrix} \tag{2-9}$$

我国规范对不同高度不同形式的钢结构取不同的阻尼比值,取值从 $0.02 \sim 0.04$。

2.1.3　结构的强迫振动

就结构振动而言,有效而通用的强迫振动响应方法就是振型叠加法和时程分析法[1]。

1. 振型叠加法

振型叠加法是在具体求解之前,将几何坐标中的振动方程转变为正则坐标下

的振动方程的一种求解方法。

令

$$\{x\} = [\varphi]\{q\} \tag{2-10}$$

这里 $[\varphi]$ 是由 $j\,(1 \leqslant j \leqslant N)$ 个正则振型构成的矩阵。当 $j < N$ 时相当于振型截断法。将式(2-10)代入式(2-1),并左乘 $\{\varphi\}_j^{\mathrm{T}}$,由正交性可以得到

$$\ddot{q}_j + 2\zeta_j\omega_j\dot{q}_j + \omega_j^2 q_j = \frac{\{\varphi\}_j^{\mathrm{T}}\{P(t)\}}{\{\varphi\}_j^{\mathrm{T}}[M]\{\varphi\}_j} = \frac{P_j^*(t)}{M_j^*} \tag{2-11}$$

上式是 j 阶 $(j \leqslant N)$ 关于正则坐标 q 的互不耦合的方程。

由于式(2-11)中的每一个方程都与单自由度强迫振动方程的形式完全一致,因此可以视为激振力 $\{\varphi\}_j^{\mathrm{T}}\{P(t)\}$ 的性质应用单自由度激励响应的相应方法求解。求出全部 $q_j\,(1 \leqslant j \leqslant N)$ 后,再由式(2-10)求出系统的响应 $\{x\}$。

单自由度体系在任意激励下的响应,式(2-11)方程的解都可按杜哈梅(Duhamel)积分进行求解:

$$q_j(t) = \frac{1}{M_j^*\omega_{\mathrm{d}}^2}\int_0^t P_j^*(\tau)\mathrm{e}^{-\zeta_j\omega_j(t-\tau)}\sin\omega_{\mathrm{d}}(t-\tau)\mathrm{d}\tau \tag{2-12}$$

式中:ω_j 是体系固有频率;ω_{d} 是有阻尼自由振动频率,表达式为

$$\omega_{\mathrm{d}} = \omega_j\sqrt{1 - \zeta_j^2} \tag{2-13}$$

2. 时程分析法

时程分析方法也叫直接积分法,是对振动方程在几何坐标中建立的节点运动方程式逐步进行数值积分的一种方法。

该方法是沿着空间域离散的思路去寻求解决办法,将通过微分平衡方程求全域内连续的未知函数问题转化为通过节点平衡方程求节点未知位移的问题。基本上是以下面 2 个步骤来求解。

把求解的时域离散,将在连续域 $[0,T]$ 内任意时刻 t 都要满足的振动方程转化为只在离散点上满足的瞬态平衡方程式。运动方程式(2-1)描述的是作用在结构各节点上的惯性力、阻尼力、弹性恢复力和外激振力在动力响应域 $[0,T]$ 内任意时刻 t 都处于瞬时平衡状态。当用时间步长 Δt 将时域 $[0,T]$ 离散成各时间单元以后,方程式(2-1)将转化为在时域分段点上、上述四种力的瞬时平衡方程。此刻,该方程已与时间无关,可以采用静力分析的方法去求解。当按时间分段点的次序求完最后一个时间点时刻的平衡方程以后,则方程得解。因此可以说,直接积分法是将空间域和时间域都进行离散的一种求解动态问题的方法,此时的振动方程描述的是在时间分段点所处的时刻,空间各节点所受的惯性力、阻尼力、弹性恢复力和外激振力处于瞬时平衡状态。

假设时间单元 Δt 时间内位移、速度和加速度随时间 t 的变化规律,并找出 Δt

始末时刻(即 Δt 两个端点)位移、速度和加速度之间的关系式,于是,便将求全域 $[0,T]$ 内连续位移函数的问题转化为由时间分段点平衡方程求时间分段点处(时间节点)未知位移的问题。

从数学角度讲,求解动力响应问题就是将时间的二阶微分方程式(2-1)对时间 t 积分二次而求得各节点在 T 时刻的位移值。由于 Δt 时间段内位移、速度、加速度的变化规律已知,所以,当知道了 Δt 始端的位移、速度和加速度值以后,就可以通过终端时刻的平衡方程求出 Δt 终端的位移值,通常振动的初始条件总是已知的。因此,沿着时间单元 Δt 依次逐段计算,由起点 0 一直算到终点 T,即可以实现上述的积分运算,得到动力响应。

对位移、速度和加速度的变换规律采用不同的假设形式,就引出了不同的具体算法,从而也决定了各种方法的精度、稳定性。常用的方法有 Wilson$-\theta$ 法, Newmark$-\beta$ 法等。随着计算机的发展与普及,时程分析法应用日趋广泛,这些方法都有程序可直接应用,这里就不再详细论述了,具体可以参见文献[2]。

当激振力为确定性振动时,由于荷载可以描述成时间的函数,无论是采用振型叠加法还是时程分析法,都可以很直观地通过求解微分方程得到响应。当结构的激振力为随机过程时,结构振动也是随机响应的,就应该按随机振动理论来分析。风荷载就是典型的随机激振力,关于随机振动的基础知识将在下节详细介绍。

2.2　随机振动基础知识

自然风是典型的随机过程,由它引起的结构物振动自然也是一种随机过程。为了了解自然风场的特性与风致振动问题,必须要具备一定的随机振动基础知识,这里只介绍在结构风工程理论分析和应用中密切相关的一些概念和理论,更多详细的理论知识可参考本章文献[3]。

2.2.1　随机变量

在随机试验中,如果存在一个变量 X,对于任意一次试验结果,总有 X 的一个实数值与之对应,则称 X 是一个随机变量,任意一次的试验结果都是 X 的一个样本,简记为 x。

随机变量是随着试验的结果而取不同的值。在试验之前我们只知道它可能的取值范围,而不能预知它取什么值。不过通过大量的试验结果可以分析出结果的统计特性,即出现每一种结果的概率,如果 X 只取某些孤立的值,则称为离散型随机变量,如果 X 在一个实数区间上连续取值,则称为连续型随机变量。

例如,扔一颗骰子出现的点数是随机变量,它可能出现的数字有 6 种结果,即

"1","2","3","4","5","6"。由于试验结果是随机的,所以 X 的取值也是随机的,X 是一个在"1","2","3","4","5","6"六个数字之间随机取值的离散型随机变量。

定义　随机变量 X 取 $X<x$ 的值的概率,称为概率分布函数,记为

$$F(x) = P\{X \leqslant x\} \tag{2-14}$$

显然

$$P\{a < X \leqslant b\} = F(b) - F(a) \tag{2-15}$$

分布函数具有如下性质:

(1) $F(-\infty) = 0, F(+\infty) = 1$;

(2) $F(x)$ 是自变量 x 的非降函数;

(3) $F(x)$ 是右连续函数。

如果对于随机变量 X 的分布函数 $F(x)$,存在非负的函数 $f(x)$,对于任意的实数 x,均有

$$F(x) = \int_{-\infty}^{x} f(x)\mathrm{d}x \tag{2-16}$$

则称 X 为连续型随机变量,其中函数 $f(x)$ 称为 X 的概率密度。由 $F(x)$ 的定义,可知

$$\int_{-\infty}^{\infty} f(x)\mathrm{d}x = 1 \tag{2-17}$$

例如,对于均匀分布的随机变量,设连续性随机变量 X 在有限区间 (a,b) 上取值,则其概率密度函数为

$$f(x) = \begin{cases} \dfrac{1}{b-a}, & a < x < b \\ 0, & \text{其他} \end{cases} \tag{2-18}$$

不难描绘出 $f(x)$ 与 $F(x)$ 的曲线,如图 2-1 所示。

离散随机变量的概率分布可用分布列表示。若随机变量 X 所有可能取得的值为 $x_1, x_2, \cdots$,则概率

$$p_i = P\{X = x_i\}, \quad i = 1, 2, \cdots, n \tag{2-19}$$

或列成表

X	$x_1, \ x_2, \ \cdots, \ x_n$
p	$p_1, \ p_2, \ \cdots, \ p_n$

称为离散随机变量 X 的分布列,且 $\sum\limits_{i=1}^{n} p_i = 1$。

离散随机变量的分布函数是非降阶梯函数,它在 x_i 处的跳跃度为 $p_i, i = 1, 2,$

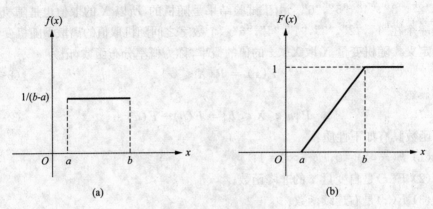

图 2-1　均匀分布随机变量
(a)概率密度；(b)分布函数

$\cdots,n$。

　　另外,有一类重要的连续型随机变量 X 称为正态分布随机变量,它的概率密度函数为

$$f(x) = \frac{1}{\sqrt{2\pi}\sigma} e^{-\frac{(x-\mu)^2}{2\sigma^2}}, \quad -\infty < x < +\infty \tag{2-20}$$

式中：μ,σ 为常数。显然 $f(x)$ 关于 $x = \mu$ 对称,并在 $x = \mu$ 处取得最大值 $\dfrac{1}{\sqrt{2\pi}\sigma}$ (图 2-2)。

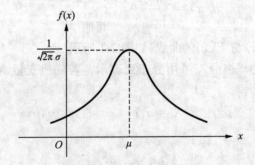

图 2-2　正态分布随机变量

　　随机变量 X 是一维随机变量,同样还可以定义多维随机变量,如一个地区的风向与风速就是一个二维随机变量,可以记为 (X,Y),其联合概率分布函数可记为 $F(x,y)$,联合概率密度可记为 $f(x,y)$。

2.2.2　随机变量的数值特性

从理论上讲,如果能确定随机变量 X 的分布函数 $F(x)$,那么就能完整地描述随机变量的统计特性。不过,在实际问题中求随机变量的分布函数并不容易。如果能找到随机变量的一些数值特性,如平均值、方差等,往往就可以满足实际研究的需要。下面介绍随机变量的一些数字特征。

1. 数学期望(Expectation)

随机变量 X 取不同值 X_i 的概率是不同的,因此计算其数学平均值的合理算法是按其概率密度来加权平均。设连续型随机变量 X 的概率密度为 $f(x)$,则有

$$\overline{X} = E(X) = \int_{-\infty}^{\infty} x\,f(x)\mathrm{d}x \tag{2-21}$$

$E(X)$ 称为随机变量 X 的数学期望或均值。

对于离散系统,数学期望则由下式计算:

$$E(X) = \frac{1}{n} \sum_{i=1}^{n} X_i \tag{2-22}$$

数学期望 $E(X)$ 具有下列性质:

设 C 是常数,则有 $E(C) = C$;

设 X 是一个随机变量,C 是常数,则有 $E(CX) = CE(X)$;

设 X,Y 为任意两个随机变量,则有 $E(X+Y) = E(X) + E(Y)$;

设 X,Y 为任意两个独立的随机变量,则有 $E(XY) = E(X)E(Y)$。

2. 方差 (Variance)

数学期望反映了随机变量 X 变化的平均值,但不能反映它变化的剧烈程度。因此,需要定义随机变量的方差。

设 X 是一个随机变量,若 $E\{[X-E(X)]^2\}$ 存在,则称为 X 的方差,记为 $D(X)$,即

$$D(X) = E\{[X - E(X)]^2\} \tag{2-23}$$

$\sigma(X) = \sqrt{D(X)}$ 称为 X 的标准差(Standard Deviation)。显然,$\sigma(X)$ 与 X 有相同的量纲。方差 $D(X)$ 也可以表达为

$$D(X) = E(X^2) - [E(X)]^2 \tag{2-24}$$

离散系统的方差由下式计算:

$$D(X) = \frac{1}{n} \sum_{i=1}^{n} X_i^2 - \overline{X}^2 \tag{2-25}$$

方差 $D(X)$ 具有如下性质:

设 C 是常数,则有 $D(C) = 0$;

设 X 是一个随机变量，C 是常数，则有 $D(CX) = C^2 D(X)$；

设 X,Y 为任意两个独立的随机变量，则有 $D(X+Y) = D(X) + D(Y)$；

如果 X,Y 为两个相关的随机变量，则有 $D(X+Y) = D(X) + D(Y) + 2\mathrm{cov}(X,Y)$。

如式(2-20)的正态分布随机变量，$E(X) = \mu$，$D(X) = \sigma^2$，因此，正态分布的两个参数 μ 与 σ 有明确的统计意义，分别为随机变量的均值和均方差。

3. 矩（Moment）

设 n 是自然数，$E(X^n)$ 称为随机变量 X 的 n 阶原点矩，记为 α_n，即

$$\alpha_n = E(X^n) \tag{2-26}$$

$$\mu_n = E[(X - E(X))^n] \tag{2-27}$$

称为随机变量 X 的 n 阶中心矩。

4. 协方差和相关系数（Covariance and Coherence Factor）

协方差是用来判定两个随机变量是否独立的判据，$E\{[X-E(X)][Y-E(Y)]\}$ 称为随机变量 X 与 Y 的协方差，记为 $\mathrm{cov}(X,Y)$，即

$$\mathrm{cov}(X,Y) = E\{[X-E(X)][Y-E(Y)]\} \tag{2-28}$$

相关系数定义为

$$\rho_{XY} = \frac{\mathrm{cov}(X,Y)}{\sigma(X)\sigma(Y)} \tag{2-29}$$

相关系数 ρ_{XY} 表示随机变量 X 与 Y 的线性联系密切程度，如果 $\rho_{XY} = 0$，就称 X 与 Y 不相关。完全相互独立的两个随机变量 X 与 Y 肯定是不相关的。

上述数字特征的定义，从一维可以推广到二维，也可以推广到 n 维随机变量。

2.2.3 随机过程

将振动作为时间的函数来描述，如果具有可预知性，即在任一指定瞬间，其瞬时值是确定的，我们将这种振动称为确定性振动。大家所熟知的简谐振动、周期振动以及非周期振动等，其规律都可以用时间的确定函数来表达，都属于确定性振动。

自然界和工程中还存在着另一类不能用确定性函数来描述的振动，其瞬时值具有不可预知性，是一种非确定性振动。若要描述这类振动的某一个振动时间历程，只能借助一组实际记录的数据来表达，例如图 2-3 为某处自然风的风速变化情况。但是，每刮一次风，我们可以得到一条风速记录，每次刮风的记录都不相同，大量的这种记录就构成这一地点风速记录的样本空间，这个样本空间就代表了此处风速这一随机过程。

如果一类随机试验的每一个结果不是一个简单的与时间无关的事件，而是一个与时间有关的变化过程，用一个时间的连续函数 $x(t)$ 表示，那么随机试验结果的

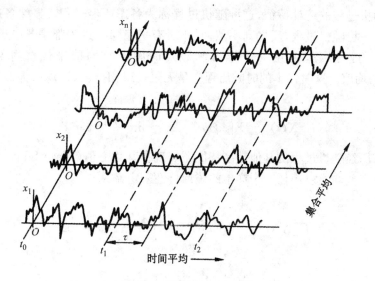

图 2-3 风速随机过程记录

全体就构成一个随机过程 $X(t)$，而 $x(t)$ 称为它的一个样本。

对于一个固定的时刻 t_1，随机过程全体样本在 t_1 时刻的值 $\{x(t_1)\}$ 构成一个随机变量 $X(t_1)$。例如以天为单位连续记录某地气温变化过程，那么每天的记录都是气温变化过程的一个样本，若研究早晨 9 点这一时刻的气温，则全部记录构成一个随机变量，可以应用上节随机变量理论求出早晨 9 点的平均气温与方差；显然早晨 9 点的平均气温、均方差与中午 12 点的平均气温、均方差的值都是不一样的。这说明一般随机过程的数学期望、均方差等不再是一个简单的值，而是时间 t 的函数，可以记为 $E(t),\sigma(t)$。

但是，有一类特殊的随机过程，它的数学期望、均方差等数值特征与所取的时间 t 无关，这样的随机过程称为平稳随机过程。

显然，平稳随机过程可以大大简化研究方法。有些实际过程，例如结构的风致振动，可看作以静平衡位置为参考状态的零均值随机过程，可作为平稳随机过程处理。

由于平稳随机过程的数值特征与时间 t 无关，下面以均值为例：

$$E[X(t_1)] = \cdots = E[X(t_n)] = \int_{-\infty}^{\infty} x(t_i) f(x(t_i))\, \mathrm{d}x = \mu_x \qquad (2\text{-}30)$$

式中：μ_x 为常数；t_i 表示一个任意选取的时刻。

利用式(2-21)计算平稳随机过程的均值，需要知道全部样本函数，这是很困难的。如果任意一个样本函数的概率分布都相同，即可以用任意一个样本函数推算出这一随机过程的统计特征,这种随机过程称为各态历经过程。显然各态历经过程必然是平稳随机过程,反之则不然,并非所有平稳随机过程都是各态历经过程。对于各态历经过程,可用一个样本函数对时间 t 的均值来代替对全体样本 $\{X(t)\}$ 的均值。这时样本的时间历程应是无限长或相当长,以均值为例的计算式表示为

$$E[X(t)] = E[x(t)] = \bar{x} = \lim_{T \to \infty} \frac{1}{T} \int_0^T x(t)\mathrm{d}t \qquad (2\text{-}31)$$

各态历经随机过程的其他数字特征还表现在其均方值(Mean Square Value)、方差及标准差均可以用任一个样本的统计特性来定义。

均方值

$$E[X^2(t)] = E[x^2(t)] = \lim_{T \to \infty} \frac{1}{T} \int_0^T x^2(t)\mathrm{d}t \qquad (2\text{-}32)$$

方差

$$\sigma^2 = D[X(t)] = D[x(t)] = \lim_{T \to \infty} \frac{1}{T} \int_0^T [x(t) - E(x(t))]^2 \mathrm{d}t \qquad (2\text{-}33)$$

标准差

$$\sigma = \sqrt{\sigma^2} \qquad (2\text{-}34)$$

许多物理现象所表现出来的随机过程均可视为各态历经过程。譬如,在结构抗震分析时,我们常用一条或数条地震波记录的分析结果来评价结构抗震能力,就隐含了结构地震响应过程是一个各态历经过程这一假定。对于风速时程或风荷载随机过程,我们在所有的分析中,同样假定其为各态历经过程。

2.2.3.1 概率分布函数和概率密度函数

随机函数的概率分布函数和概率密度函数是描述随机过程的重要统计特性函数。设随机时间函数的记录曲线如图 2-4 所示,在这个记录中,为了求得瞬时值小于某一指定值 x_1 的概率,在距 t 轴 x_1 处画一水平线,依此将记录曲线处于该水平线下方的时间间隔记为 $\Delta t_1, \Delta t_2, \cdots$

则瞬时值小于 x_1 的概率 $F(x_1)$ 将是

$$F(x_1) = P[x(t) < x_1] = \lim_{t \to \infty} \frac{1}{t} \sum_i \Delta t_i \qquad (2\text{-}35)$$

显然有 $F(x_1 = -\infty) = 0, F(x_1 = +\infty) = 1$。

与概率分布函数 $F(x)$ 相对应,来定义概率密度函数 $f(x)$,即

$$f(x) = \lim_{\Delta x \to 0} \frac{F(x + \Delta x) - F(x)}{\Delta x} = \frac{\mathrm{d}F(x)}{\mathrm{d}x} \qquad (2\text{-}36)$$

式中:$F(x + \Delta x) - F(x)$ 是瞬时值落入 $x + \Delta x$ 和 x 之间的概率值。该值被 Δx 除,

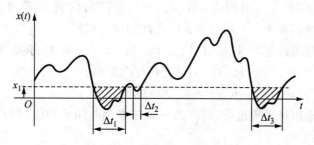

图 2-4　某个随机函数记录

其商的含义自然是密度，因此 $f(x)$ 称为概率密度。图 2-5 是 $F(x)$ 与 $f(x)$ 的对应关系，$f(x)$ 是 $F(x)$ 在 x 点的斜率。

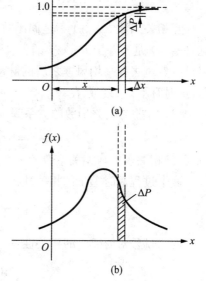

　　根据式(2-35)，则有

$$F(x_1) = \int_{-\infty}^{x_1} f(x)\,dx \qquad (2\text{-}37)$$

$$F(\infty) = \int_{-\infty}^{\infty} f(x)\,dx = 1.0 \quad (2\text{-}38)$$

　　在得到了概率密度曲线后，随机过程的均值和均方值可分别表示为 $f(x)$ 的一次矩和二次矩，即

$$E[x(t)] = \bar{x} = \int_{-\infty}^{\infty} x f(x)\,dx \quad (2\text{-}39)$$

$$E[x^2(t)] = \int_{-\infty}^{\infty} x^2 f(x)\,dx \qquad (2\text{-}40)$$

　　前者为 $f(x)$ 曲线下的面积的重心位置，后者为该面积对 $x=0$ 的惯性矩。

图 2-5　概率分布函数
和概率密度函数

2.2.3.2　互相关函数和自相关函数

　　前面介绍了相关函数是表示两个随机变量相关程度的数值特征。同样，对两个随机过程，可以定义互相关函数，对同一随机过程在两个不同时刻的值，可以定义自相关函数。

　　对于两个任意的随机过程 $X(t)$ 与 $Y(t)$

$$R_{XY}(t_1, t_2) = E[X(t_1)Y(t_2)] \qquad (2\text{-}41)$$

称为互相关函数。对一个随机过程，其自相关函数为

$$R_X(t_1, t_2) = E[X(t_1)X(t_2)] \qquad (2\text{-}42)$$

简称 $X(t)$ 的自相关函数，R_X 也简记为 R。

$R_{XY}(t_1,t_2)$ 表明了 t_1 时刻的 $X(t)$ 与 t_2 时刻的 $Y(t)$ 的相关程度，$R(t_1,t_2)$ 则表明了同一随机过程在两个不同时刻的值之间的相关程度。

对于平稳随机过程，上述函数只与时间差 $\tau=t_2-t_1$ 有关，于是可以简化为

$$R_{XY}(\tau) = E[X(t)Y(t+\tau)] \tag{2-43}$$

$$R(\tau) = E[X(t)X(t+\tau)] \tag{2-44}$$

而对于各态历经随机过程，可以由一个样本的时间平均代替上述公式的对所有样本的平均：

$$R(\tau) = \lim_{T\to\infty} \frac{1}{T}\int_{-\frac{T}{2}}^{\frac{T}{2}} x(t)x(t+\tau)\mathrm{d}t \tag{2-45}$$

自相关函数 $R(\tau)$ 是偶函数，即有 $R(\tau)=R(-\tau)$，并且 $R(\tau)\leqslant R(0)$。

$$R_{XY}(\tau) = \lim_{T\to\infty} \frac{1}{T}\int_{-\frac{T}{2}}^{\frac{T}{2}} x(t)y(t+\tau)\mathrm{d}t \tag{2-46}$$

互相关函数 $R_{XY}(\tau)$ 不是偶函数。$R_{XY}(\tau) = R_{YX}(-\tau)$，$R_{YX}(\tau) = R_{XY}(-\tau)$，可见，$R_{XY}(\tau)$ 是不等于 $R_{YX}(\tau)$ 的。

自然风去掉平均风速之后的脉动分量，都可以看作是均值为零的平稳随机过程，这时有下列关系存在：

(1) 方差与相关函数的关系为

$$\sigma_X = \sqrt{E(X^2)} = \sqrt{R(0)} \tag{2-47}$$

(2)相关函数与相关系数的关系为

两个过程对时差 τ 的相关性：

$$\rho_{XY}(\tau) = \frac{R_{XY}(\tau)}{\sqrt{R_X(0)}\sqrt{R_Y(0)}} \tag{2-48}$$

同一过程对时差 τ 的相关性：

$$\rho(\tau) = \frac{R(\tau)}{R(0)} \tag{2-49}$$

2.2.3.3 傅里叶(Fourier)变换

傅里叶变换在结构动力学中有十分重要的应用。应用傅里叶变换，可以了解结构振动的频率构造，可以实现时域分析与频域分析的相互转换，可以实现结构动力参数的识别。通过引入平均功率的概念，傅里叶变换的方法也可以拓展到随机振动频域，并且成为随机振动的重要分析手段[4]。

首先介绍一下时间函数的傅里叶变换和帕塞瓦尔(Parseval)等式。

设有时间函数 $x(t)$，$-\infty<t<\infty$，如果它是绝对可积的，即

$$\int_{-\infty}^{\infty} |x(t)|\ \mathrm{d}t<+\infty \tag{2-50}$$

那么 $x(t)$ 的傅里叶变换存在,或者说具有频谱

$$F_x(\omega) = \int_{-\infty}^{\infty} x(t) \mathrm{e}^{-\mathrm{i}\omega t}\, \mathrm{d}t \tag{2-51}$$

并且存在逆变换

$$x(t) = \frac{1}{2\pi} \int_{-\infty}^{\infty} F_x(\omega)\, \mathrm{e}^{\mathrm{i}\omega t}\, \mathrm{d}\omega \tag{2-52}$$

如果 $x(t)$ 是一个振动信号(加速度、速度或位移),式(2-51)的物理意义是将 $x(t)$ 的各个频率分量一一列出来,式(2-52)则是由振动信号的已知的频率结构,合成出这一振动信号。

例 2-1　单位脉冲 $\delta(t)$ 函数的傅氏变换为 1;1 的傅氏逆变换为 $\delta(t)$ 函数。

解:利用式(2-51)和式(2-52)计算,有

$$\mathbb{F}\left[\delta(t)\right] = \int_{-\infty}^{\infty} \delta(t) \mathrm{e}^{-\mathrm{i}\omega t} \mathrm{d}t = \mathrm{e}^{\mathrm{i}\omega 0} \int_{-\infty}^{\infty} \delta(t) \mathrm{d}t = \mathrm{e}^{\mathrm{i}\omega 0} \cdot 1 = 1$$

$$\mathbb{F}^{-1}[1] = \frac{1}{2\pi} \int_{-\infty}^{\infty} 1 \cdot \mathrm{e}^{\mathrm{i}\omega t} \mathrm{d}t = \lim_{\Omega \to \infty} \frac{1}{2\pi} \int_{-\Omega}^{\Omega} \mathrm{e}^{\mathrm{i}\omega t}\, \mathrm{d}\omega$$

$$= \lim_{\Omega \to \infty} \frac{1}{2\pi} \frac{\mathrm{e}^{\mathrm{i}\omega t}}{\mathrm{i}t} \Big|_{\omega=-\Omega}^{\omega=\Omega} = \lim_{\Omega \to \infty} \frac{1}{\pi} \frac{\sin \Omega t}{t} = \delta(t)$$

式中:符号 $\mathbb{F}$ 表示傅氏变换;符号 $\mathbb{F}^{-1}$ 表示傅氏逆变换。图形表示如图 2-6 所示。

图 2-6　傅氏变换对

$F_x(\omega)$ 一般是复数量,它表示了振动信号中频率为 ω 的分量的振幅与相位,其共轭函数 $F_x^*(\omega) = F_x(-\omega)$,在 $x(t)$ 与 $F_x(\omega)$ 之间有著名的帕塞瓦尔(Parseval)等式

$$\int_{-\infty}^{\infty} x^2(t) \mathrm{d}t = \frac{1}{2\pi} \int_{-\infty}^{+\infty} |F_x(\omega)|^2\, \mathrm{d}\omega \tag{2-53}$$

在很多实际应用中,式(2-53)左边可以理解为 $x(t)$ 在全部时间历程 $(-\infty, +\infty)$ 上的总能量,而右边则可以看成这一总能量依频率 ω 的分解式,被积函数 $|F_x(\omega)|^2$ 相应地称为 $x(t)$ 的能量谱密度。

2.2.3.4 傅里叶变换的性质

如果 $F(\omega)$ 和 $x(t)$ 是一对傅氏变换对,下面简记为 $x(t) \leftrightarrow F(\omega)$,则存在着以下一些性质。

1) 线性性质

如果 $x_1(t) \leftrightarrow F_1(\omega)$,$x_2(t) \leftrightarrow F_2(\omega)$

则 $\alpha x_1(t) + \beta x_2(t) \leftrightarrow \alpha F_1(\omega) + \beta F_2(\omega)$

2) 时延性

如果 $x(t) \leftrightarrow F(\omega)$,则 $x(t \pm t_0) \leftrightarrow F(\omega) \mathrm{e}^{\pm \mathrm{i}\omega t_0}$

说明,时域的时移对应频域的相移。

3) 频移性

如果 $x(t) \leftrightarrow F(\omega)$,则 $x(t) \mathrm{e}^{\mathrm{i}\omega_c t} \leftrightarrow F(\omega - \omega_c)$

4) 相似性(也称压缩性,尺度变换性)

如果 $x(t) \leftrightarrow F(\omega)$,则 $x(\alpha t) \leftrightarrow \dfrac{1}{\alpha} F\left(\dfrac{\omega}{\alpha}\right)$

5) 对称性

如果 $x(t) \leftrightarrow F(\omega)$,则 $F(t) \leftrightarrow x(-\omega)$

6) 微分特性

如果 $x(t) \leftrightarrow F(\omega)$,则 $\dfrac{\mathrm{d}x(t)}{\mathrm{d}t} \leftrightarrow \mathrm{i}\omega F(\omega)$

并可以推广到 $\dfrac{\mathrm{d}^n x(t)}{\mathrm{d}t^n} \leftrightarrow (\mathrm{i}\omega)^n F(\omega)$

7) 积分性质

如果 $x(t) \leftrightarrow F(\omega)$,则 $\displaystyle\int_{-\infty}^{+\infty} x(t) \leftrightarrow \dfrac{1}{\mathrm{i}\omega} F(\omega)$

8) 乘积定理

如果 $x_1(t) \leftrightarrow F_1(\omega)$,$x_2(t) \leftrightarrow F_2(\omega)$,则 $x_1(t) \cdot x_2(t) \leftrightarrow \dfrac{1}{2\pi} F_1(\omega) * F_2(\omega)$

其中

$$F_1(\omega) * F_2(\omega) = \int_{-\infty}^{+\infty} F_1(\xi) F_2(\omega - \xi) \mathrm{d}\xi$$

9) 卷积定理

如果 $x_1(t) \leftrightarrow F_1(\omega)$,$x_2(t) \leftrightarrow F_2(\omega)$,则 $x_1(t) * x_2(t) \leftrightarrow F_1(\omega) F_2(\omega)$

其中

$$x_1(t) * x_2(t) = \int_{-\infty}^{+\infty} x_1(\tau) x_2(t - \tau) \mathrm{d}\tau$$

10) 折叠性质

如果 $x_1(t) \leftrightarrow F_1(\omega)$，则 $x_1(-t) \leftrightarrow F_1(-\omega)$

2.2.3.5　自功率谱密度

在工程应用中，很多时间函数的能量是无限的，它们不满足式(2-50)条件，简谐振动就是一个例子，因而一般不可能通过随机信号的傅氏变换来了解随机过程的频率组成。这一问题是这样解决的，可以通过研究 $x(t)$ 在 $(-\infty, +\infty)$ 上的平均功率，即

$$\lim_{T \to \infty} \frac{1}{2T} \int_{-T}^{T} x^2(t) \mathrm{d}t \qquad (2\text{-}54)$$

而平均功率是满足傅氏变换条件的。这样就不难得到平均功率的帕塞瓦尔(Parseval)等式

$$\lim_{T \to \infty} \frac{1}{2T} \int_{-T}^{T} x^2(t) \mathrm{d}t = \frac{1}{2\pi} \int_{-\infty}^{+\infty} \lim_{T \to \infty} \frac{1}{2T} |F_x(\omega, T)|^2 \, \mathrm{d}\omega \qquad (2\text{-}55)$$

式(2-55)右端的被积函数称作函数 $x(t)$ 的平均功率谱密度，简称功率谱密度，并记为

$$S_x(\omega) = \lim_{T \to \infty} \frac{1}{2T} |F_x(\omega, T)|^2 \qquad (2\text{-}56)$$

式中

$$F_x(\omega, T) = \int_{-T}^{T} x(t) \mathrm{e}^{-\mathrm{i}\omega t} \, \mathrm{d}t \qquad (2\text{-}57)$$

以上是确定性函数 $x(t)$ 的傅里叶变换有关理论，现在将功率谱密度的定义推广到平稳随机过程 $X(t)$。为此，依照式(2-51)，式(2-52)以及式(2-53)，可以得出

$$F_X(\omega) = \int_{-T}^{T} X(t) \mathrm{e}^{-\mathrm{i}\omega t} \, \mathrm{d}t \qquad (2\text{-}58)$$

$$\frac{1}{2T} \int_{-T}^{T} X^2(t) \mathrm{d}t = \frac{1}{4\pi T} \int_{-T}^{+T} |F_X(\omega, T)|^2 \, \mathrm{d}\omega \qquad (2\text{-}59)$$

显然，这里的被积函数 $X(t)$ 是一个随机过程，积分值随样本的不同而不同。

对式(2-59)两边取均值 E，然后取对 T 的极限，得到

$$\lim_{T \to \infty} E\left\{ \frac{1}{2T} \int_{-T}^{T} X^2(t) \mathrm{d}t \right\} = \frac{1}{2\pi} \int_{-\infty}^{+\infty} \lim_{T \to \infty} \frac{1}{2T} E\{ |F_X(\omega, T)|^2 \} \, \mathrm{d}\omega \qquad (2\text{-}60)$$

令

$$\Psi_X^2 = \lim_{T \to \infty} E\left\{ \frac{1}{2T} \int_{-T}^{T} X^2(t) \mathrm{d}t \right\} \qquad (2\text{-}61)$$

$$S_X(\omega) = \lim_{T \to \infty} \frac{1}{2T} E\{ |F_X(\omega, T)|^2 \} \qquad (2\text{-}62)$$

式中：Ψ_X^2 表示平稳随机过程的平均功率；$S_X(\omega)$ 定义为平稳随机过程的功率谱密

度,这样式(2-60)可以简化为

$$\Psi_X^2 = \frac{1}{2\pi}\int_{-\infty}^{\infty} S_X(\omega)\,\mathrm{d}\omega \tag{2-63}$$

这就是平稳随机过程平均功率的表示式,可以看作是平稳随机过程的帕塞瓦尔(Parseval)等式。

如果平稳随机过程是各态历经的,那么一个样本函数 $x(t)$ 对时间的平均就等于随机过程的均值,时间函数 $x(t)$ 与随机过程 $X(t)$ 的公式就完全相同了。

自功率谱密度的重要性质:

自谱密度 $S_X(\omega)$ 是非负的偶函数,$S_X(\omega)$ 和自相关函数 $R_X(\tau)$ 是一对傅里叶变换对,即

$$S_X(\omega) = \int_{-\infty}^{\infty} R_X(\tau)\,\mathrm{e}^{-\mathrm{i}\omega t}\,\mathrm{d}\tau \tag{2-64}$$

$$R_X(\tau) = \frac{1}{2\pi}\int_{-\infty}^{\infty} S_X(\omega)\,\mathrm{e}^{\mathrm{i}\omega t}\,\mathrm{d}\omega \tag{2-65}$$

以上两式被称为维纳-辛钦(Wiener-Khintchine)公式,其推导过程可以参见文献[3]。这两式在实际应用中有非常重要的意义。应用公式(2-65),可以在已知谱密度的情况下求出自相关函数。

2.2.3.6 互功率谱密度

设 $X(t)$ 和 $Y(t)$ 是两个相关的平稳随机过程,则定义其互功率谱密度函数为

$$S_{XY}(\omega) = \lim_{T\to\infty} \frac{1}{2T} E\{F_X^*(\omega,T)F_Y(\omega,T)\} \tag{2-66}$$

式中:符号 * 表示求共轭。

如随机过程为各态历经,则可用一个样本函数来替代随机过程,则确定性函数的互功率谱密度函数表示为

$$S_{XY}(\omega) = \lim_{T\to\infty} \frac{1}{2T} F_X^*(\omega,T)F_Y(\omega,T) \tag{2-67}$$

互功率谱密度的重要性质:

(1) 互谱密度 $S_{XY}(\omega)$ 一般不是偶函数,即

$$S_{XY}(\omega) = S_{YX}^*(\omega) = S_{YX}(-\omega) \tag{2-68}$$

(2) $S_{XY}(\omega)$ 和自相关函数 $R_{XY}(\tau)$ 是一对傅里叶变换对,即

$$S_{XY}(\omega) = \int_{-\infty}^{\infty} R_{XY}(\tau)\,\mathrm{e}^{-\mathrm{i}\omega t}\,\mathrm{d}\tau \tag{2-69}$$

$$R_{XY}(\tau) = \frac{1}{2\pi}\int_{-\infty}^{\infty} S_{XY}(\omega)\,\mathrm{e}^{\mathrm{i}\omega t}\,\mathrm{d}\omega \tag{2-70}$$

2.2.4 线性单自由度系统的随机响应

作为研究随机振动问题的准备知识,这里只给出单自由度线性系统的随机响应分析方法,从而可以推广到多自由度的随机振动响应。

由结构动力学知道,单自由度系统的运动方程为

$$m\ddot{x} + c\dot{x} + kx = p(t) \tag{2-71}$$

对于任意荷载 $p(t)$,式(2-71)的解可由杜哈梅(Duhamel)积分得出

$$x(t) = \int_{-\infty}^{t} p(t-\tau)h(\tau)\mathrm{d}\tau \tag{2-72}$$

式中:$h(t)$是线性单自由度系统对单位脉冲 $\delta(t)$ 的响应。

另一方面,也可以对式(2-71)两边作傅里叶变换,得

$$\widetilde{x}(\omega) = H(\omega)\widetilde{p}(\omega) \tag{2-73}$$

式中:$\widetilde{x}(\omega)$,$\widetilde{p}(\omega)$ 分别是 $x(t)$,$p(t)$ 的傅里叶变换,而

$$H(\omega) = \frac{1}{k - \omega^2 m + \mathrm{i}c\omega} \tag{2-74}$$

$H(\omega)$称为线性单自由度系统的传递函数。

由例题 3-1 可以得知,单位脉冲函数 $\delta(t)$ 的傅里叶变换等于 1,所以由式(2-71)和式(2-73)可得

$$\widetilde{x}_h(\omega) = H(\omega) \tag{2-75}$$

而 $\widetilde{x}_h(\omega)$ 按意义是单位脉冲 $\delta(t)$ 的响应 $h(t)$ 的傅里叶变换,根据式(2-75)可知,$H(\omega)$ 也是 $h(t)$ 的傅里叶变换,即 $H(\omega)$ 与 $h(t)$ 构成一对傅里叶变换:

$$H(\omega) = \int_{-\infty}^{\infty} h(t)\,\mathrm{e}^{-\mathrm{i}\omega t}\,\mathrm{d}t \tag{2-76}$$

$$h(t) = \frac{1}{2\pi}\int_{-\infty}^{\infty} H(\omega)\,\mathrm{e}^{\mathrm{i}\omega t}\,\mathrm{d}\omega \tag{2-77}$$

2.2.4.1 随机响应的自相关函数

当系统的激振力 $p(t)$ 为一均值为零的平稳随机过程 $P(t)$,由式(2-72)可知系统的响应为

$$X(t) = \int_{-\infty}^{t} p(\tau)h(t-\tau)\mathrm{d}\tau \tag{2-78}$$

显然,响应 $X(t)$ 也是随机过程。对式(2-78)两边取均值 E,容易证明 $E[X(t)] = 0$,即均值为零的输入引起的输出均值为零。

按定义,系统响应的自相关函数为

$$R_X(\tau) = E[X(t)X(t+\tau)] \tag{2-79}$$

将式(2-78)代入自相关函数的表达式后,可以求得

$$R_X(\tau) = \int_0^\infty \int_0^\infty R_P(\tau - \lambda_2 + \lambda_1) h(\lambda_1) h(\lambda_2) \mathrm{d}\lambda_1 \mathrm{d}\lambda_2 \qquad (2\text{-}80)$$

当 $\tau = 0$ 时，$R_X(\tau)$ 就是系统响应的均方值 Ψ_X^2

$$\Psi_X^2 = R_X(0) = \int_0^\infty \int_0^\infty R_P(\lambda_1 - \lambda_2) h(\lambda_1) h(\lambda_2) \mathrm{d}\lambda_1 \mathrm{d}\lambda_2 \qquad (2\text{-}81)$$

式(2-80)说明，由激振力的自相关函数与 $h(\lambda)$ 的双重卷积，就可以求得响应的自相关函数或是均方值。由于随机振动的响应的均值为零，因此，响应的均方差就是平均振幅的平方。式(2-81)就是在时域中求解随机响应的方法。

2.2.4.2　随机响应的功率谱密度

为了建立随机响应的频域求解方法，通过线性单自由度系统的随机激振力与随机响应之间的功率谱密度关系来考察。

由于随机响应的功率谱密度 $S_X(\omega)$ 是自相关函数 $R_X(\tau)$ 的傅里叶变换，于是有

$$S_X(\omega) = \int_{-\infty}^\infty R_X(\tau) \, \mathrm{e}^{-\mathrm{i}\omega t} \, \mathrm{d}\tau \qquad (2\text{-}82)$$

将式(2-64)代入，利用 $H(\omega)$ 是 $h(t)$ 的傅里叶变换这一性质，进行必要的积分交换顺序与变量替换，最终可以得到

$$S_X(\omega) = |H(\omega)|^2 S_P(\omega) \qquad (2\text{-}83)$$

式(2-83)有十分重要的意义：随机响应的功率谱密度等于传递函数的模的平方与激振力的功率谱密度的乘积。也就是说，只要求出了响应的功率谱密度 $S_P(\omega)$，便可由式(2-65)做傅里叶逆变换得到响应的自相关函数 $R_X(\tau)$，令 $\tau = 0$，便可得到响应的均方值 $R_X(0)$，从而得到随机振动的解，这便是频域法解随机振动问题的思路。

在频域内，多自由度系统的随机响应，一般通过振型分解，运动方程都转换为广义坐标下的一组互不耦合的单自由度系统的振动，每个振型就是一个自由度，因此，解法思路与单自由度系统完全相同。

2.3　流体力学基本知识

空气是典型的流体，结构风工程必须具备一定的流体力学基本知识。流体的性质及流动状态决定着流体动力学的计算模型及计算方法。本节将介绍所涉及的流体及流动的基本概念和术语。

2.3.1　常用的无量纲参数

流体作用于物体上的力，可以记为 7 个自变量的函数

$$F = f(l,\alpha,\rho,U,\mu,\omega,c) \tag{2-84}$$

式中：l 为物体的某一代表性长度，作为研究的特征长度；α 为流体流向物体的相对角度，也称为攻角；ρ 为流体的密度；U 为平均流速；μ 为流体黏性系数；ω 为旋涡脱落频率或者物体振动频率；c 为声速，判定气流速度是否达到引起气体压缩的量级，通常以声速为参考速度。

经过量纲分析后，可以将具有几何相似的同类型物体所受的力 F 记为

$$F = f\left(\alpha, \frac{Ul\rho}{\mu}, \frac{\omega l}{U}, \frac{U}{c}\right) \frac{1}{2}\rho U^2 l^2 \tag{2-85}$$

式中：f 是 4 个无量纲参数的函数，对于同一类几何相似物体，只要确定了 f，任一物体所受的力 F 等于 f 乘上 $\frac{1}{2}\rho U^2 l^2$。

下面依次讨论式（2-85）中的无量纲的量。

1. 攻角 α

一般以流体速度指向物体下底面为正，如图 2-7 所示。

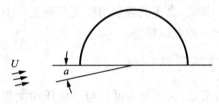

图 2-7　攻角

2. 雷诺（Reynolds）数

$$Re = \frac{Ul\rho}{\mu} = \frac{Ul}{\nu} \tag{2-86}$$

式中：$\nu = \frac{\mu}{\rho}$ 称为运动学黏性系数。

3. 斯托罗哈（Strouhal）数或约化频率

$$St = \frac{\omega l}{U} \tag{2-87}$$

当 ω 为旋涡脱落圆频率时，St 称为斯托罗哈数；当 ω 指物体振动频率时，称为约化频率，亦称无量纲频率。

4. 马赫（Mach）数

$$Ma = \frac{U}{c} \tag{2-88}$$

$Ma > 1$ 为超音速，$Ma < 1$ 为亚音流速。

5. 动压强

$$q = \frac{1}{2}\rho U^2 \tag{2-89}$$

2.3.2　理想流体与黏性流体

黏性是流体内部发生相对运动而引起的内部相互作用。流体在静止时虽不能承受切应力,但在运动时,对相邻两层流体间的相对运动,即相对滑动速度却是有抵抗的,这种抵抗力称为黏性应力。流体所具有的这种抵抗两层流体间相对滑动速度,或通俗来说抵抗变形的性质,称为黏性。

黏性大小依赖于流体的性质,并显著地随温度而变化。试验表明,黏性应力的大小与黏性及相对速度成正比。当流体的黏性较小(如空气和水的黏性都很小),运动的相对速度也不大时,所产生的黏性应力比起其他类型的力(如惯性力)可忽略不计。此时,可以近似地把流体看成是无黏性的,称为无黏性流体,也叫做理想流体。而对于有黏性的流体,则称为黏性流体[3]。十分明显,理想流体对于切向变形没有任何抗拒能力。其实,真正的理想流体在客观实际中是不存在的,它只是实际流体在某种条件下的一种近似模型。

2.3.3　可压流体与不可压流体

根据密度 ρ 是否为常数,流体分为可压与不可压两大类。当密度 ρ 为常数时,流体为不可压流体,否则为可压流体。一般情况下,液体可看作不可压缩流体,气体可看作可压缩流体。但在压力差不大,速度不大,温度变化不大的场合,例如自然风,空气也可按不可压缩流体处理。反之,在水中爆炸之类的场合,水也要按压缩流体处理,因为水在 100 个大气压下,体积也可缩小 0.5%。

2.3.4　定常与非定常流动

根据流体流动的物理量(如速度、压力、温度等)是否随时间变化,将流动分为定常与非定常两大类。当流动的物理量不随时间变化时,为定常流;当流动的物理量随时间变化时,为非定常流。定常流动也称为恒定流动,或稳态流动;非定常流动也称为非恒定流动、非稳态流动,或瞬态流动。

定常流的流线分布是不变的,并且与流体质点轨迹相重合。

2.3.5　拉格朗日描述法与欧拉描述法

拉格朗日(Lagrange)描述法与欧拉(Euler)描述法是描述流体运动的两种不同的方法。

　　拉格朗日法着眼于流体质点,设法描述出每个质点的自始至终的运动过程,即流体质点的位置随时间变化的规律。设 (a,b,c) 表示一个质点,r 表示质点在任意时间的位置,则

$$r = r(a,b,c,t)$$

拉格朗日法的目的就是确定上式所确定的质点的运动规律。

　　欧拉法的观点与拉格朗日法不同。它不是着眼于流体质点,而是流体经过的空间点。它设法在空间每一点都描述出流体随时间的变化状况,最自然的就是描述流体经过空间点时的速度,即描述出流体占据空间各点的速度分布,称之为速度场。用 V 表示空间点的速度,速度场可以表示为

$$V = V(x,y,z,t)$$

　　因为通常关心的是流体经过特定空间时的性质,如风吹过结构物时的风速,飞机上各点的气流速度等,并不关心气流质点从哪里来,到哪里去,因此欧拉法描述流体运动比拉格朗日法更直接。

2.3.6　边界层

　　空气的黏性很小,在一般流动中可以忽略。但是在靠近物体表面处,黏性是不可忽略的,物体表面附近的这一层流场就称为边界层。紧贴物体表面的流体被黏附在物体表面上,其速度为零,外层流体的速度会逐渐增加,至一定距离后流体速度与主流场一致,这就是边界层的运动特性。地球表面的自然风就是典型的边界层流动。

　　现以一个最简单的边界层为例,展示流体运动的一些特点。考虑物体表面的一个二维定常流场,其速度场为

$$V_x = aY(a \text{ 为常数}) \quad V_y = 0$$

这种流场称为纯剪切流动,如图 2-8 所示。

　　我们从流场中截取时刻 t 时的一个正四边形内的流体来研究。经过时间 Δt 后,这部分流体流向下游并变为一个平行四边形,如图 2-9 所示。

　　初看起来,这个流场的质点都作直线运动,是无旋的。但其实它是有旋的,可以计算出它的旋涡矢量垂直于 xy 平面,大小为 $-a$,即每个流体微团都以 $-\frac{1}{2}a$ 的角速度在 xy 面内旋转。

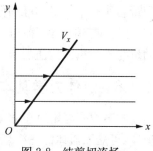

图 2-8　纯剪切流场

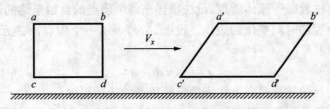

图 2-9　纯剪切流时流体形状的变化

2.3.7　层流与湍流

黏性流体运动有两种形态,即层流和湍流,湍流又叫紊流。层流的特征是流体运动规则,各部分分层流动互不掺混,质点的轨迹是光滑的,而且流场稳定。湍流的特征则完全相反,流体运动极不规则,各部分激烈掺混,质点的轨迹杂乱无章,而且流场极不稳定。这两种截然不同的运动形态可以相互转化,雷诺数 Re 是层流向湍流过渡的决定参数。层流刚好变为湍流时所对应的雷诺数称为临界雷诺数。

对于圆管内流动,定义雷诺数 $Re = \dfrac{Ud}{\nu}$。其中 d 为管径。当 $Re \leqslant 2\,300$ 时,管内一定为层流;当 $Re \geqslant 8\,000 \sim 12\,000$ 时,管流一定为湍流;当 $2\,300 < Re < 8\,000$ 时,流动处于层流与湍流间的过渡区。对于一般流动,在计算 Reynolds 数时,可用水力半径 d_H 代替上式中的 d。这里 $d_H = \dfrac{4A}{S}$,A 为过流断面的面积,S 为湿周。对于液体,等于在流通截面上液体与固体接触的周界长度,不包括自由液面以上的气体与固体接触的部分;对于气体,它等于流通截面的周界长度。

由于湍流是极不规则的流动,一般的研究方法是先将流场中任一点的瞬时物理量看作是平均值和脉动值之和,然后按统计平均的观点研究平均运动的变化规律,最后应用随机过程理论考虑脉动分量的影响。湍流强度是用来表征湍流中脉动量与平均量的比值的量,它定义为脉动量的均方差与平均值之比。

2.3.8　流体力学基本方程

本节只考虑不可压缩流体的二维流场,但本节的公式可推广适用于不可压缩流体,可压缩流体的三维流动下的基本方程,具体参见文献[6]。

1. 连续性方程

连续性方程实质是质量守恒定律。对于不可压缩流体,流入和流出某一封闭空间的流体质量必然相等,由此可导出

$$\frac{\partial V_x}{\partial x} + \frac{\partial V_y}{\partial y} = 0 \tag{2-90}$$

这是微分形式的连续性方程。在一个封闭的流管内流动的流体,其连续性方程可以表示为

$$AV = 常数 \tag{2-91}$$

式中:A 表示流管截面面积,V 为流体经过这一截面的平均速度。式(2-91)的通俗解释是"截面积大的地方流速小,截面积小的地方流速大"。

2. 运动方程

运动方程是基于牛顿第二定理,一般由动量方程导出。直角坐标系下运动方程的微分形式为

$$\left.\begin{array}{l} \rho \dfrac{DV_x}{Dt} = \rho F_x + \dfrac{\partial \sigma_x}{\partial x} + \dfrac{\partial \tau}{\partial y} \\[3mm] \rho \dfrac{DV_y}{Dt} = \rho F_y + \dfrac{\partial \sigma_y}{\partial y} + \dfrac{\partial \tau}{\partial x} \end{array}\right\} \tag{2-92}$$

式中:ρ 为流体密度;F_x,F_y 是流体所受的体积力;σ_x,σ_y 是流体正应力;τ 是流体剪应力;D/Dt 称为物质导数,其计算式为

$$\frac{DV_x}{Dt} = \frac{\partial V_x}{\partial t} + V_x \frac{\partial V_x}{\partial x} + V_y \frac{\partial V_x}{\partial y}$$

$$\frac{DV_y}{Dt} = \frac{\partial V_y}{\partial t} + V_x \frac{\partial V_y}{\partial x} + V_y \frac{\partial V_y}{\partial y}$$

3. 本构方程

黏性流体只能承受正压力$-P$和黏性剪切力。

$$\sigma_x = \sigma_y = -P$$

$$\tau = \mu \left(\frac{\partial V_x}{\partial y} + \frac{\partial V_y}{\partial x} \right) \tag{2-93}$$

式中:μ 是黏性系数。

4. 纳维-斯托克斯(Navier-Stokes)方程

将黏性流体的本构方程(2-93)代入连续介质流体运动方程(2-92),并引用不可压缩条件式(2-90),便得到著名的纳维-斯托克斯方程:

$$\rho \frac{DV_x}{Dt} = \rho F_x - \frac{\partial P}{\partial x} + \mu \left(\frac{\partial^2 V_x}{\partial x^2} + \frac{\partial^2 V_x}{\partial y^2} \right)$$
$$\rho \frac{DV_y}{Dt} = \rho F_y - \frac{\partial P}{\partial y} + \mu \left(\frac{\partial^2 V_y}{\partial x^2} + \frac{\partial^2 V_y}{\partial y^2} \right) \tag{2-94}$$

5. 伯努利(Bernoulli)方程

如果流体不仅是不可压缩的,而且是无黏性的,并且质量力可以忽略,那么纳

维-斯托克斯方程可以进一步简化为

$$\rho \frac{\mathrm{D}V_x}{\mathrm{D}t} = \rho F_x$$

$$\rho \frac{\mathrm{D}V_y}{\mathrm{D}t} = \rho F_y$$

(2-95)

这就是伯努利方程。

参考文献

[1] R. W. 克拉夫，J. 彭津，著. 结构动力学[M]. 王光远，译. 北京:科学出版社,1983.

[2] 刘晶波,杜修力. 结构动力学[M]. 北京:机械工业出版社,2005.

[3] 盛骤,谢式千,潘承毅,编. 概率论与数理统计[M]. 北京:高等教育出版社,2008.

[4] 李德葆,陆秋海. 工程振动试验分析[M]. 北京:清华大学出版社,2004.

[5] 章梓雄,董曾南. 黏性流体力学[M]. 北京:清华大学出版社,1998.

[6] 吴望一. 流体力学[M]. 北京：北京大学出版社,2004.

第3章 结构风的基本特性

3.1 自然风

3.1.1 概述

风,即空气相对于地球表面的运动,主要是太阳对地球大气的加热不均匀所引起的。直观地说,风是由于大气中热力和动力现象的时空不均匀性,使相同高度上两点之间产生压差所造成的,风是空气从气压大的地方向气压小的地方流动而形成的。气流一遇到结构的阻挡,就形成高压气幕。风速越大,对结构产生的压力也愈大,从而使结构产生大的变形和振动。

工程结构中涉及的风主要有两类:一类是大尺度风(温带及热带气旋);另一类是小尺度的局部强风(龙卷风、雷暴风、焚风、布拉风及类似喷气效应的风等)。

1. 大尺度风

温带气旋是由于高山阻碍对大尺度气流的影响,或者是由于具有相对均匀物理特性的空气团在大范围内相互作用所引起的,温带气旋常发生于纬度 $35°\sim70°$,其宽度可达1 500km。

热带气旋通常在纬度 $5°\sim20°$ 的热带海洋中生成,其能量主要来自水蒸气凝结时所释放的热量,其直径可达几百公里,旋涡中心可达数十公里。风速超过 120 km/h 的热带气旋又称飓风,在远东地区称为台风,在大洋洲及印度洋地区则称为气旋。

2. 小尺度风

龙卷风是由直径可达 300m 的空气气旋所组成,它是在强烈的雷暴风中产生的,相对地面的风速可达 $30\sim100$km/h,它的水平尺度在地面处的直径一般在几米到几百米之间,最大可达1 000m,垂直尺度差别很大。龙卷风持续时间不长,只有几分钟到几十分钟,但破坏力很大。

雷暴风是由于水蒸气在高空的冷凝所引起的,其瞬时风速一般为 $54\sim90$km/h,风速极大时甚至可达 144km/h,发生时还伴有闪电雷鸣和阵雨。

焚风也称热燥风,是由于下沉运动使空气温度升高、湿度降低的风,常出现在山脉的背风面。

布拉风常发生于由陡峭斜坡隔开的高地与平地之间,另外还由于地形的影响,使气流收敛,产生类似喷气效应的风。

我国的地理位置和气候条件造成的大风为:夏季东南沿海多台风;内陆多雷暴风;冬季北部地区多寒潮大风。其中沿海地区的台风造成的风灾事故较多,影响范围也较大。

不同的季节和时日可以有不同的风向。每年强度最大的风对结构影响最大,此时的风向称为主导风向,可以从该地区的风玫瑰图得出。风玫瑰图是指某地区一定时间内的风向、风速及其频率的风况统计图。"风玫瑰"图也叫风向频率玫瑰图,它是根据某一地区多年平均统计的各个风向和风速的百分数值,并按一定比例绘制,一般多用十六个罗盘方位表示,如图 3-1 所示。由于该图的形状形似玫瑰花朵,故名"风玫瑰"。玫瑰图上所表示风的吹向(即风的来向),是指从外面吹向地区中心的方向。在风向玫瑰图中,频率最大的方位,表示该风向出现次数最多。最常见的风玫瑰图是一个圆,圆上引出 16 条放射线,它们代表 16 个不同的方向,每条直线的长度与这个方向的风的频度成正比。静风的频度放在中间。有些风玫瑰图上还指示出了各风向的风速范围。

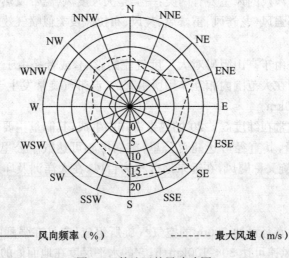

———— 风向频率(%)   -------- 最大风速(m/s)

图 3-1 某地区的风玫瑰图

但在结构风工程上,除了某些参数需要考虑风向外,一般都假定最大风速出现在各个方向上的概率相同,以便较安全地进行结构设计。

风一般也有一定的倾角,相对于水平面一般最大可在 ±10° 内变化。这样结构上除水平风力外,还存在竖向风力。竖向风力对细长的高耸结构,一般只引起轴力的变化,对这类工程来讲,并不重要。但是对于空间结构,由于其竖向刚度弱,竖向风力也应引起足够的注意。

根据大量风的实测资料可以看出,在风的时程曲线中(图 3-2),稳定风是一种速度、方向基本上不随时间变化的风,稳定风的周期较长,其周期大小一般在 10min 以上,性质相当于静力作用;脉动风则是不规则运动的风,其强度按随机规律而变化,而脉动风的周期较短,其周期常常只有几秒至几十秒,性质相当于动力作用,对结构会引起风振影响。

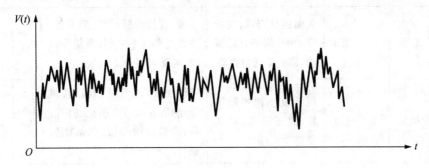

图 3-2   风速时程曲线

风引起对结构作用的风荷载,是大跨空间结构的重要设计荷载。随着现在屋盖结构的跨度越来越大,屋面覆盖材料越来越轻,导致了此类结构对风荷载非常敏感,是设计计算中必不可少的一部分。

3.1.2 自然风强度分级

不同的风有不同的特征,但它的强度常用风速来表达。将风的强度划分为等级,用一般风速范围来表示,气象预报中将风分成 0~12 共 13 个等级,通常采用英国人蒲福(Beaufort)拟定的等级,它是按照陆地上地物征象、海面和渔船征象以及 10m 高度处的风速、海面波高等划分的。蒲福风力等级的划分详见表 3-1。

表 3-1   蒲福风力等级表

风力等级	名称	相当于平地 10m 高处的风速 /(m/s)	陆地上的物征象	海面和渔船征象	海面大概的波高/m	
					一般	最高
0	静风	0.0~0.2	静、烟直上	海面平静	—	—

风力等级	名称	相当于平地10m高处的风速/(m/s)	陆地上的物征象	海面和渔船征象	海面大概的波高/m	
					一般	最高
1	软风	0.3～1.5	烟能表示风向,树叶略有摇动	微波如鱼鳞状,没有浪花,一般渔船正好能使舵	0.1	0.1
2	轻风	1.6～3.3	人面感觉有风,树叶有微响;旗子开始飘动,高的草开始摇动	小波,波长尚短,但波形显著,波峰光亮但不破裂;渔船张帆时,可随风移行2～3km/h	0.2	0.3
3	微风	3.4～5.4	树叶及小树摇动不息,旗子开展;高的草摇动不息	小波加大,波峰开始破裂;浪沫光亮,有时可有散见的白浪花;渔船开始颠簸,张帆随风移行5～6km/h	0.6	1.0
4	和风	5.5～7.9	能吹起地面灰尘和纸张,树枝动摇;高的草呈波浪起伏	小浪,波长变长;白浪成群出现;渔船满帆时,可使渔船倾于一侧	1.0	1.5
5	清劲风	8.0～10.7	有叶的小树摇摆,内陆的水面有小波;高的草波浪起伏明显	中浪,具有较显著的长波形状,许多白浪形成(偶有飞沫);渔船需缩帆一部分	2.0	2.5
6	强风	10.8～13.8	大树枝摇动,电线呼呼有声,撑伞困难;高的草不时倾伏于地	轻度大浪开始形成;到处都有更大的白沫峰(有时有些飞沫);渔船缩帆大部分	3.0	4.0
7	疾风	13.9～17.1	全树摇动,大树枝弯下来,迎风步行感觉不便	轻度大浪、碎浪而成白沫沿风向呈条状;渔船不再出港,在海者下锚	4.0	5.5
8	大风	17.2～20.7	可折毁小树枝,人迎风前行感觉有阻力甚大	有中度的大浪,波长较长,波峰边缘开始破碎成飞沫片;白沫沿风向呈明显的条带。所有近海渔船都要靠港,停留不出发	5.5	7.5

续　表

风力等级	名称	相当于平地 10m 高处的风速 /(m/s)	陆地上的物征象	海面和渔船征象	海面大概的波高/m	
					一般	最高
9	烈风	20.8～24.4	草房遭受破坏,屋瓦被掀起,大树枝可折断	狂浪,沿风向白沫呈浓密的条带状,波峰开始翻滚,飞沫可影响能见度;机帆船航行困难	7.0	10.0
10	狂风	24.5～28.4	树木可被吹倒,一般建筑物遭破坏	狂涛,波峰长而翻卷;白沫成片出现,沿风向呈白色浓密条带;整个海面呈白色;海面颠簸加大有震动感,能见度受影响、机帆船航行颇危险	9.0	12.5
11	暴风	28.5～32.6	大树可被吹倒,一般建筑物遭严重破坏	异常狂涛(中、小船只可一时隐没在浪后);海面完全被沿风向吹出的白沫片所掩盖;波浪到处破成泡沫;能见度受影响,机帆船遇之极危险	11.5	16.0
12	飓风	＞32.6	陆上少见,其摧毁力极大	空中充满了白色的浪花和飞沫;海面完全变白,能见度严重地受到影响	14.0	—

注:蒲福风力等级 B 与风速 V(m/s)之间的关系约为 $V = (0.83\sim0.86)B^{1.5}$。

3.2　风轴坐标描述

为了研究方便,我们将本质上是随机的自然风,分解成以平均速度表示的平均风和均值为零的脉动风,分别加以研究。在本书中,我们采用笛卡儿坐标,x 轴沿平均风速风向,y 轴与 x 轴垂直且与 x 轴共同构成水平面,z 轴与 x 轴、y 轴垂直,x,y,z 轴的正向构成一个右手坐标系。

在本书中,我们用 V 表示自然风,$U(z)$ 表示平均风速,u,v,w 分别表示 x,y,z 轴向的脉动风速。在任一给定的时间,风速分解为

顺风向	$U(z)+u(x,y,z,t)$
横风向	$v(x,y,z,t)$
竖 向	$w(x,y,z,t)$

上式中,平均风速 $U(z)$ 与距离地面高度有关,u,v,w 在数学上可认为是一个平稳的随机过程,均值为零。通常,平均风速 $U(z)$ 和脉动风速在 u 方向的分量最重要。v 是和风向水平正交的水平风速,w 是竖向风速。图 3-3 为风速方向上某时刻的风速图。

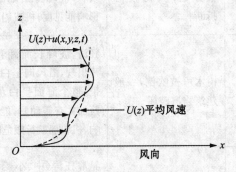

图 3-3 自然风的风速图

在图 3-3 中,风速由平均风速 U 和脉动风速 u 组成。瞬时风速由实曲线表示,平均风速由虚线表示,沿高度变化,脉动风速由实线和虚线的差异部分表示,表明 u 在正负间变化。水平脉动风速 v 正交于风向(即垂直于图中所示的坐标平面),垂直脉动风速在零值上下波动。

3.3 基本风速

为了进行结构风工程计算,需要的不是某一范围的风速,而是某一确定的风速。由于风工程中结构不但要对过去某一时日或今日的风是安全可靠的,还要保证某一规定期限内结构能安全可靠地承受可能经受的风速,而风的记录又是随机的,不同时日、月、年都有不同的值和规律,具有明显的非重现性的特征,因而必须根据数理统计方法来计算风速。

风速的大小同时又受到地理位置,以及周围环境的影响。为了比较不同地区的风速或风压的大小,必须对不同地区的地貌、测量风速的高度等有所规定,称之为基本风速。

基本风速是不同地区气象观测站通过风速仪的大量观测、记录,并按照规定标准条件下的记录数据进行统计分析进而得到该地区的最大平均风速。标准条件是指标准高度、标准地貌及重现期、平均风时距和平均风概率分布类型等,下面结合我国规范分别予以说明[1]。

1. 标准高度

在同一地点,越靠近地面,近地风遇到障碍物越多,风能量损失越大;离地越高,地面障碍物对风的影响越小,相应风速随着高度的增加而变大。我国规范规定离地 10m 高为标准高度。

我国气象台记录风速仪高度大都安装在 8~12m 之间,为便于计算而不必换算。倘若不符合这个高度,应将非标准记录数据予以计算。

2. 标准地貌

地表愈粗糙,如大城市市中心,风能消耗也愈厉害,因而平均风速也就愈小。粗糙度愈小,例如海岸附近,平均风速很高,空旷平坦地区次之,小城市又次之,大城市中心最小。由于粗糙度不同,影响着平均风速的取值,因此有必要为平均风速规定一个共同的地貌标准。

我国规范规定标准地面粗糙度类别为比较空旷平坦地面,意指田野、乡村、丛林、丘陵及房屋比较稀疏的乡镇和城市郊区,即 B 类地面粗糙度类别。

我国的荷载规范中把地貌分成 A,B,C,D 四类,其中 B 类为标准地貌。四类地貌的区分见表 3-2。

对于不同地貌、不同高度的风速之间的转换,我国的荷载规范规定平均风速沿高度变化的规律用指数函数表示:

$$U(z) = U_0 \left(\frac{z}{10}\right)^\alpha \tag{3-1}$$

式中:$U(z)$,z 分别为任一点的平均风速和高度;U_0 为 10m 高度处的平均风速;α 为地面粗糙度系数,其值见表 3-2。

表 3-2　我国四类地貌下的粗糙度系数和梯度风高度

地貌类型	描　述	α	$z_G^{①}$/m
A	指近海面、海岛、海岸、湖岸及沙漠地区	0.12	300
B	指田野、乡村、丛林、丘陵及房屋比较稀疏的乡镇和城市郊区	0.16	350
C	指有密集建筑群的城市市区	0.22	400
D	指有密集建筑群且房屋较高的城市市区	0.30	450

① z_G 为梯度风高度。

在确定城区的地面粗糙度类别时,若无 α 的实测值,可按下述原则近似确定:

(1) 以拟建房屋 2000m 为半径的迎风半圆影响范围内的房屋高度和密集度来

分粗糙度类别,风向原则上应以该地区最大风的风向为准,但也可取其主导风;

(2)以半圆影响范围内建筑物的平均高度 $\bar{h}$ 来划分地面粗糙度类别,当 $\bar{h} \geqslant$ 18m,为 D 类,$9 < \bar{h} \leqslant 18m$,为 C 类,$\bar{h} < 9m$,为 B 类;

(3)影响范围内不同高度的面域可按下述原则确定,即每座建筑物向外延伸距离为其高度的面域内均为该高度,当不同高度的面域相交时,交叠部分的高度取大者;

(4)平均高度 $\bar{h}$ 取各面域面积为权数计算。

3. 标准重现期

由于一年为一个自然周期,我国规范规定取一年中的最大平均风速作为一个数理统计的样本。在工程中,不能直接选取每年最大平均风速的平均值进行设计,而应该取大于平均值的某一风速作为设计的依据。从概率的角度分析,在间隔一定的时间之后,会出现大于某一风速的年最大平均风速(称为设计风速),我们称这个间隔为重现期。我国规范规定基本风速(或设计风速)的重现期为 50 年。

重现期为 T 的基本风速,则在任一年中只超越该风速一次的概率为 $\frac{1}{T}$,例如,若重现期为 50 年,则意味着超越概率为 $\frac{1}{T} = \frac{1}{50} = 0.02$。因此,不超过该基本风速的概率为

$$p_0 = 1 - \frac{1}{T} \tag{3-2}$$

因此,重现期为 50 年的保证率为

$$p_0 = 1 - \frac{1}{50} = 98\% \tag{3-3}$$

我国按标准重现期为 50 年的概率确定基本风速,但对于风荷载比较敏感的超高和超大的结构,或做某些特殊用途的结构物,其基本风速的重现期应提高到 100 年。我国荷载规范已列出重现期为 10 年、50 年和 100 年的基本风压,可直接查用。

关于不同重现期风速之间的换算,以欧洲钢结构协会规定的风速重现期系数为例予以介绍。欧洲钢结构协会规定的换算系数是以重现期为 50 年的风速为基准规定的,其表达式如下[2]:

$$k = \frac{1}{1.507} \left\{ 1 - 0.13 \ln \left[-\ln \left(1 - \frac{1}{T} \right) \right] \right\} \tag{3-4}$$

表 3-3 分别列出了式(3-4)有代表性的 k 值和重现期风压调整系数,以 50 年为基准。

表 3-3　重现期风速换算系数 k 和风压调整系数 μ_r

T/年	5	10	15	20	30	50	100	200	300
k	0.793	0.858	0.894	0.920	0.956	1.000	1.060	1.120	1.156
μ_r	0.629	0.736	0.799	0.846	0.914	1.000	1.124	1.254	1.336

4. 平均风的时距

关于平均时距的含义,由图 3-4 可知:

$$U = \frac{1}{\tau} \int_{t_0-\tau/2}^{t_0+\tau/2} V(t)\,\mathrm{d}t \qquad (3-5)$$

式(3-5)中的平均风速 U 与所取某一中心时刻 t_0 附近的时距 τ 有关。随着所取平均风时距的缩短,对应于这一时距的最大平均风速将增大,因为在较小的 τ 内集中反映了较大波峰的影响,而较小的波峰未能反映。

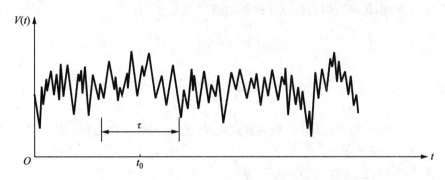

图 3-4　平均风时距(风记录为示意图)

我国规范规定平均风的时距为 10min,但有的国家取 1h,有的国家甚至取 3～5s[3-4]。根据国内外学者所得到的各种不同时距平均风速的比值,统计所得的比值如表 3-4 所示。

表 3-4　各种不同时距与 10min 时距风速的平均比值

平均风速时距	1h	10min	5min	2min	1min	0.5min	20s	10s	5s	瞬时
统计比值	0.94	1.00	1.07	1.16	1.20	1.26	1.28	1.35	1.39	1.50

5. 概率分布类型

一般假定,我们所研究的对象是不会出现异常风的气候,称为良态气候。对于这种气候,我们可以认为年最大风速的每一个数据都对极值的概率特性起作用,因此,世界上许多国家把年最大风速作为概率统计的样本,由重现期和风速的概率分布获得该地区的设计最大风速,即基本风速。

我国规范规定基本风速采用极值 I 型概率分布函数进行统计分析,别的国家也有采用极值 II 型分布或是韦布尔(Weibull)分布的。

极值 I 型概率分布又称耿贝尔(Gumbel)分布,其表达式为

$$F_{\mathrm{I}}(x) = \exp\left[-\exp\left(-\frac{x-\mu}{\sigma}\right)\right] \tag{3-6}$$

其中,

$$E(x) = \mu + 0.5772\sigma \tag{3-7a}$$

$$\sigma_x = \frac{\pi}{\sqrt{6}}\,\sigma \tag{3-7b}$$

式(3-7)中,$E(x)$ 和 σ_x 分别为风速样本的数学期望和根方差,通过风速样本是可以计算出的。实际上,风速样本的数学期望就是年最大风速的数学平均值,用 $\bar{x}$ 表示。这样,由风速资料可得风速的平均值和根方差:

$$E(x) = \bar{x} = \frac{1}{n}\sum_{i=1}^{n} x_i \tag{3-8a}$$

$$\sigma_x = \left[\frac{\sum_{i=1}^{n}(x_i - \bar{x})^2}{n-1}\right]^{\frac{1}{2}} \tag{3-8b}$$

将式(3-8)中的 $E(x)$ 和 σ_x 代回到式(3-7)之后,便可求得参数 σ 和 μ,则极值 I 型的概率分布函数 $F_{\mathrm{I}}(x)$ 就可确定。

由式(3-6),经过取对数变换,可得

$$x_{\mathrm{I}} = x = \mu - \sigma\ln(-\ln F_{\mathrm{I}}) \tag{3-9}$$

式(3-9)中的 x_{I} 为对应于极值分布的设计最大风速,即基本风速;F_{I} 是对应的不超过该设计最大风速 x_{I} 的概率,它与重现期的关系为

$$F_{\mathrm{I}} = 1 - \frac{1}{T} \tag{3-10}$$

将式(3-7)求得的 σ 和 μ 代入式(3-9)中,便可写成

$$x_{\mathrm{I}} = \bar{x} + \psi\sigma_x \tag{3-11}$$

$$\psi = -\frac{\sqrt{6}}{\pi}\left[0.5772 + \ln(-\ln F_{\mathrm{I}})\right] \tag{3-12}$$

式中:x_{I} 即为所要求的设计最大风速(基本风速);ψ 称为保证系数。

【例 3-1】 为了说明利用年最大平均风速计算基本风速(设计风速)的方法,表 3-5 列出了某城市 20 年 10m 高度处 10min 内年最大平均风速的记录,按重现期为 50 年,风速采用极值 I 型概率分布函数,求基本风速。

表 3-5　某城市 20 年间年最大平均风速

年份	1	2	3	4	5	6	7	8	9	10
年最大平均风速/(m/s)	22.7	18.8	20.7	23.5	23.0	18.0	17.7	19.3	20.3	21.1
年份	11	12	13	14	15	16	17	18	19	20
年最大平均风速/(m/s)	18.6	18.9	22.8	16.8	19.3	19.9	17.7	19.8	21.8	19.3

解：风速的平均值

$$\bar{x} = \frac{1}{n}\sum_{i=1}^{n} x_i = \frac{1}{20}\sum_{i=1}^{20} x_i = 20.0\text{m/s}$$

风速的根方差值

$$\sigma_x = \left[\frac{\sum_{i=1}^{n}(x_i - \bar{x})^2}{n-1}\right]^{\frac{1}{2}} = \left[\frac{\sum_{i=1}^{20}(x_i - 20.0)^2}{19}\right]^{\frac{1}{2}} = 1.952\text{m/s}$$

因为重现期为 50 年，由式(3-10)可知概率 F_{I} 为 0.98。保证系数 ψ 由式(3-12)可得：

$$\psi = -\frac{\sqrt{6}}{\pi}[0.5772 + \ln(-\ln 0.98)] = -0.78[0.5772 - 3.902] = 2.593$$

因此，基本风速

$$x_{\text{I}} = \bar{x} + \psi\sigma_x = 20.0 + 2.593 \times 1.952 = 25.062\text{m/s}$$

3.4　近地风特性

3.4.1　大气边界层气流

大气流过地面时，地面上的各种粗糙元如草、沙粒、树木、房屋等会使大气流动受阻，这种摩擦阻力由于大气中的湍流而向上传递，并随高度的增加而逐渐减弱，达到某一高度后便可忽略。在此高度下，靠近地球表面受地面摩擦阻力影响的大气层区域，称为大气边界层，又称摩擦层，而此高度称为大气边界层厚度。这个高度随气象条件、地形、地面粗糙度而变化。

在大气边界层厚度以上，风才不受地表之影响，能够在气压梯度作用下自由流动，这个风速叫梯度风速，因此大气边界层厚度也称梯度风高度。

在土木工程中，人们感兴趣的是大气边界层内的气流，图 3-4 是 Van der Hover 在美国纽约附近的布鲁克黑文(Brookhaven)100m 高度处测得的水平风速能量谱，并由 Davenport 进行补充完整[5]。尽管这个测量结果严格来说仅适合某个特定地点、特定高度,但它对风速变化特性提供了非常有用的信息。

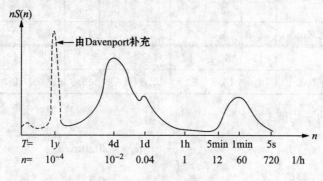

图 3-5　近地风水平风速谱

图 3-5 中的能量谱反映了湍流能量在各个频率成分所占的比重,其中 n 为涡旋频率,T 为相应的周期。从图 3-5 中可以明显看到,各频率成分所对应的周期在约 16min～2h 这一段出现低谷,谷底在 1h 左右。因此,一般规定以周期 1h 处分界,左边为宏观气象带,又称候风带;右边为微观气象带,又称阵风带。对于候风带,其能量谱有三个能量集中的峰值,对应周期分别为 1y,4d 和 1d 左右。由于建筑物的自振周期最多也只有几秒这样的数量级,远离候风带中三个峰值的频率所对应的周期。因此,位于候风带大的风成分对结构的作用可视为静力的,一般称之为平均风。而对阵风带,其能量谱有一个峰值(对应周期为 1min 左右),但由于其频带较宽,包括了结构自振周期在内的频率段,因此它对结构的作用看作为动力的,称为脉动风。因此可知,大气边界层内的风可分为平均风和脉动风两部分。

3.4.2　平均风特性

平均风是在给定时间内,风力大小、方向等不随时间改变的量,平均风沿高度的变化规律,常称为风速梯度或风剖面,它是风的重要特性之一。

如上所述,地表对风流产生摩阻力,风速在地表面一般为零,由于其摩阻力随高度增加而逐渐减弱,因而平均风速是随高度增加而逐渐增大。地表粗糙度不同,大气边界层的风速随高度增加的快慢也不相同。

平均风速随高度变化的规律一般可有两种表达形式,即按边界层理论得出的对数风剖面和按实测结果推得的指数风剖面。

1.　对数风剖面

对数风剖面是平均风速剖面的重要理论形式,表示大气底层强风风速廓线比较理想,其表达式为[6]

$$U(z') = \frac{1}{\kappa} u^* \ln\left(\frac{z'}{z_0}\right) \qquad (3-13)$$

式中：$U(z')$ 为大气底层内 z' 高度处的平均风速；κ 为卡曼（Karman）常数，$\kappa \approx$ 0.40；z_0 为地面粗糙长度（m）；z' 为有效高度（m），可表达为

$$z' = z - d \qquad (3-14)$$

式中：z 为离地高度（m）；d 为零平面高度（m）。

　　u^* 为地面摩擦速度或流动剪切速度，其值为

$$u^* = \sqrt{\tau_0/\rho} \qquad (3-15)$$

式中：τ_0 为地面单位面积的平均阻力；ρ 为空气密度。

　　由式（3-13）中高度取 10m，得

$$u^* = \frac{0.4U_0}{\ln\left(\dfrac{10}{z_0}\right)} \qquad (3-16)$$

　　地面粗糙长度 z_0 是地面上湍流旋涡尺寸的量度，由于局部气流的不均一性，不同测试中 z_0 的结果相差很大，故 z_0 的大小一般由经验确定。文献[7]给出的地面粗糙长度值见表 3-6。

表 3-6　不同地面粗糙度的 z_0 值

地貌类型	粗糙度系数 α	粗糙长度 z_0/m	梯度风高度 z_G/m
A	0.12	0.001～0.005	300
B	0.16	0.01～0.05	350
C	0.22	0.1～0.5	400
D	0.30	1～5	450

　　有的国家的规范也对有 z_0 的取值作了规定，例如，澳大利亚规范对应于四类地面粗糙度的规定取值见表 3-7[8]，并规定可用公式 $z_0 = 2 \times 10^{x-4}$ 予以内插，这里 x 为地面粗糙度类别。

表 3-7　澳大利亚规范规定的 z_0 值

地面粗糙度类别	描　述	z_0/m
1	有少许或无障碍物和水面的开阔地区	0.002
2	高度为 1.5～10m 的少量分散障碍物的开阔地带、草地	0.02
3	具有大量如住宅房屋（3.0～5.0m 高）障碍物覆盖的地面	0.2
4	有大量高大障碍物（大城市中心、大型工业综合企业）覆盖的地面	2.0

城市中零平面高度可由下式计算[9]：

$$d = H_0 - \frac{z_0}{k} \tag{3-17}$$

式中：H_0 为城市建筑物屋面一般高度，且式(3-17)中地面阻力系数 k 由下式确定：

$$k = \left[\frac{\kappa}{\ln(10/z_0)} \right]^2 \tag{3-18}$$

式中：z_0 按表 3-6 或表 3-7 取用；κ 为卡曼常数，$\kappa \approx 0.40$。

对不同地面粗糙度，其下垫面高度不一致，即 $z_b = d + z_0$ 的取值不同。当下垫面平坦时，可取零平面高度 $d = 0$；若下垫面粗糙度比较大，如大城市中心、密集的市区范围内，d 可取 20m 和 $0.75\overline{H}$ 中的较小值，这里，$\overline{H}$ 为建筑物平均高度；当 $d + z_0 < 10\text{m}$ 时，取 $z_b = 10\text{m}$；当 $d + z_0 \geqslant 10\text{m}$ 时，取 $z_b = d + z_0$。这里，z_b 为考虑地面粗糙度和零平面高度因素时对数律风速剖面的起点高度，或称标准参考高度，如图 3-6 所示。

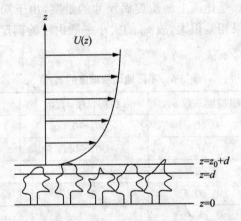

图 3-6　考虑基准高度的对数律风速剖面

那么，对于各种地面粗糙度，近地面的一定高度（即在标准参考高度 z_b 以下）内，风速比较紊乱，不一定符合对数规律或者其他变化规律，因此，在土木工程的实际应用中，常将这一高度内的风速近似取为常数计算。

近年来的实验研究表明，对数律层约占大气边界层厚度的 10%，具体地说，在 100m 高度范围内用对数律表示风剖面是比较满意的。目前，气象学专家都认为对数律表示大气底层的强风速度轮廓线比较理想，因此，在微气象学实际问题中常采用对数律。

2. 指数风剖面

在较早时期，对于水平均匀地形的平均风速轮廓线一直采用 1916 年由

C. Hellman提出的指数规律,后来由 A. G. Davenport 根据多次观测资料整理出不同场地下的风速剖面,并提出平均风速沿高度变化的规律可用指数函数予以描述[5],即

$$U(z) = U_r \left(\frac{z}{z_r} \right)^\alpha \tag{3-19}$$

式中:z_r,U_r 为标准参考高度和标准参考高度处的平均风速;z,$U(z)$为任一高度和任一高度处的平均风速;α 为地面粗糙度指数。

在土木结构工程设计和计算中,一般采用指数律,因为指数律比对数率计算简便,而且两者差别不是太明显。不同国家的规范针对本国的实际地面粗糙度类别规定了相应的地面粗糙度和梯度风高度,同时也规定了标准地面粗糙度和标准参考高度。当已知标准地面粗糙度类别在标准参考高度处的平均风速后,由式(3-19)可确定任一地面粗糙度类别下任一高度处的平均风速。

我国规范也采用式(3-19)的指数型表达式,并规定了按四类地面粗糙度类别和对应的梯度风高度 z_G 及指数 α 确定平均风剖面,作为土木工程抗风设计的依据。四类地面粗糙度类别的划分、对应的梯度风高度及指数见表 3-2。

3.4.3　脉动风特性

脉动风的风向和风速都是随着时间和空间变化的,具有明显的紊乱性和随机性。对结构产生动力作用的脉动风是由大气的湍流所引起的,湍流脉动是各种尺度的涡旋相互叠加和相互作用的表现。大气湍流的特性对风荷载产生很大的影响,而大气湍流的特性通常是由其湍流积分尺度、湍流强度、湍流脉动风速自谱和互谱来描述的。

1. 湍流的积分尺度

通过某一点的气流中的脉动,一般可认为是由平均风运送过来的一系列涡旋相互叠加和作用引起的。每个涡旋可看作在那个点所引起的周期性脉动,其圆频率为 $\omega = 2\pi n$,n 为频率,类似于行进波。如风速为 U,可定义涡旋波长为 $\lambda = U/n$,波长 λ 为涡旋尺寸的一种量度,这个波长就是涡旋大小的量度。

湍流积分尺度是气流中湍流涡旋平均尺寸的量度,对应于纵向(顺风向)u、横向 v 和垂直方向 w 脉动速度分量,每个涡旋又有 x,y,z 三个方向的尺度,因此一共有 9 个湍流积分尺度。应用平稳随机过程理论,可定义

$$L_u^x = \frac{1}{\sigma_u^2} \int_0^\infty R_{u1u2}(x) \mathrm{d}x \tag{3-20}$$

这里 $R_{u1u2}(x)$ 表示(x_1,y_1,z_1,t) 与(x_1+x,y_1,z_1,t) 两点脉动分量 u 的互相关函数,类似地可定义其余 8 个湍流积分尺度。

湍流尺度的估算结果主要取决于估算分析所用记录的长度及记录的平稳程度,不同的试验一般差别都很大。积分尺度取决于离地面高度 z 和地面粗糙长度 z_0,文献[10]建议在高度为 $10\sim240$m 范围内,积分尺度可以采用纯经验公式:

$$L_u^x = Cz^m \tag{3-21}$$

式中:C 和 m 取决于地面粗糙长度 z_0,如图 3-7,z 和 L_u^x 以 m 为单位。

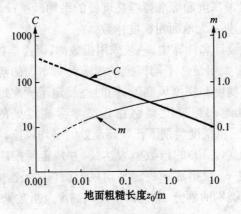

图 3-7 C 和 m 随 z_0 变化

根据文献[11],积分尺度 L_u^y,L_u^z 分别为公式(3-21)所给积分尺度 L_u^x 的 1/3 和 1/5。

$$L_u^y \approx 0.3L_u^x \tag{3-22}$$

$$L_u^z \approx 0.2L_u^x \tag{3-23}$$

欧洲规范(Eurocode I)建议的湍流积分尺度经验公式为[12]

$$L_u^x = 300(z/300)^{0.46+0.074\ln z_0} \tag{3-24}$$

日本规范(AIJ 1996)建议的湍流积分尺度经验公式为[13]

$$L_u^x = 100(z/30)^{0.5} \tag{3-25}$$

相对一定尺寸的结构物而言,涡旋的大小对作用于结构上的风荷载有较大影响。相隔距离远远超过积分尺度的两点间的脉动速度是不相关的,因此它们在结构上的作用一般讲互相抵消。如果湍流积分尺寸很大,意味着涡旋包围了整个结构,其影响就十分明显。可以发现,在一般的大跨屋盖高度处(30~40m 左右),湍流积分尺度可达到 100m 以上,该尺度基本与屋盖跨度相当,说明湍流脉动对屋盖结构的影响是不容忽视的。

2. 湍流强度

湍流强度定义为脉动风速的标准偏差(或称根方差)σ_u 与平均风速 U 之比,z

高度处的湍流强度为

$$I_u(z) = \frac{\sigma_u(z)}{U(z)} \qquad (3\text{-}26)$$

无量纲的湍流强度也与地面粗糙度和测量点的高度有关。很显然,湍流强度越大,意味着气流中的脉动风成分越多。实测结果表明,湍流强度随高度增加而减小,靠近地面一般可达到 20%~30%。

另外,从经验中也可感受到顺风向的湍流强度 I_u 一般大于水平横风向的湍流强度 I_v 和竖平面方向的湍流强度 I_w,一般近似可取 $I_v \approx 0.75 I_u$,$I_w \approx 0.50 I_u$。

关于湍流强度的表达式,我国规范没有相关的表达式,日本相关风荷载条例建议见表 3-8[14],以作为参考,其中,z_b,z_G,α 的取值见表 3-9。

表 3-8　日本风荷载条例建议的湍流强度

离地高度 z/m	地面粗糙度类别				
	Ⅰ	Ⅱ	Ⅲ	Ⅳ	Ⅴ
$z \leqslant z_b$	0.18	0.23	0.31	0.36	0.40
$z_b < z \leqslant z_G$	$0.1\left(\dfrac{z}{z_G}\right)^{-\alpha-0.05}$				

表 3-9　z_b,z_G,α 的取值

平地分类	Ⅰ	Ⅱ	Ⅲ	Ⅳ	Ⅴ
z_b	5	5	5	10	20
z_G	250	350	450	550	650
α	0.10	0.15	0.20	0.27	0.35

3. 脉动风速功率谱

由于脉动风为随机过程,必须用统计方法来描述。根据风的大量实测记录样本时程曲线,如果舍弃初始阶段附近严重的非平稳性范围,则风非常接近平稳随机过程。对曲线的分析也表明,每一样本函数的概率分布几乎相等,因而若将平均风部分除去,脉动风速本身可用具有零均值的高斯平稳随机过程来模拟,具有明显的各态历经性。一个随机振动又可看作大量数目的具有随机振幅、频率分布从零到无穷大的谐和振动之和,它的总功率就等于各个谐和分量的功率之和。功率谱密度函数反映了某一频率域上脉动风的能量大小,是一个重要的统计特性。

1) Davenport 谱[5]

世界上许多学者根据实测或风洞实验的结果,对风的功率谱密度函数提出了

不同的形式,其中 Davenport 根据世界上不同地点、不同高度处测得的 90 多次强风记录,提出了经验公式:

$$S_u(n) = 4kU_0^2 \frac{x^2}{n(1+x^2)^{4/3}} \tag{3-27}$$

$$x = \frac{L_u n}{U_0} \tag{3-28}$$

式中:n 为频率(Hz);k 为地面阻力系数,Davenport 归纳的 k 值见表 3-10;L_u 为湍流积分尺度,Davenport 取常数值 1 200m。

Davenport 谱也可以写为

$$S_u(n) = \frac{2}{3} \frac{x^2}{(1+x^2)^{4/3}} \frac{\sigma_u^2}{n} \tag{3-29}$$

$$\sigma_u = \sqrt{6k}U_0 = \sqrt{6}u_* \tag{3-30}$$

式中:σ_u 为脉动风速的根方差;u_* 为纵向摩擦速度。

之后又有一些学者对 Davenport 谱作了修改,但目前许多国家包括我国的规范中采用的都是式(3-27)所示的 Davenport 谱。

表 3-10　地面阻力系数 k 值

地表面	k 值
河湾	0.003
开阔的草地,种有少量的树	0.005
篱笆围护的广场	0.008
矮树和 30 呎的高树	0.015
市镇	0.030

由式(3-27)和式(3-29)可以看出,Davenport 谱不随高度而变化,另外,许多实测结果表明,Davenport 谱在高频处($n>0.5$Hz)过高估计了湍流能量,而对于自振频率落在此范围内的结构会有影响。鉴于此,有不少学者根据实测结果建立了多种与高度有关的纵向谱密度函数,如 Kaimal 谱,Karman 谱等。另外进行屋盖空间结构的风振响应分析时还要考虑竖向脉动风的影响,一般常用的竖向脉动风谱为 Panofsky 谱。

2) 凯曼(Kaimal)脉动风速谱

凯曼在 1972 年提出的纵向风速谱的数学表达式为

$$S_u(z,n) = 200u_*^2 \frac{f}{n(1+50f)^{5/3}} \tag{3-31}$$

$$f = \frac{nz}{U(z)} \tag{3-32}$$

$$u_*^2 = \frac{\sigma_u^2}{6} \tag{3-33}$$

式中：无量纲频率 f 称为莫宁坐标或相似率坐标；其余符号含义同前。

3）卡门（Karman）谱

卡门谱是 1948 年 Von Karman 根据湍流各向同性假设提出的，表达式为

$$S_u(z,n) = 4\sigma_u^2 \frac{x}{n(1 + 70.8x^2)^{5/6}} \tag{3-34}$$

$$x = \frac{L_u(z)n}{U(z)} \tag{3-35}$$

式中：$L_u(z) = 100\left(\frac{z}{30}\right)^{0.5}$ 为纵向湍流积分尺度；其余符号同前。

4）竖向风谱（Panofsky）谱

Panofsky 谱的标准脉动因子的自谱密度为

$$S_w(z,n) = 6u_*^2 \frac{f}{n(1 + 4f)^2} \tag{3-36}$$

其中：z 为受风点高度；其余符号同前。

4. 脉动风速的空间相关性

脉动风还具有一定的空间相关性。由于结构具有一定的尺度，当结构上一点的风压达到最大值时，在一定的范围内离该点愈远处的风荷载同时达到最大值的可能性就愈小，此即为脉动风的空间相关性。对于空间上一点 p_i 的风速与 p_j 点的风速的相关性，一般通过互谱函数 $S(p_i, p_j, n)$ 和互相干函数 $Rc(p_i, p_j, n)$ 来描述：

$$S(p_i, p_j, n) = Rc(p_i, p_j, n) \sqrt{S(p_i, n)S(p_j, n)} \tag{3-37}$$

对于空间结构，风速的空间相关需考虑三个方向的相关性，此时的相干函数 Danvenport 推荐为[6]

$$Rc(p_i, p_j, n) = \exp\left(\frac{-2n\left[C_x^2(x_i - x_j)^2 + C_y^2(y_i - y_j)^2 + C_z^2(z_i - z_j)^2\right]^{1/2}}{U(z_i) + U(z_j)}\right) \tag{3-38}$$

式中：C_x, C_y, C_z 为常数，Emil 建议 $C_x = 16, C_y = 8, C_z = 10$。可见，相干函数是频率 n 的函数。这在进行频域计算时可能造成不便。一般取 $n = 1/60$，使得三向相干函数只与两点的位置有关，此时相干函数表示为

$$Rc(p_i, p_j) = \exp\left(\frac{-\left[C_x^2(x_i - x_j)^2 + C_y^2(y_i - y_j)^2 + C_z^2(z_i - z_j)^2\right]^{1/2}}{30(U(z_i) + U(z_j))}\right) \tag{3-39}$$

式中：$(x_i,y_i,z_i),(x_j,y_j,z_j)$ 分别为结构第 p_i,p_j 个质点的坐标；$U(z_i),U(z_j)$ 分别为结构第 p_i,p_j 个质点的平均风速。

3.5 风速与风压的关系

一般地，由实测记录的是风速。对工程设计计算来说，风力作用的大小最好直接以风压来表示。风速愈大，风压也愈大。

低速运动的空气可作为不可压缩的流体看待。对于不可压缩理想流体质点作稳定运动的伯努利(Bernoulli)方程，当它在同一水平线上运动时的能量表达式为

$$w_a V + \frac{1}{2}mU^2 = C \qquad (3\text{-}40)$$

式中：U 为沿某一流线的风速；w_a 为单位面积上的静压力；C 为常数；V 为空气质点的体积；m 为空气质点的质量，$m=\rho V$，这里 ρ 为空气质量密度，V 为空气质点的体积。

将上式两边除以 V，则伯努利方程写成

$$w_a + \frac{1}{2}\rho U^2 = C_1 \qquad (3\text{-}41)$$

由上式可知，由自由气流的风速提供的单位面积上的风压为

$$w = \frac{1}{2}\rho U^2 = \frac{1}{2}\frac{\gamma}{g}U^2 \qquad (3\text{-}42)$$

此即为普遍应用的风速与风压的关系公式。式中：γ 为空气容重；g 为重力加速度。

不同地区的地理环境和气候条件均影响风速与风压的关系。在标准大气压情况下(气压为 101.325kPa)、常温 15℃ 和绝对干燥的情形下，空气的重度 $\gamma=0.012018\text{kN/m}^3$，在纬度 45° 处海平面上的重力加速度 $g=9.8\text{m/s}^2$，代入式(3-42)，得到

$$w = \frac{1}{2}\frac{\gamma}{g}U^2 = \frac{0.012018}{2\times 9.8}U^2 \approx \frac{U^2}{1630}(\text{kN/m}^2) \qquad (3\text{-}43)$$

式(3-43)是在标准大气情况下，满足上述条件后求得的。但由于各地地理位置不同，γ 和 g 值也就不同。地球上的重力加速度 g 不仅随高度变化，且随纬度的变化而变化；而空气重度 γ 又是气压、气温和湿度的函数。因此各地的 $\gamma/2g$ 值均有所不同，我国东南沿海地区的风压系数 $\dfrac{\gamma}{2g} \approx \dfrac{1}{1\,700}$，内陆和高原地区的风压系数 $\dfrac{\gamma}{2g} \approx$

$\dfrac{1}{1\,900} \sim \dfrac{1}{2\,600}$。

使用风杯式测风仪时，可按下述公式确定空气密度：

$$\rho = \frac{0.001\,276}{1 + 0.003\,66t}\left(\frac{p - 0.378e}{100\,000}\right)\ (\text{t/m}^3) \tag{3-44}$$

式中：t 为空气温度($^\circ$C)；p 为气压(Pa)；e 为水汽压(Pa)。

也可根据所在地点的海拔高度 z(m)按下述公式近似估计空气密度：

$$\rho = 0.00125\mathrm{e}^{-0.000\,1z}(\text{t/m}^3) \tag{3-45}$$

3.6　结构上的风荷载

结构上的风荷载包括两种成分：平均风与脉动风，因此风对结构的作用有静力作用和动力作用之分。

3.6.1　结构上的平均风荷载

作用于结构上由平均风引起的风荷载，称为平均风荷载，也称为静力风荷载。由于大气边界层内地表粗糙元的影响，结构的平均风荷载不仅取决于来流速度，而且还与地面粗糙度和高度有关，再考虑到一般结构都是钝体，当气流绕过该结构时会产生分离、汇合等现象，引起结构表面压力分布不均匀。为了反映结构上静力风荷载受各种因素的影响情况，又便于工程结构抗风设计的应用，我国建筑结构荷载规范规定计算静力风压的公式为

$$\overline{w} = \mu_z\mu_s w_0 \tag{3-46}$$

式中：w_0 为建筑物所在地区的基本风压(kN/m^2)；μ_s 为结构的体型系数；μ_z 为风压高度变化系数，它考虑了地面粗糙度及风速随高度变化的影响。

1) 基本风压

我国荷载规范规定，基本风压是在标准地貌(平坦空旷地区，我国规范划为 B 类)下，离地 10 米高度处统计所得到的 50 年一遇、10 分钟平均风速为标准。

2) 风荷载体型系数

实际结构上受风面积都较大，而且体型各不相同，因而风压在其面上的分布也是不均匀的。结构物各个面上各点的压力不仅与来流速度和方向有关，而且与结构物形状及结构物之间位置分布有关。对各种结构物表面风压力的大小和分布的研究，主要通过试验(风洞试验和实测)或数值模拟来确定。荷载规范上对形状规则的结构物给出了供参考的体型系数，可参考附录 B。试验中通常采用无量纲的压力系数 C_p 来表示其压力分布，即

$$C_p = \frac{p - p_0}{0.5\rho U^2} \tag{3-47}$$

式中：p 为表面压力；p_0,ρ,U 分别为大气边界层外缘气流的压力、密度和速度。

采用风压分布系数来描述建筑物表面的平均风压变化虽然较为准确,但由于其数据量大,使用起来并不方便。因此,在世界工程中,会根据风压系数的分布规律,将建筑物表面划分为若干个区域,使每个区域内的 C_{pi} 值尽量接近,然后对各个区域内的各测点风压分布系数 C_{pi} 与其所属面积 A_i 的乘积取加权平均,即可得到各区域的风载体型系数为

$$\mu_s = \frac{\sum\limits_i C_{pi} A_i}{\sum\limits_i A_i} \tag{3-48}$$

3) 风压高度变化系数

对于大气边界层内风速随高度和地面粗糙度变化规律,通常还是用指数风剖面来描述。我国荷载规范根据风速与风压的关系,及实测得到的四类地貌上 10 米高度处的风压与空旷平坦场地上 10 米高度处的基本风压之间的关系,定义任意高度处的风压与基本风压之比为风压高度系数,可得

$$\mu_z(z) = \left(\frac{z}{z_G}\right)^{2\alpha} \cdot 35^{0.32} \tag{3-49}$$

其中: α, z_G 分别为任意地貌的粗糙度系数及梯度风高度。

由式(3-49)算得的风压高度变化系数列于表 3-11 中。

表 3-11　风压高度变化系数

地面或海平面高度/m	地面粗糙度类别			
	A	B	C	D
5	1.17	1.00	0.74	0.62
10	1.38	1.00	0.74	0.62
15	1.52	1.14	0.74	0.62
20	1.63	1.25	0.84	0.62
30	1.80	1.42	1.00	0.62
40	1.92	1.56	1.13	0.73
50	2.03	1.67	1.25	0.84
60	2.12	1.77	1.35	0.93
70	2.20	1.86	1.45	1.02
80	2.27	1.95	1.54	1.11

续　表

地面或海平面高度/m	地面粗糙度类别			
	A	B	C	D
90	2.34	2.02	1.62	1.19
100	2.40	2.09	1.70	1.27
150	2.64	2.38	2.03	1.61
200	2.83	2.61	2.30	1.92
250	2.99	2.80	2.54	2.19
300	3.12	2.97	2.75	2.45
350	3.12	3.12	2.94	2.68
400	3.12	3.12	3.12	2.91
≥450	3.12	3.12	3.12	3.12

注:摘自《建筑结构荷载规范》(GB50009-2001)。

对于多自由度体系,结构上第 i 点的静力风荷载为

$$P_{si} = \mu_{zi}\mu_{si}w_0 A_i \tag{3-50}$$

式中: μ_{si}, μ_{zi} 分别为结构第 i 点对应的体型系数和风压高度变化系数; A_i 为结构第 i 点所对应的受风面积。

3.6.2　结构上的脉动风荷载

结构上任一高度处的瞬时风压 w 可表示为平均风压 $\overline{w}$ 与脉动风压 w_u 之和。

$$\sigma_{w_u}^2 = E[w_u^2] = E[(w-\overline{w})^2]$$

$$= E\left(\frac{\gamma}{2g}\right)^2 [(U+u)^2 - U^2]^2 = E\left(\frac{\gamma}{2g}\right)^2 [2Uu + u^2]^2 \tag{3-51}$$

根据风压与风速的关系,脉动风速 u 与平均风速 U 相比可看作是一微小量,可求得脉动风压的方差为

$$\sigma_{w_u}^2 = E\left(\frac{\gamma}{2g}\right)^2 [2Uu]^2 = \left(\frac{\gamma}{2g}\right)^2 \cdot 4U^2 E[u^2] = \left(\frac{\gamma}{2g}\right)^2 \cdot 4U^2 \sigma_u^2 = 4\frac{\overline{w}^2}{U^2}\sigma_u^2 \tag{3-52}$$

由零均值的高斯平稳随机过程的性质,可知

$$\sigma_u^2 = \int_0^\infty S_u(n)\mathrm{d}n \tag{3-53}$$

$$\sigma_{w_u}^2 = \int_0^\infty S_{w_u}(z,n)\mathrm{d}n \tag{3-54}$$

将上面两式代入式(3-51),可得脉动风压功率谱密度函数为

$$S_{w_u}(z,n) = 4\frac{\overline{w}^2}{U^2}S_u(n) \tag{3-55}$$

若将脉动风压表示成位置与时间的函数

$$w_u(z,t) = w_u(z)f(t) \tag{3-56}$$

并且 $f(t)$ 采用规格化的功率谱($\int_{-\infty}^{+\infty}S_f(n)\mathrm{d}n = 1$),则有

$$S_{w_u}(z,n) = \sigma_{w_u}^2(z)S_f(n) \tag{3-57}$$

水平脉动风谱一般采用 Davenport 谱:

$$S_u(n) = \frac{2}{3}\frac{x^2}{(1+x^2)^{4/3}}\frac{\sigma_u^2}{n}, \qquad x = \frac{1200n}{U_0}$$

结合以上各式得

$$S_f(n) = \frac{S_{w_u}(z,n)}{\sigma_{w_u}^2(z)} = \frac{2x^2}{3n(1+x^2)^{4/3}} \tag{3-58}$$

在实际应用中,设计脉动风压取为脉动风压均方差 σ_{w_u} 与保证系数(又称为峰因子)μ 的乘积,按照我国《建筑荷载规范》,脉动风压与平均风压之比称为脉动系数 μ_f,建议取为

$$\mu_f(z) = \frac{\mu\sigma_{w_u}(z)}{w} = \frac{2\mu\sigma_u(z)}{U} = 0.5 \times 35^{1.8\times(\alpha-0.16)} \times \left(\frac{z}{10}\right)^{-\alpha} \tag{3-59}$$

由此可得结构高度处脉动风压的均方差为

$$\sigma_{w_u}(z) = \frac{\mu_f(z)\mu_z(z)\mu_s(z)}{\mu}w_0 \tag{3-60}$$

设结构上的脉动风荷载向量为 $\{P\}$,根据脉动风压与脉动风荷载的关系,推导得到脉动风荷载的自功率谱密度函数为

$$S_{P_i}(n) = \sigma_{w_u}^2(z_i)A_i^2S_f(n) \tag{3-61}$$

对于空间结构,必须考虑脉动风荷载的空间相关性,由此得到结构上脉动风荷载的互功率谱密度函数为

$$S_{P_iP_j}(n) = Rc_{ij}\sigma_{w_u}(z_i)\sigma_{w_u}(z_j)A_iA_jS_f(n) \tag{3-62}$$

式中:$\sigma_{w_u}(z_i)$,$\sigma_{w_u}(z_j)$ 为结构第 i,j 个质点处脉动风压的标准差;A_i,A_j 为结构第 i,j 个质点的迎风面积;z_i,z_j 为结构第 i,j 个质点的高度;Rc_{ij} 为脉动风荷载的相干系数,见式(3-38)。

脉动风荷载 $\{P\}$ 的功率谱密度函数最终可用矩阵表示为

$$[S_{\{P\}}(n)] = [S_P]S_f(n) \tag{3-63}$$

式中:$[S_P]$ 为 $n \times n$ 阶常量矩阵,表达为

$$[S_P] = \begin{bmatrix} S_{P_1}^2 & S_{P_1 P_2} & \cdots & S_{P_1 P_n} \\ S_{P_2 P_1} & S_{P_2}^2 & \cdots & S_{P_2 P_n} \\ \vdots & \vdots & \ddots & \vdots \\ S_{P_n P_1} & S_{P_n P_2} & \cdots & S_{P_n}^2 \end{bmatrix} \tag{3-64}$$

其元素为

$$S_{P_i P_j} = R c_{ij} \sigma_{w_u}(z_i) \sigma_{w_u}(z_j) A_i A_j \tag{3-65}$$

参考文献

[1]　建筑结构荷载规范(2006 年版)GB50009-2001[S]. 北京:中国建筑工业出版社,2006.

[2]　外国建筑结构荷载规范汇编[S]. 中国建筑科学研究院,1991:525-613.

[3]　National Research Council of Canada. User's Guide-NBC 1995 Structural Commentaries (part4) [S],1996.

[4]　外国建筑结构荷载规范汇编[S]. 中国建筑科学研究院,1991:113-186.

[5]　Davenport A G. The Relationship of wind structure to wind loading[C], Proc. of the Symposium on Wind Effect on Building and Structures, London,1965(1):54-102.

[6]　埃米尔·希缪,罗伯特·H·斯坎伦著. 风对结构的作用——风工程导论[M]. 刘尚培,项海帆,谢霁明译. 上海:同济大学出版社,1992.

[7]　沈世钊,徐崇宝,赵臣,武岳. 悬索结构设计[M]. 中国建筑工业出版社,2005.

[8]　Australian Standard SAA Loading Code, AS/NZS1170. 2-2002, Part 2: Wind Loads[S]. Published by Standards Australia, Standards House,2002.

[9]　Helliwell N C. Wind over London [C], Proc. of the Third International Conference on Wind Effects on Buildings and Structures, 1972:23-32.

[10]　Counihan J. Adiabatic atmospheric boundary layers: a review and analysis of data from the period 1880-1972[J]. Atmospheric Environment, 1975(9):871-905.

[11]　克莱斯·迪尔比耶,斯文·奥勒·汉森著. 结构风荷载作用[M]. 薛素铎,李雄彦译. 北京:中国建筑工业出版社,2006.

[12]　Kijewski T and Kareem A. Dynamic Wind Effects: A Comparative Study of Provisions in Codes and Standards with Wind Tunnel Data[J]. Wind and Structures, 1998, 1(1):77-109.

[13]　Tamura Y, Ohkuma T, et al. Wind Loading Standards and Design Criteria in Japan[J]. J. Wind Eng. Ind. Aerodyn. 1999,(83):555-566.

[14]　Architectural Institute of Japan, AIJ Recommendations for Loads on Building[S]. Print in Japan,2004.

第4章　风荷载模拟

要对结构进行时域范围内的风振分析,就要发展风荷载的模拟方法。要使风模拟方法应用在实际结构设计计算中,就要求模拟的风荷载尽可能接近和满足自然风特性,方法上要具有普遍性和有效性。

目前,对随机过程的模拟方法很多,大体可分为两类:一类是基于三角级数叠加的谐波合成法[1-2],当维数较大时,此种方法非常耗时,但精度高;另一类是线性滤波法[3],该方法是将人工产生均值为零、具有正态分布的一系列随机数"输入"设计好的"过滤器",将"过滤器""输出"具有给定谱特性的随机序列,此种方法计算量相对较少,但精度相对较差。

自然风的模拟必须使模拟的风与前面章节所述的自然风的基本特性如平均值、与高度有关的自功率谱和互功率谱以及相位角关系等尽可能接近。

4.1　谐波合成法

谐波合成法(WAWS)及其改进方法(CAWS)的原理是,采用一系列具有随机频率的余弦函数序列来模拟脉动风,并考虑结构风速谱的特点[4-9]。

对于具有一定空间尺度的大跨空间结构,由于在同一时刻作用于结构上各点的风荷载是不可能完全一样的,在模拟风荷载时,考虑到其相关性,应以多个互相关的随机过程来描述。

风的实测研究表明,风速的脉动部分可看作是具有零均值的高斯(Gauss)平稳随机过程,对具有不同坐标的各点$(1,2,3,\cdots,n)$,其风速$u_j(t)(j=1,2,3,\cdots,n)$的谱密度函数矩阵为

$$[S(\omega)] = \begin{bmatrix} S_{11}(\omega) & S_{12}(\omega) & \cdots & S_{1n}(\omega) \\ S_{21}(\omega) & S_{22}(\omega) & \cdots & S_{2n}(\omega) \\ \vdots & \vdots & \ddots & \vdots \\ S_{n1}(\omega) & S_{n2}(\omega) & \cdots & S_{nn}(\omega) \end{bmatrix} \tag{4-1}$$

由维纳-辛钦(Wiener-Khintchine)关系可知,功率谱密度函数与自相关函数之间存在如下关系:

$$S_{jk}(\omega) = \frac{1}{2\pi}\int_{-\infty}^{+\infty} R_{jk}(\tau)e^{-i\omega\tau}d\tau \qquad (j,k=1,2,\cdots,n) \tag{4-2}$$

$$R_{jk}(\tau) = \int_{-\infty}^{+\infty} S_{jk}(\omega) e^{i\omega\tau} d\omega \qquad (j,k=1,2,\cdots,n) \tag{4-3}$$

由平稳随机过程的性质可得出

$$S_{jj}(\omega) = S_{jj}(-\omega) \qquad (j=1,2,\cdots,n) \tag{4-4}$$

$$S_{jk}(\omega) = S_{jk}^*(-\omega) \qquad (j \neq k) \tag{4-5}$$

$$S_{jk}(\omega) = S_{kj}^*(\omega) \qquad (j \neq k) \tag{4-6}$$

公式中的符号 $*$ 表示共轭复数。

可以证明,风速谱密度函数矩阵是非负定的。为了计算上的方便,将功率谱密度矩阵分解成如下形式:

$$[S(\omega)] = [H(\omega)][H^*(\omega)]^T \tag{4-7}$$

式中的上标 T 表示矩阵的转置,上述分解可用 Cholesky 方法进行,其中 $[H(\omega)]$ 为下三角矩阵:

$$[H(\omega)] = \begin{bmatrix} H_{11}(\omega) & 0 & \cdots & 0 \\ H_{21}(\omega) & H_{22}(\omega) & \cdots & 0 \\ \vdots & \vdots & \ddots & \vdots \\ H_{n1}(\omega) & H_{n2}(\omega) & \cdots & H_{nn}(\omega) \end{bmatrix} \tag{4-8}$$

式中,对角项为 ω 的实非负函数,非对角项通常为 ω 的复函数。对于矩阵中的各元素,有如下关系:

$$H_{jj}(\omega) = H_{jj}(-\omega) \qquad (j=1,2,\cdots,n) \tag{4-9}$$

$$H_{jk}(\omega) = H_{jk}^*(-\omega)$$
$$(j=2,3,\cdots,n, \quad k=1,2,\cdots,n-1, \quad j>k) \tag{4-10}$$

$[H(\omega)]$ 中的非对角元素也可写成以下指数形式:

$$H_{jk}(\omega) = |H_{jk}^*(-\omega)| e^{i\theta_{jk}(\omega)}$$
$$(j=2,3,\cdots,n, \quad k=1,2,\cdots,n-1, \quad j>k) \tag{4-11}$$

$$\theta_{jk}(\omega) = \arctan\left\{\frac{\mathrm{Im}[H_{jk}(\omega)]}{\mathrm{Re}[H_{jk}(\omega)]}\right\} \tag{4-12}$$

式中:Re 表示复数的实部;Im 表示复数的虚部。

功率谱密度矩阵 $[S(\omega)]$ 分解后,随机过程 $u_j(t)(j=1,2,3,\cdots,n)$ 可用下式模拟(当 N 趋于无穷大时)

$$u_j(t) = 2 \sum_{m=1}^{j} \sum_{l=1}^{N} |H_{jm}(\omega_{ml})| \sqrt{\Delta\omega} \cos[\omega_{ml}t - \theta_{jm}(\omega_{ml}) + \varphi_{ml}] \quad (j=1,2,\cdots,n)$$
$$\tag{4-13}$$

式中:N 为频率域内的数据采集数目;其他项定义如下:

$$\Delta\omega = \frac{\omega_u}{N} \tag{4-14}$$

$$\omega_{ml} = l\Delta\omega - \frac{n-m}{n}\Delta\omega \quad (m=1,2,\cdots,n, \quad l=1,2,\cdots,N) \tag{4-15}$$

$$\theta_{jk}(\omega_{ml}) = \arctan\left\{\frac{\text{Im}[H_{jm}(\omega_{ml})]}{\text{Re}[H_{jm}(\omega_{ml})]}\right\} \tag{4-16}$$

式(4-14)中的 ω_u 为截断频率,其大小通常由功率谱密度矩阵中各项与 ω 的函数关系而定,即所选取的 ω_u 必须充分大而使得功率谱密度矩阵中各项趋于零,这样,无论是从数字计算角度还是从物理意义上讲,大于 ω_u 的频率成分都不会再造成影响。

用式(4-13)产生随机样本时,为避免产生频率混淆,时间步长 Δt 须满足以下公式:

$$\Delta t \leqslant \frac{2\pi}{2\omega_u} \tag{4-17}$$

式(4-13)用分项形式可表示为

$$u_1(t) = 2\sum_{l=1}^{N}|H_{11}(\omega_{1l})|\sqrt{\Delta\omega}\cos[\omega_{1l}t - \theta_{11}(\omega_{1l}) + \varphi_{1l}] \tag{4-18}$$

$$u_2(t) = 2\sum_{l=1}^{N}|H_{21}(\omega_{1l})|\sqrt{\Delta\omega}\cos[\omega_{1l}t - \theta_{21}(\omega_{1l}) + \varphi_{1l}] +$$

$$2\sum_{l=1}^{N}|H_{22}(\omega_{2l})|\sqrt{\Delta\omega}\cos[\omega_{2l}t - \theta_{22}(\omega_{2l}) + \varphi_{2l}] \tag{4-19}$$

$$u_3(t) = 2\sum_{l=1}^{N}|H_{31}(\omega_{1l})|\sqrt{\Delta\omega}\cos[\omega_{1l}t - \theta_{31}(\omega_{1l}) + \varphi_{1l}] +$$

$$2\sum_{l=1}^{N}|H_{32}(\omega_{2l})|\sqrt{\Delta\omega}\cos[\omega_{2l}t - \theta_{32}(\omega_{2l}) + \varphi_{2l}] +$$

$$2\sum_{l=1}^{N}|H_{33}(\omega_{3l})|\sqrt{\Delta\omega}\cos[\omega_{3l}t - \theta_{33}(\omega_{3l}) + \varphi_{3l}] \tag{4-20}$$

$$\cdots \quad \cdots \quad \cdots$$

式(4-13)中的 $\varphi_{1l},\varphi_{2l},\cdots,\varphi_{ml}(l=1,2,\cdots,N)$ 为相互独立的 $[0,2\pi]$ 上均匀分布的随机相位角序列。

4.2　线性滤波方法

近年来,线性滤波器法中的自回归滑动平均模型(ARMA)和自回归模型(AR)被广泛应用于描述平稳随机过程,均取得了良好的结果[10-14]。以下对自回归模型方法加以介绍。

脉动风速向量可写成

$$\{v(t)\} = [C]\{u(t)\} \tag{4-21}$$

这里，$[C]$ 是一个下三角矩阵，其元素由互相关函数确定；$\{u(t)\}$ 是由互不相关的脉动风速过程组成的向量。

1. 向量 $\{u(t)\}$ 的产生

采用 P 阶自回归过滤器来模拟向量 $\{u(t)\}$，可用如下方程表示：

$$\{u(t)\} = \sum_{k=1}^{P} \varphi_k \{u(t - k\Delta t)\} + \sigma_N \{N(t)\} \tag{4-22}$$

式中：Δt 为时间步长；$N(t)$ 为均值为 0 方差为 1 的正态分布的随机数；φ_k 为自回归参数，由下述方程确定：

$$R_u(j\Delta t) = \sum_{k=1}^{P} R_u[(j-k)\Delta t]\varphi_k \quad (j = 1, 2, \cdots, P) \tag{4-23}$$

这里 $R_u(j\Delta t)$ 由下式确定：

$$R_u(j\Delta t) = \int_0^\infty S_u(n)\cos(2\pi n\Delta t)\mathrm{d}n \tag{4-24}$$

确定自回归参数 φ_k 后，可求得

$$\sigma_N^2 = R_u(0) - \sum_{k=1}^{P} \varphi_k R_u(k\Delta t) \tag{4-25}$$

2. 矩阵 C 的确定

确定脉动风速向量 $\{u(t)\}$ 后，余下的问题是如何将 N 个统计无关的随机过程 $\{u(t)\}$ 转化为 N 个具有特定相关特性的随机过程 $\{v(t)\}$。这种转化可以表示成如下形式：

$$v_j(t) = \sum_{i=1}^{N} C_{ij} u_i(t) \tag{4-26}$$

矩阵 $[C]$ 是一个下三角矩阵：

$$[C] = \begin{bmatrix} C_{11} & 0 & \cdots & 0 & \cdots & 0 \\ C_{21} & C_{22} & \cdots & 0 & \cdots & 0 \\ \vdots & \vdots & \ddots & \vdots & & \vdots \\ C_{j1} & C_{j2} & \cdots & C_{jj} & \cdots & 0 \\ \vdots & \vdots & & \vdots & \ddots & \vdots \\ C_{N1} & C_{N2} & \cdots & C_{Nj} & \cdots & C_{NN} \end{bmatrix} \tag{4-27}$$

如果随机过程 $\{u(t)\}$ 在 $\tau = 0$ 时的互相关矩阵为 $[D]$，那么 $\{v(t)\}$ 的互相关矩阵可表示为

$$[R] = [C][D][C]^{\mathrm{T}} \tag{4-28}$$

由于随机过程向量 $\{u(t)\}$ 中的元素是统计无关的，因此有

$$[D] = \sigma_u^2 [I] \tag{4-29}$$

式中：σ_u 是脉动风速的根方差；$[I]$ 是 $N \times N$ 维单位矩阵。将式（4-29）代入式（4-28）得

$$[R] = \sigma_u^2 [C][I][C]^T \tag{4-30}$$

矩阵 $[R]$ 中的元素为

$$R_{ij} = \int_0^\infty S(p_i, p_j, n) \mathrm{d}n \tag{4-31}$$

式中：$S(p_i, p_j, n)$ 为 p_i 点与 p_j 点的风速互谱。

$$S(p_i, p_j, n) = Rc(p_i, p_j, n) \sqrt{S(p_i, n) \cdot S(p_j, n)} \tag{4-32}$$

式中：相干函数 $Rc(p_i, p_j, n)$ 采用未简化公式（3-38）的形式，则矩阵 C 中的元素，可用如下递推公式求得：

$$c_{jj} = \sqrt{(R_{jj}/\sigma_u^2) - \sum_{k=1}^{j-1} c_{jk}^2} \tag{4-33}$$

$$c_{ji} = \left(R_{ji}/\sigma_u^2 - \sum_{k=1}^{i-1} c_{jk} c_{ik}\right) \Big/ c_{ii} \qquad j \neq i \tag{4-34}$$

采用较低阶的自回归模型即可较好地模拟随机过程，一般取 $p=5$ 即可得到较精确的结果。

4.3　算例分析

算例 1　谐波合成法风速模拟

下面的风速模拟是采用谐波合成法对风场中某点的水平脉动风的模拟，风速谱采用 Davenport 谱，地面粗糙度为 B 类，平均风速 25m/s，取其中 240s 的风速时程曲线。

图 4-1 为所模拟的风速曲线，图 4-2 为所模拟出的风速时程曲线的功率谱曲线与目标谱的对比图。

算例 2　自回归法风速模拟

下面的风速模拟是对图 4-3 所示空间上 4 个点进行的，地面粗糙度为 B 类，平均风速 25m/s，采用自回归法，回归次数 4 次，时间间隔 0.1s，取其中 200s 的风速时程曲线。

水平风速谱采用 Davenport 谱，竖向风速谱采用 Panofsky 谱，考虑了空间 4 点的相关性，图 4-4～图 4-7 为所模拟的空间中具有特定相关特性的水平风速曲线，图 4-8 为所模拟出的水平风速时程曲线的功率谱与目标谱的对比图。

图 4-9～图 4-12 为所模拟的空间中具有特定相关特性的竖向脉动风速曲线，

图 4-13 为所模拟出的竖向风速时程曲线的功率谱与目标谱的对比图。模拟结果表明：模拟水平和竖向风速时程的功率谱都能与目标谱比较吻合。

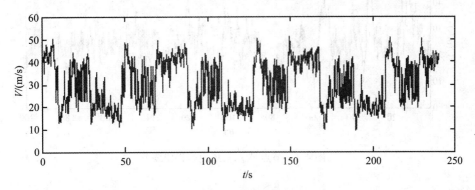

图 4-1　风速时程曲线

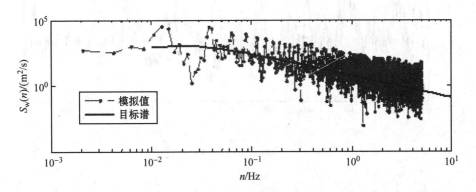

图 4-2　模拟风速时程的功率谱和 Davenport 谱比较

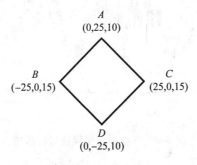

图 4-3　空间四点坐标

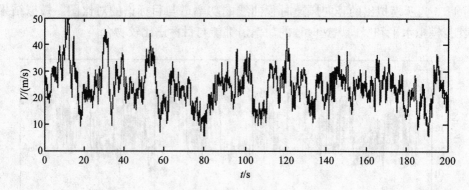

图 4-4 节点 A 水平风速时程曲线

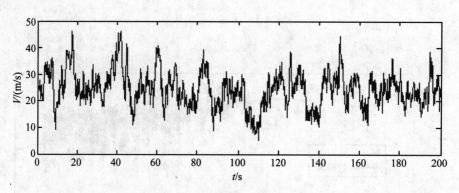

图 4-5 节点 B 水平风速时程曲线

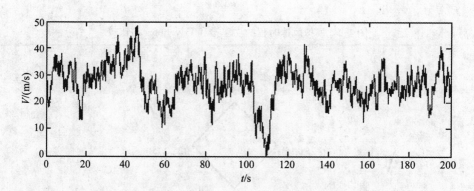

图 4-6 节点 C 水平风速时程曲线

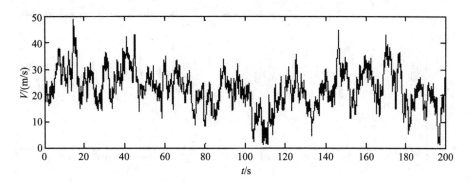

图 4-7　节点 D 水平风速时程曲线

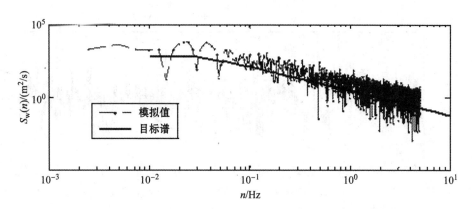

图 4-8　模拟水平风速时程的功率谱和 Davenport 谱对比图

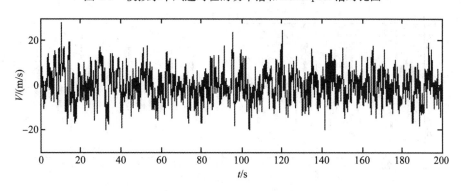

图 4-9　节点 A 竖向脉动风速时程曲线

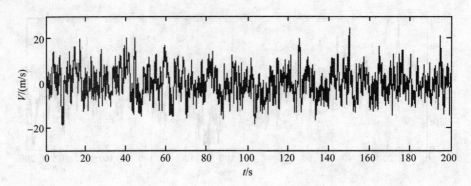

图 4-10　节点 B 竖向脉动风速时程曲线

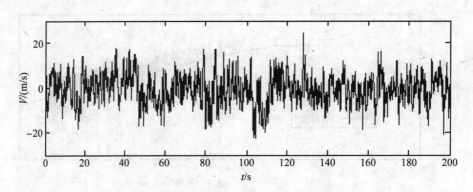

图 4-11　节点 C 竖向脉动风速时程曲线

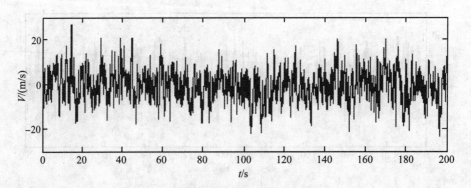

图 4-12　节点 D 竖向脉动风速时程曲线

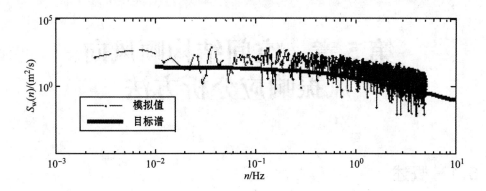

图 4-13　模拟竖向脉动风速时程的功率谱和 Panofsky 谱对比图

参考文献

［1］　Deodatis G. , Simulation of ergodic multivariate stochastic processes［J］. J. Engng Mech ASCE,1996,122(8):778-787.

［2］　Shinozuka M and Deodatis G. Simulation of stochastic processes by spectral representation ［J］. Appl Mech Rev. 1991,44(4):191-204.

［3］　Iannuzzi A. and Spinelli P. Artificial wind generation and structural response［J］. J. Struct Enggn ASCE, 1987,113(12):928-936.

［4］　Shinozuka M, Yun C B, Seya H. Stochastic methods in wind engineering［J］. J. Wind Engineering and Industrial Aerodynamics,1990(36):829-843.

［5］　王之宏,风荷载的模拟研究［J］.建筑结构学报,1994,15(1):44-52.

［6］　曹映泓,项海帆,周颖.大跨度桥梁随机风场的模拟［J］.土木工程学报,1998,31(6).

［7］　李元齐,董石麟.大跨度空间结构风荷载模拟技术研究及程序编制［J］.空间结构,2001,7 (3):3-11.

［8］　赵臣,张小刚,吕伟平.具有空间相关性风场的计算机模拟［J］.空间结构,1996,2(2).

［9］　刘学利等. 高层建筑风荷载模拟研究［J］.住宅科技,1999,4:3-5.

［10］　李英民,赖明,赵青等.脉动风特性及其仿真研究［J］.重庆建筑工程学院学报,1993, 10 (4):117-124.

［11］　刘春华.多个互相关随机过程的计算及模拟及应用［J］.同济大学学报,1994,28(增):61-67.

［12］　曹资,薛素铎,刘景园. 悬索结构动力分析理论及参数研究［J］.建筑结构,1996,6(1).

［13］　胡松.大跨越输电线路的风振反应分析及振动控制研究［D］.同济大学博士学位论文,2000.

［14］　Paola M D. Digital Simulation of wind field velocity［J］. J. Wind Engineering and Industrial Aerodynamics,1998(74-76):91-109.

第 5 章　空间结构顺风向
风振响应分析方法

5.1　概述

　　空间结构多采用轻型屋面构造,自重轻,一般都对脉动风荷载的作用十分敏感,风荷载往往是该类结构设计中的主要控制荷载。对大跨空间结构在使用阶段可能遇到的风荷载情况,以及由此产生的结构响应做出准确的估算并采取有效的预防措施,一直是空间结构设计中的重要环节。

　　结构风荷载可分解成平均风和脉动风,由于平均风荷载的响应可以通过静力方法简单求出,因此这里主要研究脉动风荷载下结构的顺风向响应分析方法。现有的风振响应分析方法大致分为三种,有时域法、频域法以及随机振动法,这几种方法各有其优缺点。

　　采用时域法,对于大跨空间结构,由于其三维尺寸接近,必须考虑三维的空间相关性,要对每一个节点进行时间、空间的模拟才显得有意义。另外,时域内的分析还应该进行多个样本分析,然后对各个响应进行统计,得到统计量。再者,其样本数量和样本长度也很难确定,因此时域法分析法的工作量很大。但时域法能随时考虑结构的刚度随荷载的变化,进行结构的时程分析可以实时了解结构在风荷载作用时间内的动力响应状况。

　　频域法虽然不能考虑结构的非线性特性,但对于以钢结构为主要承力的空间结构,在正常使用状态下其非线性不是很强,再加上频域法能给出结构响应的统计矩,计算方法比较简单,因此以振型分解法为基础的频域分析法仍是空间结构风振响应计算的常用方法。但一般空间网格结构具有频率密集性,按照现在通常的方法,如果只考虑前几阶或者十几阶振型来进行空间结构的风振响应分析,往往很难得到准确的结果,这就需要考虑多阶振型的影响。对于像索膜张拉体系结构的轻柔屋面,几何非线性程度非常高时,这种以线性化假定为前提的频域法就不再适用。现有的一些非线性随机振动频域分析方法,如 FPK(Fokker－Planck－Kolmogorov)法、统计线性化方法和摄动法等,一般也只适应于弱非线性系统和受白噪声激励的情形[1]。

　　文献[2]提出了一种"随机振动离散分析方法",它是将体系的动力状态方程在时域内离散化而导出求状态向量的差分递推式,并根据随机激励的均值和相关特性,直接得出体系的均值响应和均方响应。随机振动离散分析方法结合了时域法和频域法的优点,它既可以考虑结构的非线性,又能直接得到结构的统计特性,但随机振动法需不断地迭代,对于大型结构计算时间非常长,并且其所开的矩阵很大,要求计算机的内存量很大,才能计算。

　　本章就针对空间结构的特点,详细阐述采用时域法、频域法以及随机振动法对空间结构进行风振响应分析的方法,并进行算例分析和比较。

5.2　风振响应分析时域法

　　时域法分析结构的风振响应,首先对给定风荷载的谱函数,将风荷载模拟成时间的函数,然后利用有限元法将结构离散化,在相应的单元节点上作用模拟的风荷载,通过在时域内直接求解运动微分方程的方法求得结构的响应,在每一时间步中修正结构的刚度,这样结构的非线性因素也可得到考虑。

　　时域内的非线性随机方法,可在相同风谱情况下模拟多条风荷载曲线,然后对各个响应进行统计得到统计量,其结果比一般的线性方法更接近实际,但它的缺点是计算工作量大。

　　结构在风荷载作用下的运动方程为

$$[M]\{\ddot{x}_t\} + [C]\{\dot{x}_t\} + [K_t]\{x_t\} = \{P_t\} \tag{5-1}$$

式中:$[M]$,$[C]$,$[K_t]$分别为结构的质量矩阵、阻尼矩阵和刚度矩阵;$\{\ddot{x}\}$,$\{\dot{x}\}$,$\{x\}$分别为结构节点的加速度、速度和位移矢量;$\{P_t\}$为外荷载矢量,在此为模拟的风荷载矢量。

　　对结构的时域分析一般采用逐步积分法,在结构计算中常得到应用的有平均加速度法、Newmark 法、Houbolt 法、Gurtin 法、Wilson-θ 法、Park 法等。这些方法在应用上各有其优缺点,其中有些方法之间还存在某些联系[3-4]。

　　在这里介绍 Newmark 法对空间结构进行时域分析,Newmark 法是由线性加速度法引申出来的,其假设的速度、位移与加速度的关系如下:

$$\{\dot{x}_{t+\Delta t}\} = \{\dot{x}_t\} + [(1-\gamma)\{\ddot{x}_t\} + \gamma\{\ddot{x}_{t+\Delta t}\}]\Delta t \tag{5-2}$$

$$\{x_{t+\Delta t}\} = \{x_t\} + \{\dot{x}_t\}\Delta t + \left[\left(\frac{1}{2}-\beta\right)\{\ddot{x}_t\} + \beta\{\ddot{x}_{t+\Delta t}\}\right]\Delta t^2 \tag{5-3}$$

式中:γ 和 β 是决定计算精度和积分稳定性的参数。

　　Newmark 法是通过 $t+\Delta t$ 时刻的平衡方程去求解节点位移列阵$\{x_{t+\Delta t}\}$的,结构在 $t+\Delta t$ 时刻的非线性有限元动力平衡方程可表示为

$$[M]\{\ddot{x}_{t+\Delta t}\} + [C]\{\dot{x}_{t+\Delta t}\} + [K_t]\{x_{t+\Delta t}\} = \{P_{t+\Delta t}\} + \{R_{t+\Delta t}\} \tag{5-4}$$

式中：$\{R_{t+\Delta t}\}$ 为 $t+\Delta t$ 时刻结构的内力矢量。

由式(5-3)，解得

$$\{\ddot{x}_{t+\Delta t}\} = \frac{1}{\beta\Delta t^2}[\{x_{t+\Delta t}\}-\{x_t\}] - \frac{1}{\beta\Delta t}\{\dot{x}_t\} - \left(\frac{1}{2\beta}-1\right)\{\ddot{x}_t\} \tag{5-5}$$

将式(5-5)代入式(5-2)，然后再一并代入式(5-4)，则得到

$$\left(\frac{1}{\beta\Delta t^2}[M] + \frac{\gamma}{\beta\Delta t}[C] + [K_t]\right)\{x_{t+\Delta t}\}$$

$$= \{P_{t+\Delta t}\} + \{R_{t+\Delta t}\} + [M]\left[\frac{1}{\beta\Delta t^2}\{x_t\} + \frac{1}{\beta\Delta t}\{\dot{x}_t\} + \left(\frac{1}{2\beta}-1\right)\{\ddot{x}_t\}\right] +$$

$$[C]\left[\frac{\gamma}{\beta\Delta t}\{x_t\} + \left(\frac{\gamma}{\beta}-1\right)\{\dot{x}_t\} + \left(\frac{\gamma}{2\beta}-1\right)\Delta t\{\ddot{x}_t\}\right] \tag{5-6}$$

令

$$[\widetilde{K}_{t+\Delta t}] = \frac{1}{\beta\Delta t^2}[M] + \frac{\gamma}{\beta\Delta t}[C] + [K_t]$$

$$\{\widetilde{P}_{t+\Delta t}\} = \{P_{t+\Delta t}\} + \{R_{t+\Delta t}\} + [M]\left[\frac{1}{\beta\Delta t^2}\{x_t\} + \frac{1}{\beta\Delta t}\{\dot{x}_t\} + \left(\frac{1}{2\beta}-1\right)\{\ddot{x}_t\}\right] +$$

$$[C]\left[\frac{\gamma}{\beta\Delta t}\{x_t\} + \left(\frac{\gamma}{\beta}-1\right)\{\dot{x}_t\} + \left(\frac{\gamma}{2\beta}-1\right)\Delta t\{\ddot{x}_t\}\right]$$

则式(5-5)变为

$$[\widetilde{K}_{t+\Delta t}]\{x_{t+\Delta t}\} = \{\widetilde{P}_{t+\Delta t}\} \tag{5-7}$$

式中：$[\widetilde{K}_{t+\Delta t}]$ 为 $t+\Delta t$ 时刻的有效刚度矩阵；$\{\widetilde{P}_{t+\Delta t}\}$ 为 $t+\Delta t$ 时刻的有效荷载列阵。

Newmark 法中 γ 和 β 的选取很关键，当 $\gamma \geqslant 0.5, \beta \geqslant 0.25(0.5+\gamma)^2$ 时，Newmark 法是无条件稳定的，即时间步长 Δt 的大小不影响解的稳定性。

由于大跨空间结构一般都属于轻柔结构，其质量很轻，刚度较弱，在风荷载下会产生较大的变形，而结构的变形又改变了作用在其风荷载上的方向和大小，反过来又要影响结构的响应。因此有些学者在利用时程法对这种大变形的结构进行分析的时候，考虑风与结构之间的耦合作用，对式(5-1)的荷载项进行了改进，考虑了结构振动速度对风压的修正[5]，式(5-1)中的 P_t 表示为

$$P_t = \frac{1}{2}C_p\rho A[V_t - \dot{x}_t]^2 \tag{5-8}$$

式中：C_p 为风压分布系数；ρ 为空气质量密度；A 为作用面积；V_t 为风速(包含平均风速和脉动风速)。

显然，当式(5-1)中的荷载项改为用式(5-8)表示之后，那么结构的运动方程就是一个非常复杂的非线性动力方程组，不仅非线性刚度随时间变化，而且荷载项里还包含了结构的速度项。文献[5]利用 Newmark 法和 Newton-Raphson 法的思

想,推导了结构在风荷载作用下,考虑风与结构耦合作用的非线性动力增量方程,详细请参见文献[5]。

5.3　随机振动离散分析法

随机振动离散分析法将结构的响应在时间域内离散,根据离散系统的振动方程推导出结构响应的递推方程式,采用矩方程迭代法,直接从结构的刚度矩阵、质量矩阵和荷载的协方差矩阵出发,推导出结构响应均值和方差的递推式,可以迭代求解[6-9]。由于整体考虑结构的振动特性,其计算精度相当于振型叠加法考虑结构所有振型参与组合[10]。但该法仅适用于白噪声激励,而风荷载是有色噪声,不能直接应用,必须对其进行白噪声滤波。通过对风谱的适当拟合,得到合适的滤波参数,采用线性计算模型时,该方法是收敛的。

基于空间结构的动力计算模型和白噪声激励下随机振动离散分析理论,通过空间相关风荷载的白噪声滤波生成和滤波器参数适当选取,得出空间结构随机风振响应在离散时域内的递推公式。

1. 基本假定及基本计算理论

(1) 随机风速是平稳高斯过程,风分成不随时间变化的平均风及零均值的平稳高斯脉动风;

(2) 瞬时风压与风力之间的关系假定为线性的,忽略脉动风速二阶项的影响;

(3) 忽略风来流中横向湍流的作用,只考虑顺风向荷载;

(4) 阻尼为瑞利线性阻尼;

(5) 作用在空间结构上的分布荷载简化为节点集中荷载,且这些荷载之间是空间相关的。

空间结构随机振动的动力微分方程可以写成

$$[M]\{\ddot{x}(t)\}+[C]\{\dot{x}(t)\}+[K]\{x(t)\}=\{q\}s(t) \tag{5-9}$$

式中:$s(t)$ 为荷载时间函数;$\{q\}$ 为荷载作用位置向量。

将式(5-9)表示为状态方程的形式:

$$\{\dot{y}(t)\}=[\tilde{A}]^{-1}[\tilde{B}]\{y(t)\}+[\tilde{A}]^{-1}\{u\}s(t) \tag{5-10}$$

式中:$[\tilde{A}]=\begin{bmatrix} I & \\ & [M] \end{bmatrix}$;$[\tilde{B}]=\begin{bmatrix} & I \\ -[K] & -[C] \end{bmatrix}$;$\{y(t)\}=[x^{\mathrm{T}}(t)\quad \dot{x}^{\mathrm{T}}(t)]^{\mathrm{T}}$;$\{u\}=[0^{\mathrm{T}}\quad q^{\mathrm{T}}]^{\mathrm{T}}$

对式(5-10)两边取数学期望,可得稳态均值响应的表达式为

$$\{\bar{y}\}=[\tilde{B}]^{-1}\{u\}\bar{s} \tag{5-11}$$

式中:$\{\bar{y}\}$ 为响应均值;$\bar{s}$ 为荷载作用向量的均值。

对式(5-11)两边分别右乘各自的转置取数学期望,则可得系统均方稳态响应的递推式为

$$[R_{yy}] = [2([\tilde{A}] - 0.5\Delta t[\tilde{B}]^{-1})[\tilde{A}] - I][R_{yy}(n-1)] \cdot$$
$$[2([\tilde{A}] - 0.5\Delta t[\tilde{B}])^{-1}[\tilde{A}] - I]^{\mathrm{T}} +$$
$$2\pi\Delta t([\tilde{A}] - 0.5\Delta t[\tilde{B}])^{-1}[R_{uu}]([\tilde{A}] - 0.5\Delta t[\tilde{B}])^{-1}] \quad (5\text{-}12)$$

式中:$[R_{yy}]$为响应的自相关矩阵,其对角元素为响应的均方值;$[R_{uu}]$为荷载的空间相关矩阵。

这样,通过递推计算,就可以得到实际工程中人们所关心的响应的均值和方差。

在推导式(5-11)和式(5-12)的过程中,利用了白噪声的功率谱及相关性的特点,因此其具体形式随着激励性质的不同而不同。风荷载为具有空间相关性的有色噪声过程,为分析风振反应首先把风荷载用白噪声过程表示[8]。

2. 空间相关风荷载向量的生成

作用于结构上某一点的风荷载由两部分组成:静风荷载和脉动风荷载。

$$\{P\} = \{\bar{P}\} + \{p_{\mathrm{H}}\} + \{p_{\mathrm{V}}\}$$
$$= \{A(\mu_{s\mathrm{H}} + 0.18\mu_{s\mathrm{V}})\mu_z W_0\} + \{A\mu_{s\mathrm{H}}\sqrt{\mu_z}\rho U_0\}u(t) + \{A\mu_{s\mathrm{V}}\sqrt{\mu_z}\rho U_0\}w(t)$$
$$= \{\bar{P}\} + \{e_{\mathrm{H}}\}u(t) + \{e_{\mathrm{V}}\}w(t) \quad (5\text{-}13)$$

式中:$\{P\}$为风荷载向量;$\{\bar{P}\}$为静风荷载向量;$\{p_{\mathrm{H}}\}$,$\{p_{\mathrm{V}}\}$分别为水平和竖向脉动风荷载;A为节点负荷面积;$\mu_{s\mathrm{H}}$,$\mu_{s\mathrm{V}}$分别为水平来流和竖向来流风压体型系数;μ_z为风压高度变化系数;W_0为基本风压;U_0为基本风速;ρ为空气密度;$u(t)$,$w(t)$分别为水平和竖向随机脉动风速。

水平脉动谱密度函数取规范中采用的单边谱 Davenport 谱,将随机风速 $u(t)$ 用具有零均值单位方差的归一化随机过程 $f_{\mathrm{H}}(t)$ 表示,则有

$$u(t) = \sigma_u f_{\mathrm{H}}(t) \qquad \sigma_u = \sqrt{6k_r}U_0 \quad (5\text{-}14)$$

随机过程 $f_{\mathrm{H}}(t)$ 的谱密度函数为[11]

$$S_{f_{\mathrm{H}}}(\omega) = \frac{2a^2}{3\omega(1+a^2)^{4/3}} \quad a = \frac{600\omega}{\pi U_0} \quad \omega \geqslant 0 \quad (5\text{-}15)$$

设功率谱密度函数为 $S_0 = 1.0$ 的白噪声过程 $b(t)$ 经如下线性滤波过程[12]:

$$\ddot{z}_{\mathrm{H}} + \alpha_{\mathrm{H}}\dot{z}_{\mathrm{H}} + \beta_{\mathrm{H}}z_{\mathrm{H}} = b(t) \quad (5\text{-}16)$$
$$f_{\mathrm{H}}^*(t) = \gamma_{\mathrm{H}}\dot{z}_{\mathrm{H}}(t) \quad (5\text{-}17)$$

随机过程 $f^*(t)$ 的功率谱密度函数为

$$S_{f_{\mathrm{H}}}^*(\omega) = S_0|H_f^*(\omega)|^2 = \frac{\gamma_{\mathrm{H}}^2\omega^2 S_0}{(\beta_{\mathrm{H}} - \omega^2)^2 + \alpha_{\mathrm{H}}^2\omega^2} \quad (5\text{-}18)$$

选择滤波参数

$$\alpha_H = 1.208 \times 10^{-2} U_0 \quad \beta_H = 1.645 \times 10^{-5} U_0^2 \quad \gamma_H = 6.2 \times 10^{-2} \sqrt{U_0}$$

使 $f_H^*(t)$ 的双边功率谱密度函数 $S_{f_H}^*(\omega)$ 逼近水平脉动风荷载的单边功率谱密度函数 $S_{f_H}(\omega)$：

$$S_{f_H}^*(\omega) = S_{f_H}^*(-\omega) \approx \frac{1}{2} S_{f_H}(\omega) \tag{5-19}$$

则有

$$f_H^*(t) \approx f_H(t) \tag{5-20}$$

竖向脉动谱密度函数取普遍采用的 Panofsk 谱，Panofsk 谱随高度而变化，将随机风速 $w(t)$ 用具有零均值单位方差的归一化随机过程 $f_V(t)$ 表示，则有

$$w(t) = \sigma_w f_V(t) \quad \sigma_w = \sqrt{1.5 k_r} U_0 \tag{5-21}$$

随机过程 $f_V(t)$ 的谱密度函数为

$$S_{fV}(\omega) = \frac{2a}{\omega(1+2a)^2} \quad a = \frac{Z\omega}{\pi U_0} \quad \omega \geqslant 0 \tag{5-22}$$

采用与水平脉动风速谱同样的模拟方法，选取滤波参数 $\alpha_V = \dfrac{1}{2Z} U_0, \beta_V = 0$，

$\gamma_V = \sqrt{\dfrac{1}{2\pi Z}} \sqrt{U_0}$，使得

$$S_{fV}^*(\omega) = S_{fV}^*(-\omega) \approx \frac{1}{2} S_{fV}(\omega) \tag{5-23}$$

$$f_V^*(t) \approx f_V(t) \tag{5-24}$$

结合式(5-14)，式(5-17)，式(5-20)和式(5-24)，脉动风荷载向量可表示为

$$\{p_H\} + \{p_V\} = \{e_H \sigma_u\} f_H(t) + \{e_V \sigma_w\} f_V(t)$$
$$= \{e_H \sigma_u \gamma_H\} \dot{z}_H(t) + \{e_V \sigma_w \gamma_V\} \dot{z}_V(t) \tag{5-25}$$

脉动风荷载的空间相关性可用风荷载向量的相干系数矩阵表示：

$$S_{fij} = Rc \sqrt{S_{fii} S_{fjj}} = Rc S_f(\omega) \tag{5-26}$$

式中：Rc 为脉动风速场空间两点之间的相干函数，仅与空间点位置有关，与风频率无关[11]。

3. 空间结构随机风振离散分析方法

1) 线性模型

空间结构在风荷载作用下的动力微分方程可以写为

$$[M]\{\ddot{x}(t)\} + [C]\{\dot{x}(t)\} + [K]\{x(t)\} = \{\overline{P}\} + \{e_H\} u(t) + \{e_V\} w(t) \tag{5-27}$$

式中：$\{\overline{P}\}$ 为静荷分量，可直接利用静力方法求得，其响应为均值响应；空间结构在总荷载作用时的方差响应即为零均值的脉动风荷载作用时的均方响应，利用离散

分析方法求得。

根据式(5-25)和式(5-26)，网壳结构在随机脉动风下的动力微分方程可以写为

$$[M]\{\ddot{x}(t)\} + [C]\{\dot{x}(t)\} + [K]\{x(t)\} =$$
$$\{e_H\sigma_u\gamma_H\}\dot{z}_H(t) + \{e_V\sigma_w\gamma_V\}\dot{z}_V(t) \tag{5-28}$$

写成状态方程的形式为

$$
\begin{bmatrix}
I & & & & \\
& [M] & & & \\
& & I & & \\
& & & I & \\
& & & & I
\end{bmatrix}
\begin{Bmatrix}
x \\ \dot{x} \\ z_H \\ \dot{z}_H \\ \dot{z}_V
\end{Bmatrix} =
$$

$$
\begin{bmatrix}
0 & I & 0 & 0 & 0 \\
-[K] & -[C] & 0 & e_H\sigma_u\gamma_H & e_V\sigma_w\gamma_V \\
0 & 0 & 0 & I & 0 \\
0 & 0 & -\beta_H I & -\alpha_H I & 0 \\
0 & 0 & 0 & 0 & -\alpha_V I
\end{bmatrix}
\begin{Bmatrix}
x \\ \dot{x} \\ z_H \\ \dot{z}_H \\ \dot{z}_V
\end{Bmatrix} +
\begin{Bmatrix}
0 \\ 0 \\ 0 \\ I_{0H} \\ I_{0V}
\end{Bmatrix} s(t) \tag{5-29}
$$

简写成状态方程的形式：

$$\{\dot{y}_L(t)\} = [\tilde{A}_L]^{-1}[\tilde{B}_L]\{y_L(t)\} + [\tilde{A}_L]^{-1}\{u_L\}s(t) \tag{5-30}$$

式中，

$$
[\tilde{A}_L] =
\begin{bmatrix}
I & & & & \\
& [M] & & & \\
& & I & & \\
& & & I & \\
& & & & I
\end{bmatrix}
$$

$$
[\tilde{B}_L] =
\begin{bmatrix}
0 & I & 0 & 0 & 0 \\
-[K] & -[C] & 0 & e_H\sigma_u\gamma_H & e_V\sigma_w\gamma_V \\
0 & 0 & 0 & I & 0 \\
0 & 0 & -\beta_H I & -\alpha_H I & 0 \\
0 & 0 & 0 & 0 & -\alpha_V I
\end{bmatrix}
$$

$$\{y_L(t)\} = [x^T(t) \quad \dot{x}^T(t) \quad z_H^T(t) \quad \dot{z}_H^T(t) \quad \dot{z}_V^T(t)]^T$$

$$\{u_L\} = [0^T \quad 0^T \quad 0^T \quad I_{0H}^T \quad I_{0V}^T]^T$$

同样，按照随机振动离散分析理论计算响应的均值和方差。结构均方稳态响应的递推式为

$$[R_{y_L y_L}(n)] = [2([\tilde{A}_L] - 0.5\Delta t[\tilde{B}_L]^{-1})[\tilde{A}_L] - I]$$

$$[R_{y_L y_L}(n-1)][2(([\tilde{A}_L]-0.5\Delta t[\tilde{B}_L])^{-1}[\tilde{A}_L]-I]^{\mathrm{T}}+$$
$$2\pi\Delta t(([\tilde{A}_L]-0.5\Delta t[\tilde{B}_L])^{-1}[R_{uu}][(([\tilde{A}_L]-0.5\Delta t[\tilde{B}_L])^{-1}] \quad (5-31)$$

式中：$R_{uu}=\begin{bmatrix}0&&&&\\&0&&&\\&&0&&\\&&&Rc_{\mathrm{H}}&\\&&&&Rc_{\mathrm{V}}\end{bmatrix}$ 为荷载的空间相关矩阵；$[R_{y_L y_L}]$ 是响应的自

相关矩阵，其对角元素为响应的均方值。

2）非线性模型

空间结构在随机风荷载作用下的振动方程可以简写为

$$[M]\{\ddot{x}\}+[C]\{\dot{x}\}+[K]\{x\}+\{F_{\mathrm{R}}\}=\{q\}s(t) \quad (5-32)$$

式中：$\{F_{\mathrm{R}}\}$ 为非线性向量，包含位移的高阶项；其余参数向量含义同式(5-9)。

将式(5-32)表示成状态方程的形式：

$$\{\dot{y}_L(t)\}=[\tilde{A}_L]^{-1}[\tilde{B}_L]\{y_L(t)\}+[\tilde{A}_L]^{-1}\{G(t)\}+[\tilde{A}_L]^{-1}\{u_L\}s(t) \quad (5-33)$$

式中：$\{G(t)\}=[0^{\mathrm{T}}\quad F_{\mathrm{R}}^{\mathrm{T}}\quad 0^{\mathrm{T}}\quad 0^{\mathrm{T}}\quad 0^{\mathrm{T}}]^{\mathrm{T}}$ 表示振动方程中的非线性项。

依据随机振动离散分析方法的原理，稳态均方响应的递推式为

$$R_{y_N y_N}(n)=(2\tilde{J}\tilde{A}_L-I)R_{y_N y_N}(n-1)(2\tilde{J}\tilde{A}_L-I)^{\mathrm{T}}+$$
$$\Delta t(2\tilde{J}\tilde{A}_L-I)R_{yG}(n-1)\tilde{J}^{\mathrm{T}}+$$
$$\Delta t\tilde{J}R_{Gy}(n-1)(2\tilde{J}\tilde{A}_L-I)^{T}+$$
$$\Delta t^2\tilde{J}R_{GG}\tilde{J}^{\mathrm{T}}+2\pi\Delta t\tilde{J}R_{uu}\tilde{J}^{\mathrm{T}} \quad (5-34)$$

式中：$\tilde{J}=(\tilde{A}_L-0.5\Delta t\tilde{B}_L)^{-1}$；$R_{y_N y_N}$ 为考虑纤绳的非线性影响，响应的自相关矩阵；R_{yG}，R_{Gy} 为响应的非线性部分的互相关矩阵；R_{GG} 为响应的非线性部分的自相关矩阵。

在递推式(5-34)中，R_{yG}，R_{Gy} 和 R_{GG} 包含响应的高阶矩，此时采用高斯截断理论，响应的高阶矩用均值和方差表示[13]。

响应的三阶矩为

$$E[y_1 y_2 y_3]=\sum E[y_1 y_2]E[y_3]-2E[y_1]E[y_2]E[y_3] \quad (5-35)$$

响应的四阶矩为

$$E[y_1 y_2 y_3 y_4]=\sum E[y_1 y_2 y_3]E[y_4]+\sum E[y_1 y_2]E[y_3 y_4]-$$
$$2\sum E[y_1 y_2]E[y_3]E[y_4]+6E[y_1]E[y_2]E[y_3]E[y_4] \quad (5-36)$$

将式(5-35))和式(5-36)代入式(5-34)中，可以得到响应方差的闭合递推公式，此递推式中包含均值和方差的高次项，需迭代求解。

计算出结构位移的协方差矩阵之后,可以求得结构内力响应的均方差:

$$[R_{\mathrm{FeFe}}] = [K_e][R_{yeye}][K_e]^{\mathrm{T}} \tag{5-37}$$

式中:$[R_{\mathrm{FeFe}}]$ 为单元内力协方差矩阵;$[R_{yeye}]$ 为单元位移协方差矩阵;$[K_e]$ 为单元刚度矩阵。

5.4　风振响应分析频域法

结构在频域内的风振响应分析是从随机风荷载功率谱出发来求解结构风振反应,建立输入风荷载谱特性与输出响应之间直接关系。具体步骤为:输入风速功率谱密度函数→求风荷载功率谱→计算结构传递函数→求风激励特征值→计算结构响应均值→计算结构风振动力响应[14]。

平均风的作用可用静力学的方法计算,而脉动风是随机荷载,故计算结构的风振响应分析时应采用随机振动理论进行分析。结构在风荷载作用下的运动方程为

$$[M]\{\ddot{x}\} + [C]\{\dot{x}\} + [K]\{x\} = \{\overline{P}\} + \{p\} \tag{5-38}$$

式中:$[M]$,$[C]$,$[K]$ 分别为结构的质量阵、阻尼阵和刚度阵;$\{\ddot{x}\}$、$\{\dot{x}\}$、$\{x\}$ 分别为结构节点的加速度、速度和位移矢量;$\{\overline{P}\}$ 为平均风荷载向量;$\{p\}$ 为脉动风荷载向量。

在工程上,通常将一定保证率的设计脉动风速下的系统均方响应作为系统脉动响应设计值。则结构的风振响应可表示为

$$\{x\} = \{\overline{x}\} + \mu \mathrm{sign}(\overline{x})\{\sigma_x\} \tag{5-39}$$

式中:$\{x\}$ 为风荷载下结构总的位移响应向量;$\{\overline{x}\}$ 为平均风荷载下结构的位移响应向量,可以很容易通过求解静力方程得出;μ 为峰值保证因子;$\{\sigma_x\}$ 为脉动风荷载下位移的均方响应向量;sign 表示取其变量的正负符号。

结构在脉动风下的位移响应可表示为

$$\{x_\sigma\} = \mu \mathrm{sign}(\overline{x})\{\sigma_x\} \tag{5-40}$$

由结构的动力特性分析得到结构的模态矩阵 $[\varphi]$ 后,采用振型分解法,则脉动风下结构的均方响应又可由下式表示:

$$\{x\} = [\varphi]\{q\} \tag{5-41}$$

式中:$[\varphi]$ 为归一化模态矩阵;$\{q\}$ 为广义坐标向量。

根据振型分解法以及质量矩阵、刚度矩阵的正交性原理,结构在脉动风作用下的运动方程可以化为关于广义坐标的独立运动方程的组合:

$$\{\ddot{q}\} + 2\xi[\Omega]\{\dot{q}\} + [\Omega]^2\{q\} = \{f\} \tag{5-42}$$

式中:$\{f\} = [\varphi]^{\mathrm{T}}\{p\}$ 为广义动荷载向量;$[D]$ 为对角矩阵,其对角元素为 $d_{ii} = A_i \mu_s \mu_z \mu_f w_0 / \mu$;$\mu_f$ 为带保证因子的风压脉动系数,参照我国建筑结构荷载规范对

风压脉动系数选取的建议,采用式(3-59)计算。

$\{f\}$的功率谱函数为

$$[S_f] = [\varphi]^T[S_p][\varphi]$$
$$= [\varphi]^T[D][R_c][D][\varphi]S_f(\omega)$$
$$= [G]S_f(\omega) \tag{5-43}$$

式中:$[Rc]$为脉动风速场空间相干函数矩阵;$S_f(w)$为规格化的脉动风速功率谱。

在独立模态空间下,运动方程(5-42)的稳态频响函数是个对角矩阵。

$$[H] = \text{diag}(H_j(\omega)) \tag{5-44}$$

$$H_j(\omega) = \frac{1}{(\omega_j^2 - \omega^2) + (2\zeta\omega_j\omega)i} \quad (j=1,2,\cdots,m) \tag{5-45}$$

因此,系统输入与输出的关系式为

$$\{q\} = [H]\{f\} \tag{5-46}$$

则广义位移响应的谱密度矩阵为

$$[S_q] = [H][S_f][\overline{H}] = [H][G][\overline{H}]S_f(\omega) \tag{5-47}$$

式中:$[\overline{H}]$为$[H]$的共轭矩阵。

通过对自谱密度在频域内的积分可得到相应随机过程的方差:

$$[\sigma_q^2] = \int_0^\infty [S_q]\mathrm{d}\omega = [G]. * [\lambda] \tag{5-48}$$

$$[\lambda] = \int_{-\infty}^\infty \begin{bmatrix} H_1\overline{H}_1 & H_1\overline{H}_2 & \cdots & H_1\overline{H}_m \\ H_2\overline{H}_1 & H_2\overline{H}_2 & \cdots & H_2\overline{H}_m \\ \vdots & \vdots & \ddots & \vdots \\ H_m\overline{H}_1 & H_m\overline{H}_2 & \cdots & H_m\overline{H}_m \end{bmatrix}^R S_f(\omega)\mathrm{d}\omega \tag{5-49}$$

式中:符号 $. *$ 表示矩阵的相应元素相乘而不是矩阵相乘;$[\sigma_q^2]$为模态广义位移协方差矩阵。

在三维坐标下结构位移协方差矩阵$[\sigma_x^2]$为

$$[\sigma_x^2] = [\varphi][\sigma_q^2][\varphi]^T \tag{5-50}$$

那么,结构位移响应的均方根值为

$$\{\sigma_x\} = \sqrt{\text{diag}([\sigma_x^2])} \tag{5-51}$$

均方响应反映了随机过程偏离均值的程度,结构在总风力下结构的设计位移可表示为

$$\{x\} = \{\overline{x}\} + \mu\{\sigma_x\}. * \text{sign}(\{\overline{x}\}) \tag{5-52}$$

5.5　模态补偿的频域分析法

空间结构具有频率密集性,按照现在通常的方法,如果只考虑前几阶或者十几

阶振型来进行空间结构的风振响应分析,往往很难得到准确的结果,这就需要考虑多阶振型的影响[15-16]。但对于大型的空间结构,究竟该考虑多少阶振型,就很难有一个系统且准确的选取方法。采用常规的频域分析方法,往往取前 10～20 阶振型[17-18],甚至是前 30～40 阶振型,但不能说明这就包含了所有的主要贡献模态。因为对于大型大跨空间结构来说,有时高阶频率的振型模态对其风振响应的贡献也占有很主要的地位。通过大量的数值分析,发现大跨空间结构风振分析中往往存在着一些高阶振型,它对风振响应的贡献比较大,但其频率却比较高。

本节根据不同模态对整个结构在脉动风作用下应变能的贡献多少来定义模态对结构风振响应的贡献,并对截断模态之后的模态的能量进行补偿,提出了一种简单、有效的方法来补偿由于高阶模态遗漏而产生的误差。

5.5.1 基本假定

本节理论分析的基本假定如下:

(1)脉动风是零均值的高斯过程,结构的风振响应也近似服从高斯分布[19];

(2)响应可以分为三部分:平均风作用下的静力响应、拟静力响应(也称为背景响应)、共振响应。其中,振动响应和拟静力响应成正比。

对第一个假定,当网壳结构在正常使用状态下,在结构的非线性不强的情况下是近似成立的;对于第二个假定,Davenport 根据大量的实测和时程模拟计算得到这个结论[20-21]。结构第 i 阶振型的风致动力响应(包括共振响应与背景响应)与背景响应的关系可以用风振动力系数表示。

$$\xi_i = \omega_i^2 \sqrt{\int_{-\infty}^{+\infty} |H_i(n)|^2 S_f(n)\,\mathrm{d}n} \tag{5-53}$$

式中:ω_i 为结构第 i 阶圆频率;$H_i(n)$ 分别为结构第 i 阶振型的频响函数,$S_f(n)$ 为规格化的风谱。

由于风的卓越周期为 1min 左右,远远大于结构的自振周期,因而 $|H_i(n)|^2 S_f(n)$ 可以用三段来描述,如图 5-1 所示。

第一段,当 $n \ll n_i$ 时,$|H_i(n)|^2 \approx \dfrac{1}{\omega_i^4}$,它的效果相当于静力作用,由式(5-53),该部分对风振动力系数 ξ_i 的贡献为 1;

第二段,当 n 在图示 n_i 附近很小的范围内,动力作用比较明显;

第三段,当 $n \gg n_i$ 时,$S_f(n) \approx 0$,$|H_i(n)|^2 S_f(n)$ 的影响很小,可以忽略。

这样 $|H_i(n)|^2 S_f(n)$ 可以看作第一段静态分量(即背景分量)和第二段在自振周期附近其宽带为 Δ 的白噪声共振响应组成。由于宽带 Δ 很小,第三段的影响很小,因此可以将拟静态作用区域作为整个区域来处理。

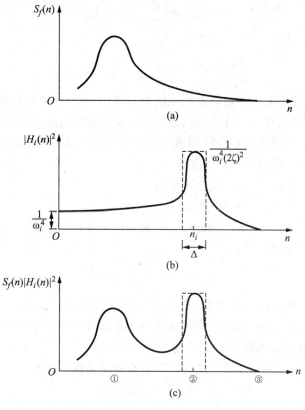

图 5-1　$|H_i(n)|^2 S_f(n)$ 的分段描述

5.5.2　模态对系统结构应变能的贡献及模态补偿

　　根据基本假定,脉动风作用下结构的响应,可以分为背景响应和共振响应。考虑各模态之间的耦合,结构位移响应的标准偏差又可表示为

$$\{\sigma_x\} = \{\sigma_x\}_{\text{back}} + \{\sigma_x\}_{\text{reso}} = \sum_{i=1}^{n}\sum_{j=1}^{n}\xi_{ij} \cdot \{\sigma_{ij}\}_{\text{back}} \tag{5-54}$$

$$\xi_{ij} = \omega_i\omega_j\sqrt{\int_{-\infty}^{+\infty}H_i(n)\overline{H}_j(n)S_f(n)\,\mathrm{d}n} \tag{5-55}$$

式中: $\{\sigma_x\}_{\text{back}}$ 为背景响应; $\{\sigma_x\}_{\text{reso}}$ 为共振响应; n 为自由度数; $\{\sigma_{ij}\}_{\text{back}}$, ξ_{ij} 分别为背景响应和共振放大系数。

　　背景响应当作拟静力响应,又可以表示为

$$\{\sigma_x\}_{\text{back}} = \sum_{i=1}^{n}\sum_{j=1}^{n}\{\sigma_{ij}\}_{\text{back}} \tag{5-56}$$

令

$$\sum_{i=1}^{n}\sum_{j=1}^{n}\xi_{ij}\cdot\{\sigma_{ij}\}_{\text{back}} = \xi\cdot\{\sigma_x\}_{\text{back}} \tag{5-57}$$

说明:这个假定来源于对众多网壳结构的算例分析,作者在对众多网壳结构进行风振分析时,发现有一个特殊的模态对其系统能量的贡献起决定性作用,并且这个模态的形状与网壳结构在静风荷载作用下的变形极其相似,因此所选结构的模态应该要充分表示静风下结构的变形。

结合式(5-54),式(5-56)和式(5-57)得到

$$\{\sigma_x\} = \xi\{\sigma_x\}_{\text{back}} \tag{5-58}$$

$$\{x_\sigma\} = \xi\mu\,\text{sign}(\bar{x})\cdot\{\sigma_x\}_{\text{back}} = \xi\cdot\{x_\sigma\}_{\text{back}} \tag{5-59}$$

那么$\{x_\sigma\}$产生的应变能为

$$\bar{E} = \frac{1}{2}\{x_\sigma\}^{\text{T}}[K]\{x_\sigma\} \tag{5-60}$$

但是对于一个实际工程结构,是不可能计算出结构全部的振型进行耦合叠加的。一般都选取结构的节段模态数 m 远远小于结构的模态总数 n。如果结构风振分析所选用的截断模态数为 m,$[\varphi]$ 为模态矩阵,$\{q\}$ 为广义位移的均方值向量,当采用振型分解以后,则脉动风下结构的均方响应又可由下式表示:

$$\{x_\sigma\}^* = [\varphi]\{q\} \tag{5-61}$$

$$\{q\} = ([\varphi]^{\text{T}}[M][\varphi])^{-1}[\varphi]^{\text{T}}[M]\{x_\sigma\} \tag{5-62}$$

那么$\{x_\sigma\}^*$产生的应变能为

$$\bar{E}^* = \frac{1}{2}\{x_\sigma\}^{*\text{T}}[K]\{x_\sigma\}^* \tag{5-63}$$

如果结构风振分析所选用的截断模态数 m 包含了结构的主要贡献模态,则 $\bar{E}^*$ 与 $\bar{E}$ 的值应该很接近,也就是说结构分析所选的模态是合适的;如果 $\bar{E}^*$ 比 $\bar{E}$ 小很多,那么说明有些贡献大的模态可能就被遗漏了。

另外,需要说明的是,这里结构的总响应等于背景响应乘以常数项 ξ,因此,只要计算出结构的背景响应,下面的判别式(5-64)和式(5—65)与式(5-62)和式(5-63)是等价的:

$$\bar{E}^*_{\text{back}} = \frac{1}{2}\{x_\sigma\}^{*\text{T}}_{\text{back}}[K]\{x_\sigma\}^*_{\text{back}} \tag{5-64}$$

$$\bar{E}_{\text{back}} = \frac{1}{2}\{x_\sigma\}^{\text{T}}_{\text{back}}[K]\{x_\sigma\}_{\text{back}} \tag{5-65}$$

式中,

$$\{x_\sigma\}_{\mathrm{back}}^* = [\varphi]\{q\}_{\mathrm{back}} \tag{5-66}$$

$$\{q\}_{\mathrm{back}} = ([\varphi]^{\mathrm{T}}[M][\varphi])^{-1}[\varphi]^{\mathrm{T}}[M]\{x_\sigma\}_{\mathrm{back}} \tag{5-67}$$

如果采用判别式(5-64)和式(5-65)求出的值 $\bar{E}_{\mathrm{back}}^*$ 与 $\bar{E}_{\mathrm{back}}$ 相差很大,则所选的模态没有包含所有主要贡献模态,有些贡献大的高阶模态可能被漏掉了。实际上往往经常会出现这种情况,这时就需要进行模态能量补偿[24]。

根据式(5-64)和式(5-65),补偿的能量为

$$\bar{E}_{\mathrm{b}} = \bar{E}_{\mathrm{back}} - \bar{E}_{\mathrm{back}}^* \tag{5-68}$$

$\bar{E}_{\mathrm{b}}$ 即为补偿的模态能量。

如果 $\{x'\}$ 为补偿模态,则补偿模态对系统贡献的能量为

$$\bar{E}_{\mathrm{b}} = \frac{1}{2}\{x'\}^{\mathrm{T}}[K]\{x'\} \tag{5-69}$$

结合式(5-68)、式(5-69)以及式(5-64)、式(5-65),可得

$$\{x'\} = \{x_\sigma\}_{\mathrm{back}} - \{x_\sigma\}_{\mathrm{back}}^* \tag{5-70}$$

根据式(5-66),$\{x'\}$ 又可以写为

$$\{x'\} = \{x_\sigma\}_{\mathrm{back}} - [\varphi]\{q\}_{\mathrm{back}} \tag{5-71}$$

对 $\{x'\}$ 进行质量归一化

$$\{u'_x\} = \frac{1}{\sqrt{\{x'\}^{\mathrm{T}}[M]\{x'\}}}\{x'\} \tag{5-72}$$

式中:$\{u'_x\}$ 为质量归一化后的补偿模态。

与振型 $\{u'_x\}$ 相对应的频率为

$$\omega_{x'} = \sqrt{\frac{\{u'_x\}^{\mathrm{T}}[K]\{u_x\}}{\{u'_x\}^{\mathrm{T}}[M]\{u_x\}}} \tag{5-73}$$

5.5.3　背景响应计算

根据式(5-64)和式(5-65)进行模态能量比较,以及根据式(5-70)进行模态能量补偿,都需要计算结构的背景响应。因此,本节进行风振背景响应计算。

由于风的卓越周期远远大于结构的自振周期,所以背景响应可以看作拟静力荷载,但同时要考虑风荷载的随机性和空间相关性的影响。

拟静力风荷载作用下,网壳结构的平衡方程为

$$[K]\{x_\sigma\}_{\mathrm{back}} = \{P\} \tag{5-74}$$

式中:$[K]$ 为结构的静力刚度矩阵,取平均风荷载作用下结构的线性刚度矩阵;$\{x_\sigma\}_{\mathrm{back}}$ 为拟静力风荷载作用下结构的位移向量;$\{P\}$ 为拟静力风荷载向量,相当于水平脉动风荷载,其计算公式为

$$\{P\} = [D']U_0\{v\} \tag{5-75}$$

式中：$[D']$是对角阵，其元素$d'_i = \rho A_i \mu_{si} \sqrt{\mu_{zi}}$。其中：$A$为节点负荷面积；$\mu_s$为风压体型系数；$\mu_z$为风压高度变化系数；$U_0$为基本风速；$\rho$为空气密度。$\{v\}$为作用于结构上的拟静力随机风速向量可用任一随机向量表示：

$$\{v\} = \{I_0\}\sigma_v \tag{5-76}$$

$\{I_0\}$为与脉动风荷载具有相同相关性的随机单位列向量，即

$$E(I_0) = \begin{bmatrix} 1 & 1 & \cdots & 1 & 1 \end{bmatrix}^{\mathrm{T}} \tag{5-77}$$

$$E(I_0 \cdot I_0^{\mathrm{T}}) = [Rc] \tag{5-78}$$

σ_v为脉动风速的根方差

$$\sigma_v = \sqrt{6k}U_0 \tag{5-79}$$

$[Rc]$为脉动风荷载相关系数组成的相关矩阵[23]；k为表面阻力系数。

将式(5-76)代入式(5-75)，并且等号两边转置相乘，得

$$[K][R_{xx}][K]^{\mathrm{T}} = 6KU_0^4[D'][Rc][D']^{\mathrm{T}} \tag{5-80}$$

式(5-80)可以改写为

$$[R_{xx}] = 6KU_0^4[K]^{-1}[D'][Rc]([K]^{-1}[D'])^{\mathrm{T}} \tag{5-81}$$

结构背景响应的标准偏差$\{\sigma_x\}_{\mathrm{back}}$，取位移协方差对角线元素的平方根。

$$\{\sigma_x\}_{\mathrm{back}} = \sqrt{\mathrm{diag}[R_{xx}]} \tag{5-82}$$

因此，在脉动风荷载下结构的背景位移响应为

$$\{x_\sigma\}_{\mathrm{back}} = \mu \mathrm{sign}\{\bar{x}\}.* \sqrt{\mathrm{diag}[R_{xx}]} \tag{5-83}$$

找到结构截断模态之外的补偿模态之后，再在频域对空间结构进行风振分析，完全按照5.4节的频域分析方法即可，除了考虑前m阶截断振型以外，还必须包含补偿的模态，并考虑各模态之间的耦合作用。

5.6 空间结构顺风向风振系数

脉动风引起的结构响应其性质是动力的，与静力分析相比复杂得多。因此为了工程设计简便易行，人们总是希望将结构的动力响应用静力响应来表示，这一思想可通过风振系数来实现。我国现有的荷载规范采用的是荷载风振系数[25]，即总的风荷载与平均风荷载的比，此处的总风荷载包括平均风荷载和脉动风荷载两部分。然而，对于大部分的空间结构，由于其响应与荷载呈非线性关系，因而确定荷载风振系数在理论上不太正确，因此对于空间结构一般都定义并计算结构响应的风振系数。需要说明的是，由于目前对于空间结构的抗风设计理论研究在国内外都还不是很成熟，因此本节提出的风振系数的定义及其方法仅是作者及其研究生们进行的一些课题研究成果，有关理论仍需进一步完善。

5.6.1　风振系数的定义

结构在风荷载作用下,结构的响应是随机量,且在工程应用中,人们往往关注结构的最大位移或是最大内力对其产生的影响,因此其响应极值的表达式可表达如下。

最大节点位移

$$x_{i_{max}} = \bar{x}_i + \mu \sigma_{xi} \, sign(\bar{x}_i) \tag{5-84}$$

式中: x_i 为总风荷载下结构第 i 自由度的位移响应; $\bar{x}_i$ 为静风荷载下结构第 i 自由度的位移响应; μ 为峰值保证因子; σ_{xi} 为脉动风荷载下第 i 自由度的位移根方差响应; sign 表示取其变量的正负符号。

最大单元内力

$$N_{i_{max}} = \bar{N}_i + \mu \sigma_{Ni} \, sign(\bar{N}_i) \tag{5-85}$$

式中: N_i 为总风荷载下结构 i 单元的内力响应; $\bar{N}_i$ 为静风荷载下结构 i 单元的内力响应; μ 为峰值保证因子; σ_{Ni} 为脉动风荷载下 i 单元的内力根方差响应; sign 表示取其变量的正负符号。

这样,结构任意节点的位移风振系数及任意单元的内力风振系数可分别定义为[26-28]

$$\beta_{D_{imax}} = \frac{\bar{x}_i + \mu \sigma_{xi} \, sign(\bar{x}_i)}{\bar{x}_i} \tag{5-86}$$

$$\beta_{N_{imax}} = \frac{\bar{N}_i + \mu \sigma_{Ni} \, sign(\bar{N}_i)}{\bar{N}_i} \tag{5-87}$$

当按式(5-86)和式(5-87)对结构求出位移风振系数和内力风振系数之后,有风荷载作用的空间结构的响应均能用静风荷载引起的响应表示,因此在实际工程设计中,仅需要对结构进行静力平衡方程的求解,即可以进行结构的抗风设计,这样就大大方便了结构工程师。

5.6.2　几种简单形态空间结构的风振系数

从理论上说,即使是对同一结构,随着各种结构参数的改变,如地貌类别、阻尼等的变化,结构的风振系数也会不同。

然而,文献[28]对几种简单形式的网壳结构进行了大量的参数分析,发现对于球形网壳和柱面网壳,其位移和内力风振系数有着很强的规律性。文献[28]运用风振频域法,针对不同类型的球面网壳和柱面网壳,选取了七类参数(边界条件、结构刚度、地貌类型、阻尼比、矢跨比、跨度、支座高度)在其常用变化范围内取值,进行大规模的结构风振响应计算,考察各参数对网壳风振特性的影响,然后对计算结果进行了统计分析,提出了单层球面网壳和单层柱面网壳的实用抗风设计方法,即给出了位移响应和内力响应风振系数表,见表 5-1 和表 5-2。

表 5-1　单层球面网壳风振系数表

结构响应风振系数	阻尼比 ζ	地貌类别			
		A	B	C	D
$\beta_{D_{max}}$	0.01	1.63	1.75	2.00	2.55
	0.02	1.53	1.66	1.86	2.35
	0.05	1.48	1.60	1.82	2.24
$\beta_{N_{max}}$	0.01	1.55	1.68	1.95	2.40
	0.02	1.50	1.61	1.83	2.25
	0.05	1.45	1.55	1.75	2.16

备注:

① 上表中各值均在 20m 支座高度,30m 跨度下得出,考虑到支座高度与跨度的影响,对表中风振系数进行如下修正:

$$\begin{Bmatrix} \beta'_{D_{max}} \\ \beta'_{N_{max}} \end{Bmatrix} = \begin{Bmatrix} \beta_{D_{max}} \\ \beta_{N_{max}} \end{Bmatrix} + 0.08\left(\frac{L}{30} - \frac{Z}{20}\right)$$

式中:L 为跨度;Z 为支座高度,单位为 m。

② 表中阻尼比与地貌类型的取值为实际工程中常规取值,如有其他取值,可采用插值法求得。

③ 网壳结构中,杆件的内力包括轴力、弯矩、扭矩、剪力;但单层网壳杆件单元内力一般以轴力为主,因此这里出现的内力均指单元轴向力。

表 5-2　单层柱面网壳风振系数表

支撑方式	结构响应风振系数	阻尼比 ζ	地貌类别			
			A	B	C	D
四边支撑	$\beta_{D_{max}}$	0.01	1.60	1.76	2.09	2.77
		0.02	1.53	1.67	1.95	2.55
		0.05	1.48	1.61	1.87	2.38
	$\beta_{N_{max}}$	0.01	1.52	1.66	1.94	2.54
		0.02	1.49	1.62	1.88	2.44
		0.05	1.47	1.59	1.85	2.40

续　表

支撑方式	结构响应风振系数	阻尼比 ζ	地貌类别			
			A	B	C	D
两纵边支撑	$\beta_{D_{max}}$	0.01	1.85	2.08	2.56	3.56
		0.02	1.68	1.86	2.24	3.02
		0.05	1.54	1.66	1.81	2.60
	$\beta_{N_{max}}$	0.01	1.52	1.64	1.93	2.47
		0.02	1.49	1.60	1.88	2.37
		0.05	1.47	1.58	1.84	2.31
两端支撑	$\beta_{D_{max}}$	0.01	1.74	1.95	2.37	3.24
		0.02	1.63	1.80	2.14	2.88
		0.05	1.53	1.67	1.96	2.56
	$\beta_{N_{max}}$	0.01	1.62	1.80	2.12	2.85
		0.02	1.54	1.69	1.98	2.62
		0.05	1.49	1.62	1.88	2.45

备注:

① 表中各值均在 10m 支座高度下得出,考虑到支座高度的影响,对表中风振系数进行如下修正:

$$\left\{ \begin{array}{c} \beta'_{D_{max}} \\ \beta'_{N_{max}} \end{array} \right\} = \left(\frac{Z}{10} \right)^{-0.05} \left\{ \begin{array}{c} \beta_{D_{max}} \\ \beta_{N_{max}} \end{array} \right\}$$

式中:Z 为支座高度,单位 m。

② 表中阻尼比与地貌类型的取值为实际工程中常规取值,如有其他取值,可采用插值法求得。

③ 网壳结构中,杆件的内力包括轴力、弯矩、扭矩、剪力;但单层网壳杆件单元内力一般以轴力为主,因此这里出现的内力均指单元轴向力。

　　文献[29]对点式玻璃幕墙中常用的两类索桁架支撑体系、鱼腹式索桁架和梭形索桁架进行了风振反应性能研究。分析中考虑了索桁架的预张力、跨度和矢跨比等参数在常规取值范围内的变化,得到了两种索桁架单元在不同初始预张力下的风振系数建议值,如表 5-3 所示。

表 5-3 索桁架的风振系数建议值

索预张力/kN	鱼腹式索桁架		梭形索桁架	
	位移风振系数	内力风振系数	位移风振系数	内力风振系数
20.0	3.0	1.4	2.2	1.45
35.0	2.8	1.25	2.2	1.3
50.0	2.5	1.2	2.2	1.25

另外,文献[30]对索网结构进行了大量的参数分析,发现对于椭圆形和菱形平面双曲抛物面鞍形索网结构,其位移和内力广义风振系数具有很强的规律,且在很多情况下基本上为一定值。文献[30]对此结构也提出了建议性的风振系数值,具体请参见文献[30]。

5.6.3 关于风振系数的几点说明

在实际应用中,几乎每一个空间结构都会有关于风振系数的需求,只有非常重要的建筑物还会采取时程分析法、计算流体动力学或者弹性模型风洞试验等一些方法进行风振响应的验算,而其他大多数的结构都会采用风振系数的概念来考虑风的动力效应。作者近些年也进行了一些工程的风振系数分析,因此就工程实践中得出的一些经验作几点说明。

(1)体型相对简单的结构,即结构的刚度比较均匀,结构的曲率变化平缓的结构,整体结构的风振系数基本上为一定值。而形体相对复杂,结构不同部位的刚度强弱变化大的建筑物,往往不同的部位需要取不同的风振系数,这时,结构物的风振系数可分区给出。

(2)进行空间结构风振系数分析时必须考虑下部支撑结构的刚度,最好是上下部结构作为整体进行分析。

(3)在有些结构的风振系数分析中,可能会出现某些部位的风振系数的值非常大,文献[28]称为奇点。在平均风荷载作用下位移很小的节点,或者是靠近支座的节点,由于其本身位移很小,那么在这些点上出现的位移风振系数奇大,实际上不影响整体结构的总体位移;而单元内力风振系数的奇点一般发生在边缘单元上(即该单元的一个节点为边缘固定节点,其内力大小取决于其另外一个内部节点的位移及根方差的大小)。很多算例的计算表明,风振系数为奇点的节点及单元对应的平均风作用下的位移响应和内力响应都非常小,所以少数奇点处算得的风振系数并不会成为结构的控制响应,因此完全可以按分区取其他大部分部位的风振系数,不必特殊考虑这些奇点的取值。

5.7　阵风系数

对于空间结构的围护构件,大多都采用玻璃幕墙,在风荷载作用下,虽然也有一定的变形,但变形不大,可作为刚性结构处理,此时不考虑风振系数。但由于风压的脉动,瞬时风压可能比平均风压高出很多,因此计算直接承受风压的幕墙构件(包括门窗),近似考虑脉动风瞬间的增大因素,可以通过局部风压体型系数 μ_{s1} 和阵风系数 β_{gz} 来计算其风荷载;对非直接承受风压的幕墙构件,阵风系数可适当降低。对于其他的围护结构构件,出于传统设计经验,风荷载可仅通过局部风压体型系数予以增大而不考虑阵风系数。

对于某些围护结构,如玻璃幕墙的尺寸很大且变形较为显著,或对于 $T_1 \geqslant 0.25\text{s}$ 的围护构件,也仍宜考虑风振系数。

我国现行规范计算围护结构的风荷载时所采用的阵风系数,是参考国外规范的取值水平,阵风系数 β_{gz} 按下述公式确定[25]:

$$\beta_{gz} = \mu_k(1 + 2\mu_f) \tag{5-88}$$

式中:μ_f 为脉动系数,按式(3-59)确定;μ_k 为地面粗糙度调整系数,对 A,B,C,D 四种类型分别取 $0.92,0.89,0.85,0.80$,则考虑阵风系数时的任何高度 z 处风荷载标准值为

$$w_z = \beta_{gz}\mu_z\mu_{s1}w_0 \tag{5-89}$$

式中:μ_{s1} 为局部风压体型系数。

局部风压体型系数是考虑建筑物表面风压分布不均匀而导致局部部位的风压超过全表面平均风压的实际情况而作出的调整。我国现行荷载规范中验算围护构件及其连接的强度时,可按下列规定采用局部风压体型系数:

1) 外表面

(1) 正压区　按本书的附录 B 采用;

(2) 负压区:

对墙面,取 -1.0;

对墙角边,取 -1.8;

对屋面局部部位(周边和屋面坡度大于 $10°$ 的屋脊部位),取 -2.2;

对檐口、雨篷、遮阳板等突出构件,取 -2.0。

注:对墙角边和屋面局部部位的作用宽度为房屋宽度的 0.1 或房屋平均高度的 0.4,取其小者,但不小于 1.5m。

2) 内表面

对封闭式建筑物,按外表面风压的正负情况取 -0.2 或 $+0.2$。

注:上述的局部体型系数 $\mu_{s1}(1)$ 是适用于围护构件的从属面积 A 小于或等于 $1m^2$ 的情况,当围护构件的从属面积大于或等于 $10m^2$ 时,局部风压体型系数 μ_{s1} (10)可以乘以折减系数 0.8,当构件的从属面积小于 $10m^2$ 而大于 $1m^2$ 时,局部风压体型系数 $\mu_{s1}(A)$ 可按面积的对数线性插值,即 $\mu_{s1}(A) = \mu_{s1}(1) + [\mu_{s1}(10) - \mu_{s1}(1)]\log A$。

公式(5-88)应用于我国现行荷载规范中,已制成表格便于选取,见表 5-4[25]。

表 5-4　阵风系数 β_{gz}

地面或 海平面高度/m	地面粗糙度类别			
	A	B	C	D
5	1.69	1.88	2.30	3.21
10	1.63	1.78	2.10	2.76
15	1.60	1.72	1.99	2.54
20	1.58	1.69	1.92	2.39
30	1.54	1.64	1.83	2.21
40	1.52	1.60	1.77	2.09
50	1.51	1.58	1.73	2.01
60	1.49	1.56	1.69	1.94
70	1.48	1.54	1.66	1.89
80	1.47	1.53	1.64	1.85
90	1.47	1.52	1.62	1.81
100	1.46	1.51	1.60	1.78
150	1.43	1.47	1.54	1.67
200	1.42	1.44	1.50	1.60
250	1.40	1.42	1.46	1.55
300	1.39	1.41	1.44	1.51

同时,我国规范补充说明,对于低矮房屋的围护结构,按此表格提供的阵风系数确定的风荷载,与某些国外规范专为低矮房屋制定的规定相比,有估计过高的可能,因此容许设计者参照国外对低矮房屋的边界层风洞试验资料或相关规范的规定进行设计。

5.8 算例分析

算例 1 单层球面网壳风振响应分析

一 K6-5 型单层球面网壳,跨度为 30m,矢高 4.5m,杆件均为 $\phi48\times3$ 的钢管。约束为周边简支,支座高度为 15m。基本风压为 0.60kN/m²,B 类地貌(水平风的风载体型系数参照规范提供的公式计算,竖向风的风载体型系数近似取 0.5)。网壳平面及立面图示于图 5-2 中。

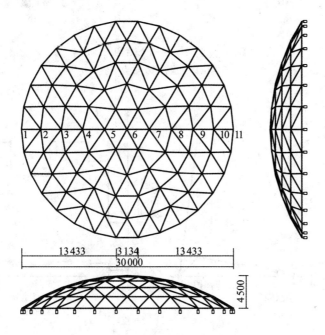

图 5-2 K6-5 型单层球面网壳(单位:mm)

此网壳结构平均风作用下水平径向节点的竖向位移响应及水平径向杆件的轴力分别示于图 5-3(a)和(b)中。

对此网壳结构的脉动风振响应分别采用线性随机振动离散法(RV)、非线性随机振动离散法(NRV)、非线性时程分析法(NTM)以及振型分解法(MM)进行分析,脉动风作用下水平径向节点的竖向位移响应及水平径向杆件的轴力分别示于图 5-4、图 5-5、图 5-6 和图 5-7 中。

此网壳结构的自由度数为 183,考虑此算例的自由度数比较少,也为了更好地

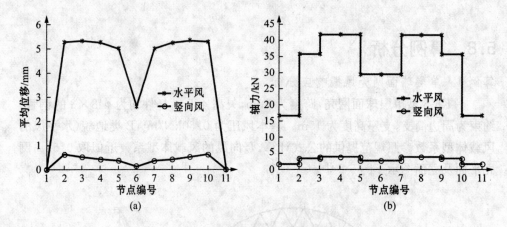

图 5-3　平均风作用下结构的响应

（a）位移响应；（b）轴力响应

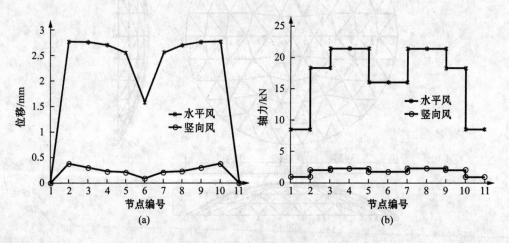

图 5-4　线性随机振动离散法计算脉动风下结构的响应

（a）位移响应；（b）轴力响应

与时域法和随机振动响应法的风振响应结果进行比较，因此对此网壳结构计算了全部 183 阶振型和频率，考虑全部 183 阶振型及所有模态之间耦合的频域法风振响应结果示于图 5-7 中。

　　本文对这四种分析方法计算的结果进行了误差分析，结果分别示于表 5-5、表 5-6、表 5-7 和表 5-8 中。

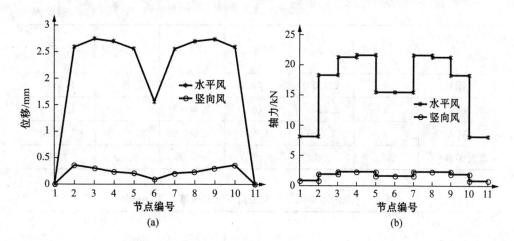

图 5-5　非线性随机振动离散法计算脉动风下结构的响应

（a）位移响应；（b）轴力响应

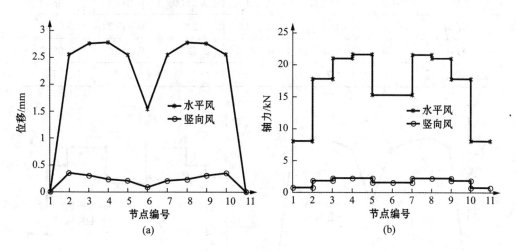

图 5-6　时程法计算脉动风下结构的响应

（a）位移响应；（b）轴力响应

表 5-5　水平脉动风下结构径向节点的位移比较（mm）

方法	节点 1	2	3	4	5	6
RV	0	2.769 6	2.759 2	2.697 6	2.553 6	1.585 6

续　表

方法＼节点	1	2	3	4	5	6
NRV	0	2.587 0	2.742 0	2.702 1	2.551 0	1.563 8
NTM	0	2.552 0	2.764 0	2.780 0	2.548 0	1.552 0
MM	0	2.560	2.768	2.693 6	2.552 0	1.568 0
最大误差/%	0	7.85	−0.17	−3.05	0.22	2.11

表 5-6　竖向脉动风下结构径向节点的位移比较（mm）

方法＼节点	1	2	3	4	5	6
RV	0	0.381 6	0.302 8	0.230 4	0.212 8	0.089 6
NRV	0	0.365 0	0.301 0	0.231 0	0.211 6	0.089 1
NTM	0	0.352 4	0.304 0	0.236 0	0.211 2	0.088 0
MM	0	0.351 2	0.304 8	0.228 0	0.216 0	0.087 8
最大误差/%	0	7.65	−0.39	−2.43	0.75	1.78

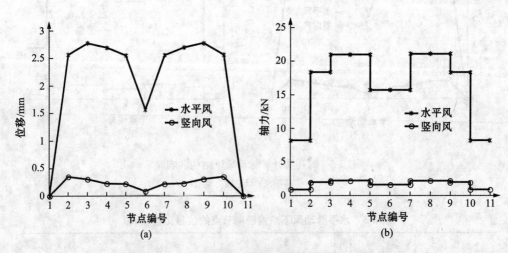

图 5-7　考虑 183 阶振型频域法计算脉动风下结构的响应

(a) 位移响应；(b) 轴力响应

表 5-7　水平脉动风下结构径向杆件轴力的比较(kN)

方法 ＼ 杆件	1-2	2-3	3-4	4-5	5-6
RV	8.480	18.320	21.420	21.416	16.060
NRV	8.121	18.260	21.235	21.580	15.457
NTM	8.040	17.800	21.060	21.640	15.344
MM	8.240	18.36	21.02	21.00	15.66
最大误差/%	5.18	2.83	1.68	—1.04	4.45

表 5-8　竖向脉动风下结构径向杆件轴力的比较(kN)

方法 ＼ 杆件	1-2	2-3	3-4	4-5	5-6
RV	0.8904	1.9969	2.2919	2.2487	1.6702
NRV	0.8530	1.9431	2.2634	2.2498	1.6026
NTM	0.8424	1.9320	2.2600	2.2640	1.5920
MM	0.8570	1.9840	2.2268	2.2256	1.6240
最大误差/%	5.39	3.24	1.39	—0.68	4.68

从表 5-5～表 5-8 的计算结果的比较可以看出,采用这四种方法计算所得结构的最大位移值相差 7.85%,最大内力值相差 5.39%,对比考虑非线性与不考虑非线性的结果,计算结果的差值也不超过 8%。

从算例分析也可以看出,时域法、频域法以及随机振动法,这几种方法各有其优缺点。

算例 2　局部双层网壳风振响应分析

大连金石滩影视艺术中心的主体结构是 60m×45m 的椭球壳外覆膜材,如图 5-8 所示。结构形式为带肋局部双层网壳,设计时膜材仅作为屋面覆盖物,不作为受力构件。屋面恒载及杆件的截面均取与设计一致,结构所处 A 类地区,基本风压取为 0.7kN/m²,结构阻尼比取 0.02,对此结构进行风振响应分析。

由于此椭球壳结构风压分布在规范中没有规定,因此由风洞实验确定其体型系数[31]。椭圆贝壳网膜结构上测点布置见图 5-9。

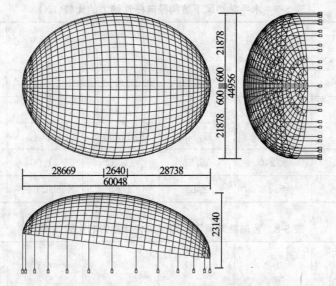

图 5-8　大连金石滩影视艺术中心主体结构(单位:mm)

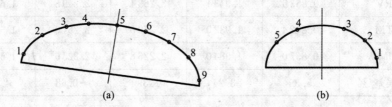

图 5-9　椭圆贝壳网膜结构测点布置图
(a) 横中面线(点 1,2,3,4,5,6,7,8,9)；(b) 纵中面线(点 1,2,3,4,5)

　　椭圆贝壳网膜结构纵中面线和横中面线的体型系数测试结果列于表 5-9 和表 5-10 中。

表 5-9　横向中面线测试结果

测点 风向	1	2	3	4	5	6	7	8	9
120°	0.4988	−0.2584	−0.4637	−0.3888	−0.3545	−0.2999	−0.1752	−0.2209	−0.1785
180°	−0.1267	−0.5126	−0.6954	−0.8546	−0.8733	−0.8359	−0.6872	−0.3981	−0.1137

表 5-10　纵向中面线测试结果

风向 ＼ 测点	1	2	3	4	5
120°	−0.368 4	−0.486 6	−0.520 8	−0.277 1	−0.296 7
180°	0.504 5	−0.084 5	−0.753 9	−0.618 2	−0.224 2

对此结构,分别取前 10 阶、20 阶及 50 阶进行频域风振响应分析,并对这三种情况分别进行了模态补偿,其横向中线的位移响应及内力响应比较分别示于图 5-10 和图 5-11 中。

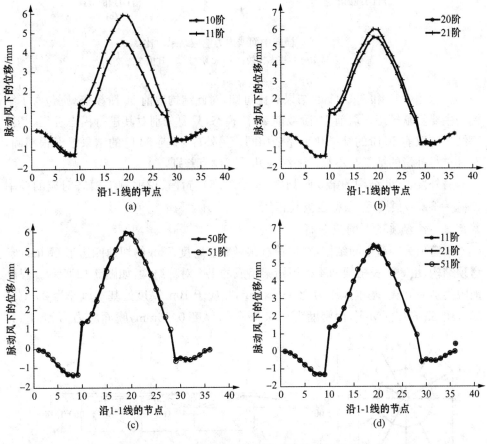

图 5-10　横向中面线位移响应结果对比

(a) 10 阶与 10＋B 模态比较; (b) 20 阶与 20＋B 模态比较;

(c) 50 阶与 50＋B 模态比较; (d) 10＋B,20＋B 与 50＋B 模态比较

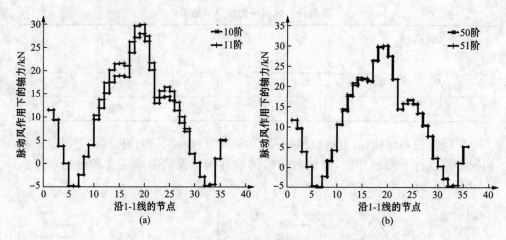

图 5-11　横向中面线内力响应结果对比

(a) 10 阶与 10+B 模态比较；(b) 50 阶与 50+B 模态比较

根据图 5-10 和图 5-11 的结果对比可知,对此结构取前 50 阶模态,则包含了结构的主要贡献模态。取前 10 阶或前 20 阶模态,只要分别对其进行模态补偿,其计算结果与取前 50 阶的结果几乎完全相同。另外,由于前 50 阶的结果已经很精确,对其进行补偿的结果与不补偿的结果几乎就没有差别。

另外发现,此结构的第 5 阶频率($\omega_5 = 27.6$)与背景位移响应模态对应的频率($\omega_{静风} = 24.5$)很接近,振型也极其相似。

算例 3　索穹顶风振响应分析

索穹顶为轻型空间结构,对风荷载很敏感。跨度 72m 的切角四边形 Geiger 索穹顶结构,由 8 榀长桁架和 4 榀短桁架组成的 1/8 对称结构,如图 5-12 所示。假设地貌类别为 B 类,基本风压为 $0.38\mathrm{kN/m^2}$,相应于 10m 高度处基本风速为 25m/s。膜采用 SheerfillTM V,面密度为 $0.98\mathrm{kg/m^2}$,厚度 0.56mm,膜面应力为 $4\mathrm{kN/m}$。

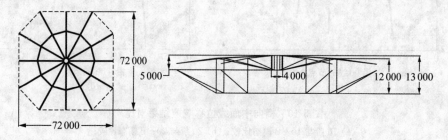

图 5-12　切角四边形 Geiger 索穹顶平面图和立面图(单位:mm)

索穹顶平衡体系的预应力分布如图 5-13 所示,按照索初始预应力不超过索抗拉强度 20%的原则来选取索的类型和截面,压杆大小根据初始预应力和荷载决定,索穹顶杆件选取如表 5-11。钢索采用高强镀锌钢绞索,弹性模量采用 1.8×10^{11} N/mm²;梁杆为圆钢管,弹性模量为 2.06×10^{11} N/mm²。由于索穹顶这种索杆梁膜体系,自由度较多,具有较强非线性的结构,因此采用时域法对此结构进行风振响应分析[32]。

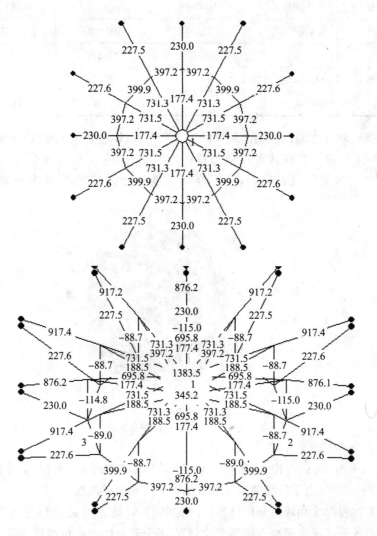

图 5-13　预应力分布(单位:kN)

表 5-11　索杆类型与参数

索杆类型	截面	面积/cm²	线密度/(kg/m)	刚度 EA/kN
内脊索	$\phi38$	11.341	7	204 138
外脊索	$\phi54$	22.902	14	412 236
外环索	$2\phi50$	19.635	24	706 860
斜拉索	$8\phi15.2$	1.7678	9.6	261 360
外环竖杆	$\phi350\times12$	12.742	100.027	2 293 614
内环竖杆	$\phi165\times6$	29.971	23.527	539 478
内环梁	$H400\times400\times25$	475	225.68	8 550 000
谷索	$6\phi15.2$	1.7678	9.6	196 020

　　本算例仅取 0°方向风作用的风振响应进行分析,体型系数由 CFD 方法模拟得到,如图 5-14 所示。根据索穹顶结构特征,给出长短脊索和飞柱交点(1,2,3,4点),膜片中央区域代表点(5,6,7 点)的风振响应分析结果,节点分布如图 5-15所示。

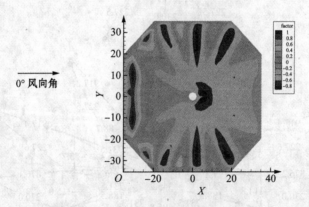

0° 风向角

图 5-14　水平风荷载体型系数

　　图 5-16～图 5-19 列出了索和飞柱交点 1,2,3,4 的 z 向位移时程曲线,图 5-20～图 5-22 列出了膜面节点 5,6,7 的 z 向位移时程曲线。

　　从位移时程曲线和峰值分析结果可以看出:①节点 1～4 的位移时程曲线分别代表了不同膜面区域索膜交点位移变化情况,4 个节点的 z 向位移变化明显,位移峰值达到 0.4m,z 向位移方向与膜面体型系数方向相同。②节点 5～7 的 z 向位移时程曲线分别代表了不同区域膜面节点 z 向位移变化情况,从图 5-20～图 5-22 可

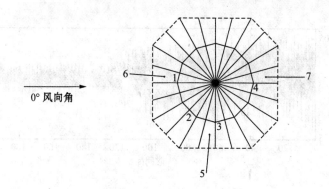

图 5-15　膜面节点分布图

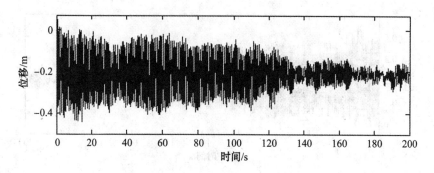

图 5-16　1 节点 z 向位移时程

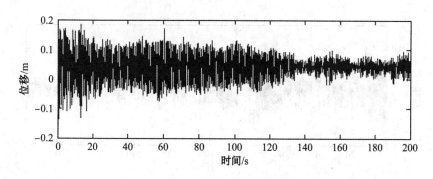

图 5-17　2 节点 z 向位移时程

以看出:膜面 z 向位移变化显著,位移方向与膜面体型系数方向相同,风压区峰值达到 -1m,风吸区域峰值达到 0.8m,约为 $1\sim4$ 节点 z 向位移峰值的 2.5 倍,膜面

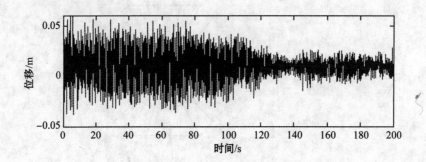

图 5-18 3 节点 z 向位移时程

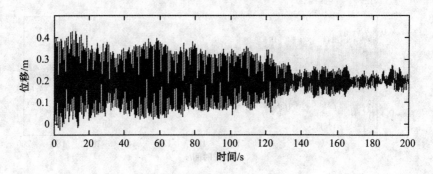

图 5-19 4 节点 z 向位移时程

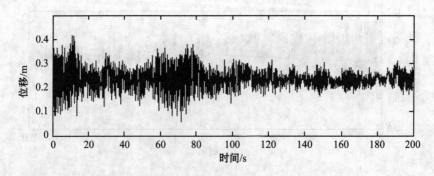

图 5-20 5 节点 z 向位移时程

风振效应明显,对脉动风荷载更为敏感。

表 5-12 是索杆内力变化范围,图 5-23～图 5-24 为膜面应力 4kN/m 时,膜面风

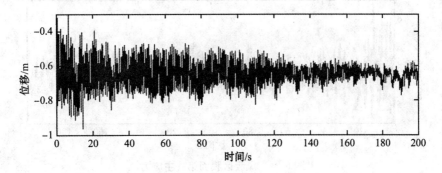

图 5-21　6 节点 z 向位移时程

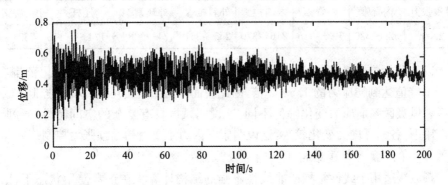

图 5-22　7 节点 z 向位移时程

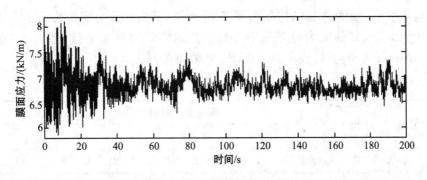

图 5-23　风压区膜面第一主应力

压区和风吸区应力变化情况,风压区在节点 6 附近,风吸区在节点 7 附近。

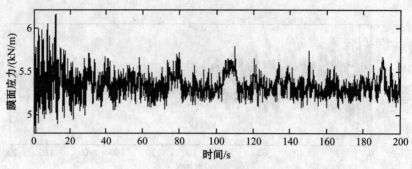

图 5-24　风吸区膜面第一主应力

表 5-12　单元内力变化范围(kN)

膜预张力	内脊索	外脊索	内斜拉索	外斜拉索	外环索	压杆	谷索
4kN/m	529~620	793~915	216~370	255~361	434~628	−174~−113	232~385

以上分析结果表明:①风荷载作用下,膜面主应力变化较大,变化范围在 4 kN/m,峰值达到初应力的 1.5~2 倍,因此膜面风力主要由可变风荷载控制。②风压区和风吸区膜面应力变化幅值不同,这说明风振具有复杂的空间特性。③脉动风作用下,各索杆内力变化较小,这说明索杆内力主要由初始预张力控制。

算例 4　单层索网罩蓬结构风振响应及风振系数分析

频域法适用于线性结构或非线性不强的结构计算。在正常使用状态下,索网结构的初始预张力很大,所以其非线性并不强。因此在正常使用状态,采用频域法分析该类结构的风振响应是合适的[33]。

马鞍型单层索网罩蓬结构如图 5-25 所示[33],其内环索力密度为 8 000kN/m,矢跨比为 1/10,其预应力分布见表 5-13。拉索均采用高强平行钢索(ϕ5×根数−1670MPa-PWS),弹性模量为 190GPa,索截面见表 5-14。

表 5-13　模型杆件初始预应力

位置	环向索(由内而外)					
	1	2	3	4	5	6
预应力(10^3kN)	51.05~54.60	21.57~22.65	19.64~20.83	17.42~18.39	17.30~18.16	16.89~17.61

位置	环向索(由内而外)			径向索	
	7	8	9		
			10		
预应力(10^3kN)	16.15~16.72	15.04~15.49	14.91~15.29	14.59~14.91	5.91~26.64

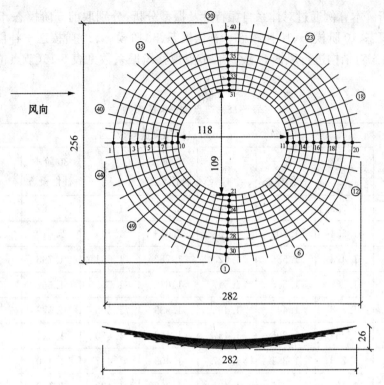

图 5-25　马鞍型单层索网体系(单位:m)

表 5-14　索截面

位置	环向索(由内向外)					径向索
	1	2	3	4	5～10	
截面	8 股(5×187)	5×223	5×211	5×199	5×187	5×199

结构所处地区,基本风压 0.45kN/m²,C 类地貌。将罩蓬建筑表面分成若干小的区域,取用不同的风载体型系数,具体取值见图 5-26。

所分析索网结构节点数目庞大,通常分析考虑前 10～20 阶振型的影响。由于结构风振响应中往往存在一些高阶振型,它对风振响应的贡献比较大,但其频率却比较高。为了得到较精确的结果,采用频域模态补偿法对 N 阶模态进行补偿后再在频域内进行

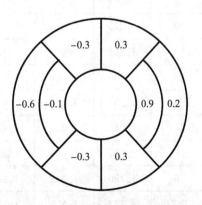

图 5-26　索网罩棚结构风载体型系数

风振分析。本算例通过对体系自振特性及振型分析，分别取前 5 阶模态、5 阶模态＋补偿模态、10 阶模态、10 阶模态＋补偿模态、30 阶模态、30 阶模态＋补偿模态和500 阶模态对结构进行风振响应分析，节点位移风振系数见表 5-15(节点位置见图5-25)。

表 5-15　节点位移风振系数

节点号	节点位移风振系数						
	5 阶	5 阶＋补偿模态	10	10 阶＋补偿模态	30 阶	30 阶＋补偿模态	500 阶
1	1.723	1.914	1.943	2.469	1.947	2.462	2.589
2	1.534	1.705	1.738	2.013	1.744	2.019	2.117
3	1.428	1.586	1.623	1.782	1.631	1.798	1.880
4	1.353	1.503	1.547	1.637	1.556	1.662	1.732
5	1.298	1.442	1.495	1.539	1.505	1.579	1.637
6	1.254	1.393	1.457	1.466	1.470	1.521	1.568
7	1.216	1.351	1.427	1.409	1.447	1.470	1.512
8	1.183	1.315	1.401	1.362	1.433	1.422	1.462
9	1.156	1.285	1.377	1.325	1.424	1.392	1.427
10	1.143	1.270	1.369	1.307	1.429	1.386	1.414
21	1.300	1.444	1.458	1.710	1.459	1.722	1.802
22	1.291	1.434	1.452	1.642	1.455	1.645	1.725
23	1.279	1.421	1.443	1.593	1.448	1.601	1.677
24	1.265	1.406	1.434	1.553	1.443	1.557	1.633
25	1.250	1.388	1.426	1.519	1.437	1.523	1.597
26	1.233	1.370	1.418	1.489	1.433	1.495	1.566
27	1.215	1.350	1.409	1.460	1.432	1.461	1.534
28	1.197	1.330	1.399	1.433	1.434	1.438	1.507
29	1.180	1.312	1.387	1.409	1.438	1.420	1.485
30	1.172	1.302	1.384	1.397	1.448	1.414	1.476

对索网结构进行了前 500 阶模态分析,前 500 阶模态中对系统能量贡献最大为第 217 阶模态,其次为前 10 阶模态。由表 5-2 给出的节点位移风振系数可知,若取 5 阶模态、5 阶+补偿模态、10 阶模态和 30 阶模态计算结果偏小;取前 10 阶+补偿模态和 30 阶+补偿模态同取 500 阶模态的计算结果较为接近,误差在 5%左右,满足工程要求。

由表 5-14 可知,索网节点风振响应系数分布范围较广,主要介于 1.3~2.3 之间,所以体系的节点风振系数应按节点环向位置给出相应数值。内环 1 索节点风振响应系数较大,介于 1.5~2.3 之间;环向 2,3 索风振响应系数较为接近,介于1.4~1.6 之间;环向 4,5,6 索风振响应系数介于 1.3~1.6 之间;环向 7,8 索风振响应系数介于 1.2~1.5 之间;环向 9,10 索风振响应系数最小,介于 1.2~1.4 之间。节点风振系数可按各节点环向位置统一给出数值,为精确计算风振响应也可将各环节点再按区域给出不同的节点位移风振响应系数。

索网体育场罩蓬结构为风敏感体系,风荷载是结构主要控制载荷,而风振系数的取值是风载计算重要环节。通过上面的分析可知,如果将整个索网取一个风振系数的做法显然并不适合,所以在设计时,必须考虑结构的预应力水平、结构边界条件及结构的阻尼等参数的影响,按节点的不同位置分别选取相应的风振系数。

单元内力风振系数为总风作用下的单元内力响应和平均风作用下的内力响应之比。由于在正常使用阶段索元始终处于较高张力水平,在平均风及脉动风作用下,单元内力变化在 300~400kN 之间,但是索网单元内力一般均维持在 10^4 kN,所以这里不讨论单元内力风振响应系数。

算例 5　机场航站楼的风振响应及风振系数分析

重庆机场航站楼由 T2A 和 T2B 主楼以及 A,B,C 指廊和综合换乘中心组成。这里主要分析 T2A 主楼的风振响应及风振系数,并考虑已建周边建筑物 T2B 主楼、B 指廊和综合换乘中心对其影响。主航站楼 T2A 如图 5-27 所示。

根据荷载规范,基本风压取为 0.40kN/m²。结构的体型系数根据数值风洞分析结果,本算例这里只提供了 2 种风向下的体型系数,如图 5-28 和图 5-29 所示。另外,根据结构物表面的风压基本上是以风吸力为主,建议在设计时,考虑对结构不利的工况,适当取内部风压体型系数为-0.2。

采用频域内的模态分析法对此结构进行风振响应分析,由于此类结构是频率密集型结构,需要考虑多振型参与并且应该考虑各阶振型相互之间的耦合。本算例对此结构考虑了前 30 阶模态及各阶模态之间的耦合。

计算结构的频率时,考虑了恒载作为附加质量,设计方施加的恒载为 0.6 kN/m²。根据模态对整个结构在脉动风作用下应变能的贡献多少来定义模态对结构风振响应的贡献,网壳结构的前 30 阶模态的自振周期及前 30 阶模态能量贡献

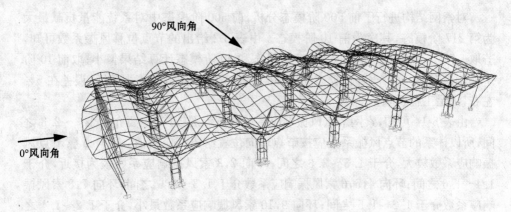

图 5-27　重庆机场航站楼结构图

图 5-28　0°风向角下 T2A 主楼屋盖体型系数分布图

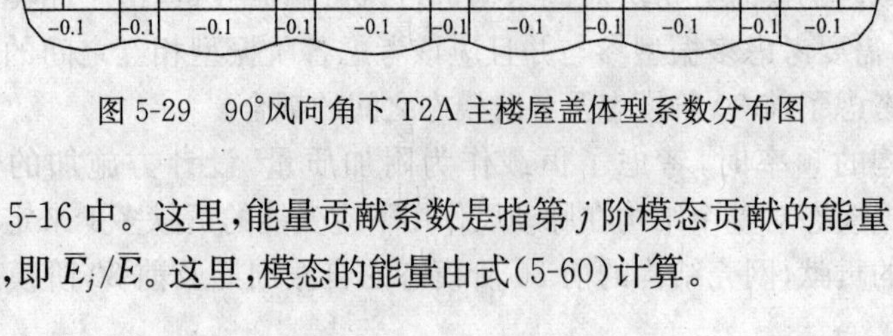

图 5-29　90°风向角下 T2A 主楼屋盖体型系数分布图

系数列于表 5-16 中。这里,能量贡献系数是指第 j 阶模态贡献的能量 E_j 与系统总能量的比值,即 $\overline{E}_j/\overline{E}$。这里,模态的能量由式(5-60)计算。

表 5-16　前 30 阶模态的自振周期及其对系统能量贡献

振型阶数	1	2	3	4	5	6	7	8	9	10
频率/Hz	0.7248	0.7500	0.7891	0.8885	0.9072	1.0621	1.1324	1.2719	1.3370	1.3627
能量贡献	0.0258	0.0163	0.0456	0.4623	0.3737	0.0001	0.0126	0.0009	0.0123	0.0003
振型阶数	11	12	13	14	15	16	17	18	19	20
频率/Hz	1.4098	1.5485	1.5515	1.6457	1.6585	1.7105	1.7313	1.7605	1.7918	1.8347
能量贡献	0.0059	0.0032	0.0098	0.0048	0.0014	0.0002	0.0003	0.0040	0.0104	0.0000
振型阶数	21	22	23	24	25	26	27	28	29	30
频率/Hz	1.9062	1.9933	2.0307	2.1555	2.1675	2.1932	2.2543	2.2585	2.2795	2.2914
能量贡献	0.0000	0.0034	0.0002	0.0000	0.0000	0.0043	0.0007	0.0000	0.0000	0.0000

　　从表 5-15 可以看出,结构的第 4 阶和第 5 阶模态的能量贡献最大,并且通过式(5-64)与式(5-65)比较,结构的前 30 阶模态基本上包含了结构的绝大部分能量。因此,本算例选用前 30 阶模态及各阶模态之间的耦合来进行频域内风振响应分析。

　　根据本章所述的频域风振响应分析方法和位移风振系数的定义,计算得到了 0°风向角和 90°风向角下结构的位移风振系数,以分区域的数值来表示,见图 5-30 和图 5-31。

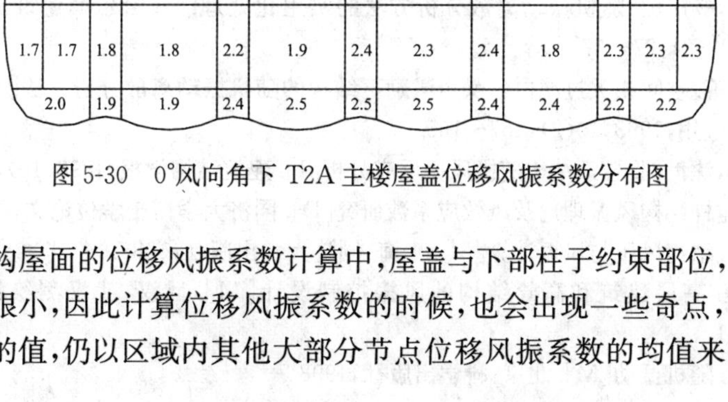

1.8	1.8	1.9	2.2	2.4	2.5	2.4	2.3	2.3	2.2	2.3	
1.7	1.7	1.8	1.8	2.0	1.8	2.2	2.2	2.2	2.1	2.2	2.3	2.3
1.7	1.7	1.8	1.8	2.2	2.2	2.4	2.2	2.3	2.3
1.7	1.7	1.8	1.8	2.2	1.9	2.4	2.3	2.4	1.8	2.3	2.3	2.3
2.0	1.9	2.1	2.5	2.5	2.4	2.4	2.2	2.2

图 5-30　0°风向角下 T2A 主楼屋盖位移风振系数分布图

　　在此结构屋面的位移风振系数计算中,屋盖与下部柱子约束部位,由于其在静风下的位移很小,因此计算位移风振系数的时候,也会出现一些奇点,可以不用考虑这些奇点的值,仍以区域内其他大部分节点位移风振系数的均值来给出此区域

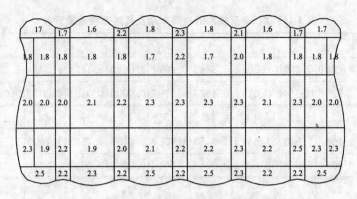

图 5-31　90°风向角下 T2A 主楼屋盖位移风振系数分布图

的风振系数。

参考文献

[1]　赵雷,陈虬. 随机有限元动力分析方法的研究进展[J]. 振动工程学报,1997,10(3)：259-263.

[2]　杨庆山,沈世钊. 悬索结构随机风振响应分析[J]. 建筑结构学报,1998(4):29-39.

[3]　Bathe K J. Nonlinear finite element analysis and ADINA[J]. J. Computer & Structures, 1981,13(5-6)：575-799.

[4]　李小军,廖振鹏. 非线性结构动力方程求解的显式差分格式的特性分析[J]. 工程力学, 1993,10(3)：141-147.

[5]　向阳,沈世钊,李君. 薄膜结构的非线性风振响应分析[J]. 建筑结构学报,1999,2(6)：38-46.

[6]　谭东耀,杨庆山. 有色噪声激励下结构随机振动离散分析方法[J]. 哈尔滨建筑工程学院学报,1989,22(1):23～35.

[7]　谭东耀,杨庆山. 随机振动离散分析方法的实用化处理[J]. 哈尔滨建筑工程学院学报, 1989, 22(2):27～37.

[8]　谭东耀等. 空间相关过滤白色噪声激励下结构的随机振动离散分析方法[J]. 计算结构力学及其应用,1993,10(2):157～165.

[9]　杨庆山,沈世钊. 悬索结构随机风振反应分析[J]. 建筑结构学报,1998(19),4:29-39.

[10]　马星. 桅杆结构风振理论及风效应系数研究[D]. 同济大学博士学位论文,2000.

[11]　张相庭. 结构风压与风振计算[M]. 上海:同济大学出版社,1985.

[12]　瞿伟廉. 高层建筑和高耸结构的风振控制设计[M]. 武汉:武汉测绘科技大学出版社,1991.

[13]　朱位秋. 随机振动[M]. 北京:科学出版社,1998.

[14]　王肇民，王之宏等. 桅杆结构[M]. 上海：科学出版社，2001.

[15]　杨庆山，沈世钊. 悬索结构风振系数计算[J]. 哈尔滨建筑大学学报，1995，28(6)：33-40.

[16]　赵臣，杨庆山. 悬索结构随机风振反应分析方法研究[R]. "悬索与网壳结构应用关键技术"研究报告之五，哈尔滨建筑大学，1995.

[17]　林颖儒，徐晓明，黄本才等. 上海虹口足球场大悬挑钢屋盖结构自振特性和风振动力响应分析[J]. 空间结构. 2001，7(3)：12-17.

[18]　胡继军. 网壳风振及控制研究[D]. 上海交通大学博士学位论文，2001.

[19]　俞载道，曹国敖. 随机振动理论及其应用[M]. 上海：同济大学出版社，1988.

[20]　Davenport A G, Sparling B F. Dynamic gust response factors for guyed masts[J]. J. of Wind Engrg. and Industr. Aerodyn. ，1992，44：2237-2248.

[21]　Sparling B F, Smith B W, Davenport A G. Simplified dynamic analysis methods for guyed masts in turbulent winds[J]. Journal of the International Association for Shell and Spatial Structures(IASS)，1996，37：89-106.

[22]　张相庭. 工程结构风荷载理论和抗风计算手册[M]. 上海：同济大学出版社，1990.

[23]　何艳丽. 大跨空间网格结构的风振理论及空气动力失稳研究. 上海交通大学博士后研究工作报告，2001.

[24]　Yanli HE, Shilin DONG, A new frequency domain method for wind response analysis of spatial lattice structures with dome compensation[J]. International Journal of Space Structures，2002(17)：67-76.

[25]　建筑结构荷载规范(2006 年版)GB50009-2001. 北京：中国建筑工业出版社，2006.

[26]　何艳丽，董石麟，龚景海. 大跨空间网格结构风振系数探讨[J]. 空间结构，2001，7(2)：3-9.

[27]　李燕，何艳丽，王锋. 短程线型单层球面网壳风振响应参数分析及实用抗风设计方法[J]. 空间结构，2005，11(1)：50-55.

[28]　李燕. 单层网壳抗风设计实用计算方法[D]，上海交通大学硕士学位论文，2005.

[29]　武岳，沈世钊. 点式玻璃幕墙索支承体系的动力性能研究[C]. 第十届空间结构学术会议论文集，北京：中国建材工业出版社，2002：26-32.

[30]　沈世钊，徐崇宝，赵臣，武岳. 悬索结构设计[M]，北京：中国建筑工业出版社，2005.

[31]　大连金石滩影视艺术中心模型风洞试验测试结果[R]，2001.

[32]　张丽梅. 非完全对称 Geiger 索穹顶结构特征与分析理论研究[D]. 上海交通大学博士学位论文，2008.

[33]　任涛. 单层索网体育场罩蓬结构分析及施工模拟研究[D]. 上海交通大学博士学位论文，2008.

第6章 空间结构横风向风振

由于大跨空间结构轻柔,自振频率低,在风荷载作用下易产生较大的振动和变形,除了顺风向的湍流振动之外,还容易产生横风向的旋涡脱落共振响应和空气动力失稳。结构横风向风振的机理比较复杂,影响的因素很多,本章主要讨论空间结构中易于遇到、试验中也观察到且机理相对清楚的横风向风振内容——涡激振动和驰振。

6.1 涡激振动

当结构物上有风作用时,就会在结构物两侧背后产生交替的旋涡,且将由一侧接着向另一侧交替脱落,形成所谓的卡门涡列,卡门涡列的发生使结构物表面的风压呈周期性变化,作用方向与风向垂直,称为横风向作用力或升力,这种由交替涡流引起且与风向垂直的振动,称为涡激振动。当涡脱落频率接近结构的固有频率时,将产生涡激共振现象。

涡激振动是结构在低速风速下很容易出现的一种风致振动现象,涡激振动带有自激性质,但振动的结构会反过来对涡脱形成某种反馈作用,使得涡振振幅受到限制,因此涡激共振是一种带有自激性质的风致限幅振动。尽管涡激振动不是发散的毁灭性的振动,但由于是低速风速下常易发生的振动,且涡激共振发生时,其振动振幅之大,足以影响结构的使用舒适性和安全性,容易诱发结构的疲劳损伤。

大跨空间屋盖结构在水平风作用下,屋盖旋涡脱落在各个方向都能发生振动,S. Kawakita 在对悬索屋盖的试验中[1],就观测到了涡振和驰振现象。由于大跨空间结构覆盖的面积大,屋盖的竖向刚度最弱,因此垂直风向的横风向竖向旋涡脱落是最主要的。

6.1.1 涡振基本机理

1898 年,Strouhal 研究了风竖琴的振动现象,他通过实验发现当流体绕过圆柱体后,在尾流中将出现交替脱落的旋涡,并且旋涡脱落频率、风速及圆柱体之间存在以下关系:

$$St = \frac{nd}{U} \tag{6-1}$$

式中：n 为旋涡脱落频率；d 为圆柱体直径；U 为风速；St 为 Strouhal 数，对于圆柱体，约为 0.2。

　　后来，Karman-Dunn 又在试验中研究了光滑圆柱体在黏性流体中的绕流现象，指出了雷诺数对光滑圆柱体绕流的影响。圆柱脱落与雷诺数的关系如图 6-1 所示。

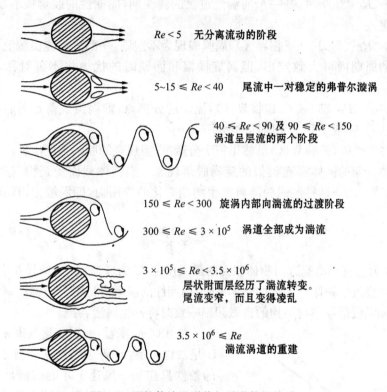

$Re < 5$　无分离流动的阶段

$5\sim15 \leqslant Re < 40$　尾流中一对稳定的弗普尔漩涡

$40 \leqslant Re < 90$ 及 $90 \leqslant Re < 150$
涡道呈层流的两个阶段

$150 \leqslant Re < 300$　旋涡内部向湍流的过渡阶段

$300 \leqslant Re \leqslant 3 \times 10^5$　涡道全部成为湍流

$3 \times 10^5 \leqslant Re < 3.5 \times 10^6$
层状附面层经历了湍流转变。
尾流变窄，而且变得凌乱

$3.5 \times 10^6 \leqslant Re$
湍流涡道的重建

图 6-1　圆柱体旋涡脱落与雷诺数的关系

　　雷诺数的表达式为

$$Re = \frac{\rho Ul}{\mu} = \frac{Ul}{\nu} \tag{6-2}$$

式中：ν 为黏性系数，它等于绝对黏性 μ 除以流体密度 ρ，对于空气来说，其值为 $0.145 \times 10^{-4}\,\mathrm{m^2/s}$。将该数值代入上式，对于空间结构，用垂直于流速方向物体截面的最大尺度 B 代替上式的 l，则上式变为

$$Re = 69\,000UB \tag{6-3}$$

试验研究的结果显示：

$Re < 5$ 时,流动是光滑的;

$5 < Re < 40$ 时,在背面形成两个排列的涡,不分离,随着 Re 的增大,涡向外拉长,发生畸形;

$40 < Re < 150$ 时,从 $Re = 40$ 起,漩涡稍有不对称,一个涡流胚成长另一个衰退,并交替在两侧脱落,出现卡门涡街。此时,脱落是有规则与周期性的;

$150 < Re < 300$ 时,是一个向湍流过渡的转变期,周期性的脱落被不规则的湍流所覆盖;

$300 < Re < 3 \times 10^5$(亚临界区),涡脱表现为不规则,一部分动能由湍流所携带,涡频率的周期尚可大致定出,但涡旋振幅和涡脱时的扰力将不再对称,而是随机的;

$3 \times 10^5 < Re < 3 \times 10^6$(超临界区),流动的分离点,即涡流脱落点向后移动,已无法辨认涡街,成了完全无周期的涡流;

$3 \times 10^6 < Re$(跨临界区)虽然尾流十分紊乱,但规则的脱落再度出现。

其他截面的钝体都有类似的旋涡脱落现象。当钝体截面受到均匀流的作用时,截面背后的周期性漩涡脱落将产生周期变化的作用力,即涡激力,且其涡激频率为

$$n_s = St \frac{U}{B} \tag{6-4}$$

式中:B 为垂直于流速方向物体截面的最大尺度;U 为风速;St 为斯托罗哈数。

当被绕流的物体是一个振动体系时,周期性的涡激力将引起结构的涡激振动,并且在漩涡脱落频率与结构的自振频率一致时将发生涡激共振。

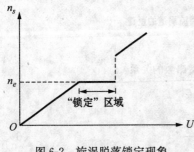

图 6-2　旋涡脱落锁定现象

从式(6-4)来看,漩涡脱落频率 n_s 与风速 U 呈线性关系,n_s 等于结构某一自振频率 n_e 的条件只在某一风速下才能被满足,但频率为 n_e 的振动体系将对漩涡脱落产生反馈作用,使得漩涡脱落频率在相当长的风速范围内被结构振动频率 n_e 所"俘获",产生一种锁定现象,这种现象使得涡激共振的风速范围增大。在锁定区内,旋涡脱落频率是不变的,旋涡脱落的锁定现象示于图 6-2 中。

6.1.2　涡激力模型

由于涡激振动的复杂性,导致 Navier-Stoke 方程难以求解,工程上均利用各种简化的经验数学模型,通过试验确定经验模型中的各项参数后[2-3],再利用求得的

涡激力代入运动方程求解结构的振动。

工程应用中,除了以上有关涡激共振的性质外,人们更关心的是涡激振动振幅的计算问题,而解决涡激振动振幅的关键问题是确定涡激力的解析表达式。至今,涡激力的经典解析表达式主要有如下几种[4-5]。

1) 简谐力模型

人们最初观察到的涡激振动的现象和简谐力非常相似,认为作用在结构上的涡激力具有与简谐力一样的形式,于是提出了简谐涡激力模型,这一模型假定涡激力是和升力系数成正比的简谐力:

$$m(\ddot{y} + 2\zeta\omega_n\dot{y} + \omega_n^2 y) = \frac{1}{2}\rho U^2 B C_L \sin(\omega_s t + \varphi) \tag{6-5}$$

式中:m 为质量;ρ 为空气密度;U 为平均风速;B 为结构参考宽度,对空间结构,一般取迎风截面的最大高度;ζ 为阻尼比;ω_n 为结构振动圆频率;C_L 为升力系数;ω_s 为旋涡脱落圆频率;φ 为初相角。

简谐力模型假定涡激力是和升力系数成正比的简谐力,这一模型的主要缺点是不能正确反映涡振振幅随风速的变化关系。

2) 升力振子模型

20 世纪 60 年代,Scruton 提出升力振子模型,其基本形式如下:

$$m(\ddot{y} + 2\zeta\omega_n\dot{y} + \omega_n^2 y) = \frac{1}{2}\rho U^2 B C_L(t) \tag{6-6}$$

式中:升力系数是随时间变化的系数,它与结构振动速度假定为有如下关系:

$$\ddot{C}_L + a_1\dot{C}_L + a_2\dot{C}_L^3 + a_3 C_L = a_4\dot{y} \tag{6-7}$$

式(6-7)中的 4 个系数 a_1, a_2, a_3, a_4 需通过试验来识别确定。

升力振子模型将升力系数考虑为随时间变化的函数,小振幅时阻尼小,大振幅时阻尼大。这一模型的主要缺点是模型参数的确定需要大量的试验,而升力系数随时间的变化规律需要通过测压试验的数据来分析,而测压时结构阻尼特性的影响使得难以得到理想的实验数据。

3) 经验线性模型

经验线性模型是 Simiu 与 Scanlan 提出的,这一模型假定一个线性机械振子给予气动激振力、气动阻尼以及气动刚度。

$$m(\ddot{y} + 2\zeta\omega_n\dot{y} + \omega_n^2 y) =$$
$$\frac{1}{2}\rho U^2(2B)\left[Y_1(K_1)\frac{\dot{y}}{U} + Y_2(K_1)\frac{y}{B} + \frac{1}{2}C_L(K_1)\sin(\omega_n t + \varphi)\right] \tag{6-8}$$

式中:$K_1 = B\omega_n/U$;Y_1, Y_2, C_L, φ 为待拟合的参数。

引入以下符号:

$$\eta = \frac{y}{B} \qquad s = \frac{Ut}{B} \qquad \eta' = \frac{d\eta}{ds}$$

式(6-8)可简化为以下形式：

$$\eta'' + 2\zeta K_1 \eta' + K_1^2 \eta = \frac{\rho B^2}{2m}\left[Y_1 \eta' + Y_2 \eta + \frac{1}{2}C_L \sin(K_1 s + \varphi)\right] \tag{6-9}$$

若定义

$$K_0^2 = K_1^2 - \frac{\rho B^2}{m}Y_2(K_1) \tag{6-10}$$

$$\zeta_0 = \frac{1}{2K_0}\left[2\zeta K_1 - \frac{\rho B^2}{m}Y_1(K_1)\right] \tag{6-11}$$

则式(6-9)可进一步简化为

$$\eta'' + 2\zeta_0 K_0 \eta' + K_0^2 \eta = \frac{\rho B^2}{2m}C_L \sin(K_1 s + \varphi) \tag{6-12}$$

上式表达了一个振子，其无量纲固有振动频率为 K_0，阻尼比为 ζ_0，其定常解为

$$\eta = \frac{\rho B^2 C_L}{2m\sqrt{(K_0^2 - K_1^2)^2 + (2\zeta_0 K_0 K_1)^2}}\sin(K_1 s - \theta) \tag{6-13}$$

$$\theta = \arctan\left(\frac{2\zeta_0 K_0 K_1}{K_0^2 - K_1^2}\right) \tag{6-14}$$

因为在锁定区机械振子的固有频率控制了整个机械气动力系统，所以模型的推导是在系统以固有频率振动的前提下得出的。该模型通过线性的函数来描述旋涡脱落这种非线性气动现象，带有一定的近似，且与简谐力模型一样不能解释锁定现象。

4) 经验非线性模型

经验非线性模型是在经验线性模型的基础上，Ehsan 与 Scanlan 通过增加一个非线性的气动阻尼项，把涡激力的描述引入到非线性的范围内，提出了经验非线性模型。

$$m(\ddot{y} + 2\zeta\omega_n \dot{y} + \omega_n^2 y) =$$
$$\frac{1}{2}\rho U^2 B\left[Y_1\left(1 - \varepsilon\frac{y^2}{B^2}\right)\frac{\dot{y}}{U} + Y_2\frac{y}{B} + \frac{1}{2}C_L(K_1)\sin(\omega_n t + \varphi)\right] \tag{6-15}$$

这一模型除了增加一个非线性阻尼项，与经验线性模型没有本质上的区别。

6.2　空间结构旋涡脱落共振响应分析计算

从上节可以看出，雷诺数与风速的大小成比例，当结构处于亚临界范围时，虽然也可发生共振，但由于风速较小，对结构作用不如跨临界范围严重，通常可用构

造方法加以处理;跨临界范围的验算是工程上最注意的范围,特别是旋涡周期性脱落的频率与结构自振频率一致时,将产生比静力作用大几十倍的共振响应,因此工程上把注意力集中在跨临界范围的共振响应上;对于超临界范围,由于不会产生共振响应,且风速也不大,工程上一般不做进一步的处理,按随机振动的理论进行分析即可。

因此在跨临界范围内如果风速达到了临界风速,结构沿横风向将发生共振,此时横风向的响应是不容忽视的,在结构估算不足时,甚至导致结构的倒塌,给人们的生命和财产带来很大的危害。

对于空间结构,首先应用下面三步骤验算是否会出现跨临界区的横风向共振[6]。

(1) 雷诺数。

$$Re = 69\,000UB \geqslant 3.5 \times 10^6 \tag{6-16}$$

式中:B 取垂直于流速方向物体截面的最大尺度,对于大跨空间结构,一般取屋盖层高度。

(2) 横风向共振临界风速。

$$U_{cr} = \frac{Bn_s}{St} \tag{6-17}$$

式中:B 为垂直于流速方向物体截面的最大尺度;U_{cr} 为临界风速;St 为斯托罗哈数;n_s 为气流的旋涡脱落频率,自振时与结构的某阶自振频率相等。

(3) 旋涡脱落如能够在结构上发生,共振临界风速应在结构可能出现风速的范围内,即

$$0 \leqslant U_{cr} \leqslant U_{max} \tag{6-18}$$

当按上面三式计算的临界风速小于验算点处的设计风速时,即意味着将发生横风向共振,此时应对结构进行共振响应验算。

在跨临界范围,漩涡脱落造成结构逐渐由不规则的随机振动转为规则的周期振动,此时横风向气动力按照简谐力模型可表示为正弦气动力:

$$F_L(t) = \frac{1}{2}\rho U^2 B(z)C_L \sin(2\pi n_s t) \tag{6-19}$$

在横风向力作用下结构振动呈现较明显的三维特征,当发生横风向第 k 阶共振时,$n_s = n_k$,则结构的运动方程可写成如下的矩阵形式:

$$[M]\{\ddot{z}\} + [C]\{\dot{z}\} + [K]\{z\} = \{F_L\}\sin(\omega_k t) = \left\{\frac{1}{2}\rho U^2 BC_L\right\}\sin(\omega_k t)$$

$$\tag{6-20}$$

对于复杂空间结构,由于空间曲率比较复杂,各个方向的形态和尺寸各异,因

此一般的空间结构的有限元也分割为很多小的单元来模拟结构的形态和刚度。因此对于空间结构,采用垂直于气流的最大尺度来表示的升力很不直观。其实,结构的升力系数也可以表示为结构的体型系数与受风面积在风来流方向横向的投影的乘积:

$$C_L = \sum_{i=1}^{n} \frac{\mu_{si} A'_{si}}{B_i} \tag{6-21}$$

因此,式(6-5)中的$\{F_L\}$向量中的第i个集中力可以表示为

$$F_{Li} = \frac{1}{2} \rho U^2 \mu_{si} A'_{si} \tag{6-22}$$

式中:A'_{si}为第i个集中力所对应的受风面积在风来流方向横向的投影;μ_{si}为第i个集中力所对应的受风面积的体型系数。

有了这些转换公式,那么对空间结构在跨临界区的横风向涡振验算就简化得多了,只要通过风洞试验或数值风洞模拟求得结构在各个部位的体型系数,在有限元模型分析的基础上,就可以通过式(6-20)和式(6-22)很容易求得涡激共振时的各种响应。

其实,对于空间结构,由于竖向刚度相对弱,最可能的是发生横风向竖向(z向)涡振,但对于有些支撑相对弱的大跨屋盖结构,发生横风向侧向(y向)涡振的可能也是有的。因此,结合上面的式(6-20)~式(6-22),大跨空间结构发生侧向(y向)和竖向(z向)涡振共振响应的验算可分别表示为如下:

$$[M]\{\ddot{y}\} + [C]\{\dot{y}\} + [K]\{y\}$$
$$= \{F_{Ly}\} \sin(\omega_j t) = \frac{1}{2} \rho U^2 \{\mu_s A_s \cos\beta\} \sin(\omega_j t) \tag{6-23}$$

$$[M]\{\ddot{z}\} + [C]\{\dot{z}\} + [K]\{z\}$$
$$= \{F_{Lz}\} \sin(\omega_k t) = \frac{1}{2} \rho U^2 \{\mu_s A_s \cos\gamma\} \sin(\omega_k t) \tag{6-24}$$

式中:气动力向量中的第i个集中力各分向量的含义分别为:μ_{si}为第i个集中力所对应的受风面积的体型系数;A_{si}为第i个集中力所对应的受风面积;β_i, γ_i分别为第i块小截面的法向与y轴和z轴的夹角;ω_j, ω_k分别为结构的第j阶和第k阶自振圆频率。

对式(6-23)采用振型分解法,并假定阻尼项亦满足正交条件,这样,第j阶振型对应的运动方程为

$$\ddot{q}_j + 2\zeta\omega_j \dot{q}_j + \omega_j^2 q = \frac{1}{M_j^*} \{\varphi_j\}^T \{F_{Ly}\} \sin(\omega_j t) \tag{6-25}$$

上式中,

$$M_j^* = \{\varphi_j\}^T [M] \{\varphi_j\} \tag{6-26}$$

按确定性动力荷载作用共振原理,第 j 阶振型位移的共振动力放大系数为 $\dfrac{1}{2\zeta_j}$,于是,第 j 阶振型几何位移的最大值为

$$\{y_j\}_{\max} = \{\varphi_j\}q_{j\max} = \{\varphi_j\}\frac{1}{2\zeta_j}\frac{1}{M_j^*\,\omega_j^2}\frac{1}{2}\rho U_{\text{cr}j}^2 \cdot \{\varphi_j\}^{\mathrm{T}}\{\mu_s A_s\cos\beta\} \qquad (6\text{-}27)$$

同样,可求得式(6-24)的最大振幅响应

$$\{z_k\}_{\max} = \{\varphi_k\}\frac{1}{2\zeta_k}\frac{1}{M_k^*\,\omega_k^2}\frac{1}{2}\rho U_{\text{cr}k}^2 \cdot \{\varphi_k\}^{\mathrm{T}}\{\mu_s A_s\cos\gamma\} \qquad (6\text{-}28)$$

另外,对式(6-23)和式(6-24)的求解,也可以采用时程动力响应分析法,并可以考虑结构的非线性[7]。对结构的时域分析一般采用逐步积分法,在结构计算中常得到应用的有平均加速度法、Newmark 法、Houbolt 法、Gurtin 法、Wilson-θ 法、Park 法等。现在很多通用的有限元软件都能很容易求解这种非线性动力方程,这里就不再赘述这些解法的具体步骤。

由于空间结构的形状复杂,很难取节段模型进行研究,因此,其涡激振动的研究是十分复杂的。本节所阐述的只是对空间结构涡激振动的初步探讨,对其振动机理及其研究方法还有待更多深入的研究和相关的试验来验证。

6.3　斯托罗哈数的选取

斯托罗哈数 St 是以捷克工程师(V. Strouhal)的名字命名的,他在 1878 年公布了该系数关系。斯托罗哈数 St 与横截面的形状、表面粗糙度及湍流风有关。

由于涡激共振研究中,斯托罗哈数是一个很主要的参数,因此该参数的选取就显得比较重要。

斯托罗哈数 St 是一无量纲参数,一般由实验或规范给出。对于圆形、矩形等其他几种较规则的典型截面,在前人试验的基础上,给出了其斯托罗哈数,以供参考。

当流体包围的柱体横截面形状不同时,斯托罗哈数可取不同的特征值常数值,图 6-3 显示了圆柱体在雷诺数为 $10^5\leqslant Re\leqslant 10^7$ 范围内 St 与 Re 的关系。由图 6-3 看出,对圆形或近似圆形截面的结构物,$St\approx 0.18\sim 0.20$。

对矩形截面,斯托罗哈数 St 取决于结构的长宽比,见图 6-4,对于具有钝边的矩

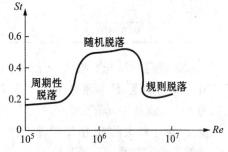

图 6-3　圆柱体 St 随 Re 的变化

形截面,雷诺数不起主要作用[8]。

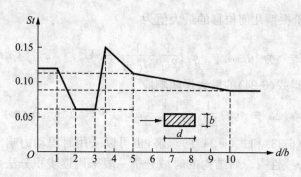

图 6-4　以高宽比为函数的矩形截面的 St

其他典型截面的斯托罗哈数列于表 6-1 中。

表 6-1　典型截面的斯托罗哈数[9]

截面形状	St				截面形状	St	截面形状	St
1. 圆	Re	<30	50	500	10^3	5. 等腰三角形	→ 0.15 ← 0.19	9. 工字梁	→ 0.14 ↑ 0.12
	St	0	0.13	0.20	0.21				
	Re	10^4	10^5	10^6	10^7				
	St	0.20	0.19	0.21	0.23				
2. 半圆	→ 0.16 ← 0.21 ↑ 0.21					6. 板	→ 0.20 （后缘为钝形）	10. T字梁	→ 0.14 ↑ 0.14
3. 正方形	→ 0.12 ↗ 0.16					7. 直角	→ 0.13 ← 0.24 ↗ 0.13		
4. 薄板	Re	40	200	10^3		8. 槽	→ 0.14 ← 0.13	11. 管阵	$0.2 < St < 0.5$ v 取管间流速值
	St	0.13	0.17	0.15					
	Re	10^4	10^5						
	St	0.14	0.13						

我国规范对斯托罗哈数 St 的取值未作具体规定,应通过试验确定,也可以参考有关资料确定。日本建筑规范[10]和 ECCS 风荷载规范 1978 年版对矩形截面统一取为 0.15。欧共体风荷载规范 95 版对 St 的取值,当 $D/B \geqslant 5$ 时在 $0.09 \sim 0.11$ 之间变化。由于较大的 St 值将对应于较小的临界风速值,在结构自振周期较小时是一种偏安全的估算,所以可认为在未取得更多试验资料的情况下,可取 $St = 0.15$。

6.4　涡激振动时程分析算例介绍

一索桁架结构如图 6-5 所示,上下弦均为钢索,中间腹杆为钢压杆。结构跨度 64m,高度 14m。上下钢索的弹性模量为 $1.2 \times 10^8 \text{kN/m}^2$,上下钢索的截面积分别为 $A_1 = 2.328 \times 10^{-3} \text{m}^2$,$A_2 = 4.657 \times 10^{-3} \text{m}^2$,索的初张力分别为 $T_1 = 900 \text{kN}$,$T_2 = 1125 \text{kN}$,竖向连杆的弹性模型 $2.0 \times 10^8 \text{kN/m}^2$,竖向连杆间距 4m,每榀桁架间距 5m。

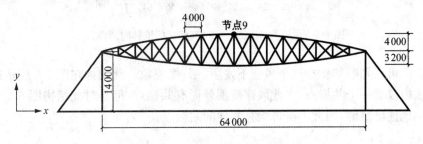

图 6-5　索桁架结构(单位:mm)

结构的斯托罗哈数取为 0.18,迎风面附近沿跨长 $3H$ 区域取结构的升力系数为 0.45,别的区域结构的升力系数取 0.2。文献[7]利用 ANSYS 程序对此结构进行了横风向旋涡脱落共振响应时程分析。

针对风速为 20～100m/s,文献[7]计算了结构在不同风速作用下的横风向响应,并在图 6-6 中绘出了结构的节点 9 在不同风速下的横风向的最大位移曲线。

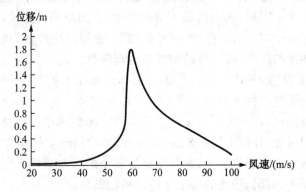

图 6-6　不同风速下节点 9 的最大横风向位移

从图 6-6 中可以看出,在风速为 59.69 m/s 时,结构的响应最大,其节点 9 的位移时程曲线见图 6-7。

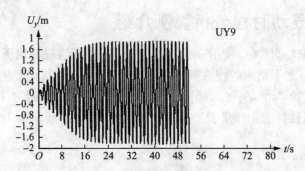

图 6-7　风速为 59.69m/s 时节点 9 的位移时程曲线

由此可以判断结构在这个风速下发生了共振现象。此结构在图 6-6 所示的风速范围内仅有一个共振点,在此风速范围外尚有共振点,但是对此结构图 6-6 所示范围的风速已足够,因此不需再验算其他的共振点。

6.5　横风向驰振

结构物除了受风激励产生顺风向强迫振动以外,还可能由于结构物本身振动而引起的风来流相对于结构的速度方向和大小的改变,由此引起结构升力系数和阻力系数的变化,即风与结构的运动气动耦合而产生气动力。在某些情况下,代表阻尼作用的气动力可表现为负阻尼的作用,由此结构物本身的运动会不断给激振力提供能力,若这时结构从峰值吸收的能量超过了其自身的阻尼耗散,即空气动力产生的负阻尼大于正阻尼,从而助长运动的发生,加剧结构的振动,那么结构物横风向就可能发生失稳式的自激振动——"驰振"。驰振发生时,结构在垂直于气流方向将出现大幅度的振荡,有导致结构破坏的危险性。这种风致驰振现象的危害很大,如果不加以注意,将产生极其严重的后果,因此在工程上必须加以防止。

驰振最早的研究起源于机翼经常被气流破坏,1922 年 Birnbaum 第一次提出了气动升力的表达式,1932 年,Glauert 在研究冰冻导致输电线振荡时阐述了驰振现象及其发生的机理,并提出了著名的 Glauert-Den Hartog 判别准则,为节段模型提供的判别驰振发生的临界风速,是判断驰振发生的必要条件[11-12]。现有的驰振研究主要针对高耸、高层、裹冰的输电线以及桥梁结构[13-17],对大跨索膜屋盖结构的驰振研究,国内外都才刚刚开始起步,Miyake 在对悬索屋盖模型的实验中,发现结构发生了气动失稳[18],Nakamura 研究了具有不同高宽比的矩形结构在层流和湍流中的驰振现象[19],S. Kawakita 在对悬索屋盖的试验中,也观测到了涡振和驰振现象[20]。

很多柔性空间结构,以钢索作为主要承重构件,依靠膜张力来抵御外荷载,且其自重轻而薄,局部刚度很小,对风荷载的作用非常敏感,在风作用下局部膜单元的速度和加速度响应很大,可能对周围流场产生影响,导致较明显的气弹反应和动力失稳现象[21]。因而,研究这类结构在风荷载作用下的响应及空气动力稳定性十分重要。

空气动力失稳模型常有以下两种:

(1) 气动力模型。它考虑弯扭耦合的不稳定气动弹性模型,常称之为颤振,是比较完善的气动模型。在仅考虑自激力(气动力)作用的情况下,三自由度节段模型的运动方程可写为

$$m(\ddot{h} + 2\zeta_h\omega_h\dot{h} + \omega_h^2 h) = L_{se} \tag{6-29}$$

$$I(\ddot{\alpha} + 2\zeta_\alpha\omega_\alpha\dot{\alpha} + \omega_\alpha^2\alpha) = M_{se} \tag{6-30}$$

$$m(\ddot{p} + 2\zeta_p\omega_p\dot{p} + \omega_p^2 p) = P_{se} \tag{6-31}$$

式中:m 和 I 分别是模型的质量和转动惯性矩;ζ_h,ζ_α,ζ_p 是竖弯、扭转和侧弯的机械阻尼,ω_h,ω_α,ω_p 为竖弯、扭转和侧弯的圆频率,L_{se},M_{se},P_{se} 即为颤振自激力和自激力矩:

$$L_{se} = \rho U^2 B\left[KH_1\frac{\dot{h}}{U} + KH_2\frac{B\dot{\alpha}}{U} + K^2 H_3\alpha + K^2 H_4\frac{h}{B} + KH_5\frac{\dot{p}}{U} + K^2 H_6\frac{p}{B}\right] \tag{6-32}$$

$$M_{se} = \rho U^2 B\left[KA_1\frac{\dot{h}}{U} + KA_2\frac{B\dot{\alpha}}{U} + K^2 A_3\alpha + K^2 A_4\frac{h}{B} + KA_5\frac{\dot{p}}{U} + K^2 A_6\frac{p}{B}\right] \tag{6-33}$$

$$P_{se} = \rho U^2 B\left[KP_1\frac{h}{U} + KP_2\frac{B\dot{\alpha}}{U} + K^2 P_3\alpha + K^2 P_4\frac{h}{B} + KP_5\frac{\dot{p}}{U} + K^2 P_6\frac{p}{B}\right] \tag{6-34}$$

式中:B 为桥宽;$K = B\omega/U$ 为折算频率;颤振导数 H_i,A_i,P_i($i = 1, 2, \cdots, 6$)是 K 的无量纲函数。这些颤振导数必须通过风洞实验获得后,才能进行风致振动分析。

此模型常用于桥梁结构的节段模型的气动稳定性分析,对于桥梁节段模型颤振参数的试验及颤振导数识别方面的文献很多。对于新的截面需做大量的试验才能获得所需的参数,并且对于一些不适合取节段模型的结构也不适用。

(2) 静态准定常力模型。在风致结构失稳驰振分析研究中,平均风实际上起着很大的作用。文献[12]指出,"经验证明,在静态条件下得到的横截面平均升力系数与阻力系数随迎角的变化,已经足以作为建立对驰振现象满意的解析描述的基础。这就是说,驰振基本上是由准定常力控制的"。1932 年,J. P. Den Hartog 在

研究冰冻雨导致输电线振荡时阐述了驰振现象和发生的机理,在结构振动中当空气动力阻尼力为负值,并抵消了结构本身的阻尼力时,由于在结构振动中产生负阻尼,为系统提供能量,因此引起了振动的发散(即负衰减),这就是结构的驰振,并提出了著名的 Den-Hartog 临界风速计算公式为

$$\left(\frac{\mathrm{d}C_{\mathrm{L}}(\alpha)}{\mathrm{d}\alpha}\right)_{\alpha=0} + C_{\mathrm{D}}(0) < 0 \tag{6-35}$$

这是必要条件,而充分且必要的条件为

$$2m\zeta\omega + \frac{1}{2}\rho UlB\left[\left(\frac{\mathrm{d}C_{\mathrm{L}}(\alpha)}{\mathrm{d}\alpha}\right)_{\alpha=0} + C_{\mathrm{D}}(0)\right] < 0 \tag{6-36}$$

当然,这一公式求出的解是一种近似解,只对于攻角很小的情况才适用。

20 世纪 60 年代,G. V. Parkison 验证了气动力的准定常假设的准确性,建立了驰振的准定常非线性空气动力理论,指出作用于一振动物体上的瞬态力可以假定为作用在同一固定物体上具有相同入射角和相对速度的力,并验证了准定常理论在"高速驰振"分析时已具有足够的精度。

6.6　空间结构驰振失稳临界风速判别准则

空间结构及索膜结构由于外观形状复杂,不能取出一个节段模型是多自由度体系,结构的振动也不是以单一振型为主,因此节段模型不再适用。文献[22]中采用体型系数表示屋盖上的平均风气动力,建立驰振的整体模型临界风速判别式。但此文献[22]忽略了两点很重要的因素:① 没有考虑初始攻角对驰振临界风速的影响,而实际上风往往是以一定的入射角吹向结构的;② 忽略了侧向气动力对结构驰振临界风速的影响,桥梁研究结论表明不能忽略侧向气动力的影响[16]。

本节根据空间结构的特点,推导采用体型系数表示的临界风速判别式,并考虑驰振临界风速与相应来流攻角的关系,同时考虑侧向气动力以及侧向气动力与竖向气动力的相互作用。

图 6-8 为结构的运动引起相对风速及攻角变化的示意图。图中,U 为风速大小;U_{r} 为风相对于结构的速度;α 为来流对结构物的攻角;α_0 为初始攻角。

从图 6-8 中相对风速的矢量关系可得出如下关系式:

$$\alpha = \arctan\frac{U_z + \dot{z}}{U_y - \dot{y}} \tag{6-37}$$

$$U_{\mathrm{r}} = \sqrt{(U_z + \dot{z})^2 + (U_y - \dot{y})^2} \tag{6-38}$$

$$U_y = U\cos\alpha_0 \tag{6-39}$$

$$U_z = U\sin\alpha_0 \tag{6-40}$$

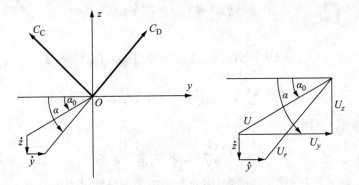

图 6-8　结构的运动引起相对风速及攻角的变化图

y, z 轴向空气动力分量分别为

$$F_y = \frac{1}{2}\rho U_r^2 \sum_{k=1}^{m} A_K \left[\mu_{sHk}(\alpha) + 0.18\mu_{sVk}(\alpha) \right]\cos\beta_k \tag{6-41}$$

$$F_z = \frac{1}{2}\rho U_r^2 \sum_{k=1}^{m} A_K \left[\mu_{sHk}(\alpha) + 0.18\mu_{sVk}(\alpha) \right]\cos\gamma_k \tag{6-42}$$

式中：β_k, γ_k 为第 k 块小截面的法向与 y 轴和 z 轴的夹角；系数 0.18 表示水平风有 $10°$ 左右的倾角，即风的竖向分量。则有

$$G_y = U_r^2 \sum_{k=1}^{m} A_k \left[\mu_{sHk}(\alpha) + 0.18\mu_{sVk}(\alpha) \right]\cos\beta_k \tag{6-43}$$

$$G_z = U_r^2 \sum_{k=1}^{m} A_k \left[\mu_{sHk}(\alpha) + 0.18\mu_{sVk}(\alpha) \right]\cos\gamma_k \tag{6-44}$$

对式(6-43)和式(6-44)分别在 $\dot{y}=0, \dot{z}=0$ 处进行泰勒展开：

$$G_y = \underbrace{G_y \big|_{\substack{\dot{y}=0 \\ \dot{z}=0}}}_{G_{y0}} + \underbrace{\frac{\partial G_y}{\partial \dot{y}}\Big|_{\substack{\dot{y}=0 \\ \dot{z}=0}}\dot{y} + \frac{\partial G_y}{\partial \dot{z}}\Big|_{\substack{\dot{y}=0 \\ \dot{z}=0}}\dot{z}}_{G_{y1}} + \cdots \tag{6-45}$$

$$G_z = \underbrace{G_z \big|_{\substack{\dot{y}=0 \\ \dot{z}=0}}}_{G_{z0}} + \underbrace{\frac{\partial G_z}{\partial \dot{y}}\Big|_{\substack{\dot{y}=0 \\ \dot{z}=0}}\dot{y} + \frac{\partial G_z}{\partial \dot{z}}\Big|_{\substack{\dot{y}=0 \\ \dot{z}=0}}\dot{z}}_{G_{z1}} + \cdots \tag{6-46}$$

在刚度矩阵正定的情况下，从动力稳定性理论得知，求解驰振发生的临界风速，只需判别阻尼项的符号。因此，对式(6-45)、式(6-46)都只考虑一次项，表示为

$$G_y = G_{y0} + G_{y1} \tag{6-47}$$

$$G_z = G_{z0} + G_{z1} \tag{6-48}$$

在 $\dot{y}=0, \dot{z}=0$ 时，

$$\alpha = \alpha_0, \quad U_r = U \tag{6-49}$$

则有

$$G_{y0} = U^2 \sum_{k=1}^{m} A_K \left[\mu_{sHk}(\alpha_0) + 0.18\mu_{sVk}(\alpha_0) \right] \cos\beta_k \tag{6-50}$$

$$G_{z0} = U^2 \sum_{k=1}^{m} A_K \left[\mu_{sHk}(\alpha_0) + 0.18\mu_{sVk}(\alpha_0) \right] \cos\gamma_k \tag{6-51}$$

由式(6-45)可得

$$G_{y1} = \frac{\partial G_y}{\partial \dot{y}} \bigg|_{\substack{\dot{y}=0 \\ \dot{z}=0}} \dot{y} + \frac{\partial G_y}{\partial \dot{z}} \bigg|_{\substack{\dot{y}=0 \\ \dot{z}=0}} \dot{z} \tag{6-52}$$

由于 $\dot{y}$ 和 $\dot{z}$ 是 U_r 和 α 的函数，因此上式的两项分别可表示为

$$\frac{\partial G_y}{\partial \dot{y}} = \frac{\partial G_y}{\partial U_r} \frac{\partial U_r}{\partial \dot{y}} + \frac{\partial G_y}{\partial \alpha} \frac{\partial \alpha}{\partial \dot{y}} \tag{6-53}$$

$$\frac{\partial G_y}{\partial \dot{z}} = \frac{\partial G_y}{\partial U_r} \frac{\partial U_r}{\partial \dot{z}} + \frac{\partial G_y}{\partial \alpha} \frac{\partial \alpha}{\partial \dot{z}} \tag{6-54}$$

根据式(6-37)、式(6-38)和式(6-43)，则式(6-53)右边各项分别为

$$\frac{\partial G_y}{\partial U_r} = 2U_r \sum_{k=1}^{m} A_K \left[\mu_{sHk}(\alpha) + 0.18\mu_{sVk}(\alpha) \right] \cos\beta_k \tag{6-55}$$

$$\frac{\partial U_r}{\partial \dot{y}} = \frac{\partial}{\partial \dot{y}} \left(\sqrt{(U_z + \dot{z})^2 + (U_y - \dot{y})^2} \right) = -\frac{U_y - \dot{y}}{\sqrt{(U_z + \dot{z})^2 + (U_y - \dot{y})^2}} \tag{6-56}$$

$$\frac{\partial G_y}{\partial \alpha} = U_r^2 \sum_{k=1}^{m} A_k \left[\frac{\mathrm{d}\mu_{sHk}}{\mathrm{d}\alpha} + 0.18 \frac{\mathrm{d}\mu_{sVk}}{\mathrm{d}\alpha} \right] \cos\beta_k \tag{6-57}$$

$$\frac{\partial \alpha}{\partial \dot{y}} = \frac{\partial}{\partial \dot{y}} \left(\arctan \frac{U_z + \dot{z}}{U_y - \dot{y}} \right) = \frac{U_z + \dot{z}}{(U_z + \dot{z})^2 + (U_y - \dot{y})^2} \tag{6-58}$$

在 $\dot{y}=0, \dot{z}=0$ 时，由式(6-49)以及式(6-38)、式(6-39)可得

$$\frac{\partial G_y}{\partial U_r} \bigg|_{\substack{\dot{y}=0 \\ \dot{z}=0}} = 2U_r \sum_{k=1}^{m} A_K \left[\mu_{sHk}(\alpha_0) + 0.18\mu_{sVk}(\alpha_0) \right] \cos\beta_k \tag{6-59}$$

$$\frac{\partial U_r}{\partial \dot{y}} \bigg|_{\substack{\dot{y}=0 \\ \dot{z}=0}} = -\frac{U_y}{U} = -\cos\alpha_0 \tag{6-60}$$

$$\frac{\partial G_y}{\partial \alpha} \bigg|_{\substack{\dot{y}=0 \\ \dot{z}=0}} = U^2 \sum_{k=1}^{m} A_k \left[\frac{\mathrm{d}\mu_{sHk}}{\mathrm{d}\alpha} + 0.18 \frac{\mathrm{d}\mu_{sVk}}{\mathrm{d}\alpha} \right] \cos\beta_k \tag{6-61}$$

$$\frac{\partial \alpha}{\partial \dot{y}} \bigg|_{\substack{\dot{y}=0 \\ \dot{z}=0}} = \frac{U_z}{U^2} = \frac{\sin\alpha_0}{U} \tag{6-62}$$

综合以上 4 式，则式(6-53)可写成

$$\frac{\partial G_y}{\partial \dot{y}} = -2U\cos\alpha_0 \left[\sum_{k=1}^{m} A_k \left(\mu_{sHk}(\alpha_0) + 0.18\mu_{sVk}(\alpha_0) \right) \cos\beta_k \right] +$$

$$U\sin\alpha_0\Big[\sum_{k=1}^m A_k\Big(\frac{\mathrm{d}\mu_{sHk}}{\mathrm{d}\alpha}+0.18\frac{\mathrm{d}\mu_{sVk}}{\mathrm{d}\alpha}\Big)\cos\beta_k\Big] \tag{6-63}$$

同理,从式(6-37)、式(6-38)和式(6-44)可得

$$\frac{\partial U_r}{\partial \dot z}=\frac{\partial}{\partial \dot z}\big(\sqrt{(U_z+\dot z)^2+(U_y-\dot y)^2}\,\big)=\frac{U_z+\dot z}{\sqrt{(U_z+\dot z)^2+(U_y-\dot y)^2}}$$

$$\tag{6-64}$$

$$\frac{\partial U_r}{\partial \dot z}\Big|_{\substack{\dot y=0\\ \dot z=0}}=\frac{U_z}{U}=\sin\alpha_0 \tag{6-65}$$

$$\frac{\partial \alpha}{\partial \dot z}=\frac{\partial}{\partial \dot z}\Big(\arctan\frac{U_z+\dot z}{U_y-\dot y}\Big)=\frac{U_y-\dot y}{(U_z+\dot z)^2+(U_y-\dot y)^2} \tag{6-66}$$

$$\frac{\partial \alpha}{\partial \dot z}\Big|_{\substack{\dot y=0\\ \dot z=0}}=\frac{U_y}{U^2}=\frac{\cos\alpha_0}{U} \tag{6-67}$$

则式(6-54)可写成

$$\frac{\partial G_y}{\partial \dot z}=2U\sin\alpha_0\Big[\sum_{k=1}^m A_k\,(\mu_{sHk}\,(\alpha_0)+0.18\mu_{sVk}\,(\alpha_0)\,)\cos\beta_k\Big]+$$

$$U\cos\alpha_0\Big[\sum_{k=1}^m A_k\Big(\frac{\mathrm{d}\mu_{sHk}}{\mathrm{d}\alpha}+0.18\frac{\mathrm{d}\mu_{sVk}}{\mathrm{d}\alpha}\Big)\cos\beta_k\Big] \tag{6-68}$$

结合式(6-52)、式(6-63)和式(6-68),得

$$G_y=U^2\Big[\sum_{k=1}^m A_k\,(\mu_{sHk}\,(\alpha_0)+0.18\mu_{sVk}\,(\alpha_0)\,)\cos\beta_k\Big]+$$

$$\dot y\Big\{-2U\cos\alpha_0\Big[\sum_{k=1}^m A_k\,(\mu_{sHk}\,(\alpha_0)+0.18\mu_{sVk}\,(\alpha_0)\,)\cos\beta_k\Big]+$$

$$U\sin\alpha_0\Big[\sum_{k=1}^m A_k\Big(\frac{\mathrm{d}\mu_{sHk}}{\mathrm{d}\alpha}+0.18\frac{\mathrm{d}\mu_{sVk}}{\mathrm{d}\alpha}\Big)\cos\beta_k\Big]\Big\}+$$

$$\dot z\Big\{2U\sin\alpha_0\Big[\sum_{k=1}^m A_k\,(\mu_{sHk}\,(\alpha_0)+0.18\mu_{sVk}\,(\alpha_0)\,)\cos\beta_k\Big]+$$

$$U\cos\alpha_0\Big[\sum_{k=1}^m A_k\Big(\frac{\mathrm{d}\mu_{sHk}}{\mathrm{d}\alpha}+0.18\frac{\mathrm{d}\mu_{sVk}}{\mathrm{d}\alpha}\Big)\cos\beta_k\Big]\Big\} \tag{6-69}$$

与式(6-69)相同的推导过程可得

$$G_z=U^2\Big[\sum_{k=1}^m A_k\,(\mu_{sHk}\,(\alpha_0)+0.18\mu_{sVk}\,(\alpha_0)\,)\cos\gamma_k\Big]+$$

$$\dot y\Big\{-2U\cos\alpha_0\Big[\sum_{k=1}^m A_k\,(\mu_{sHk}\,(\alpha_0)+0.18\mu_{sVk}\,(\alpha_0)\,)\cos\gamma_k\Big]+$$

$$U\sin\alpha_0\Big[\sum_{k=1}^m A_k\Big(\frac{\mathrm{d}\mu_{sHk}}{\mathrm{d}\alpha}+0.18\frac{\mathrm{d}\mu_{sVk}}{\mathrm{d}\alpha}\Big)\cos\gamma_k\Big]\Big\}+$$

$$\dot{z}\Big\{ 2U\sin\alpha_0 \Big[\sum_{k=1}^{m} A_k \big(\mu_{sHk}(\alpha_0) + 0.18\mu_{sVk}(\alpha_0) \big) \cos\gamma_k \Big] +$$

$$U\cos\alpha_0 \Big[\sum_{k=1}^{m} A_k \Big(\frac{d\mu_{sHk}}{d\alpha} + 0.18 \frac{d\mu_{sVk}}{d\alpha} \Big) \cos\gamma_k \Big] \Big\} \tag{6-70}$$

令

$$\eta_y = -2U\cos\alpha_0 \Big[\sum_{k=1}^{m} A_k \big(\mu_{sHk}(\alpha_0) + 0.18\mu_{sVk}(\alpha_0) \big) \cos\beta_k \Big] +$$

$$U\sin\alpha_0 \Big[\sum_{k=1}^{m} A_k \Big(\frac{d\mu_{sHk}}{d\alpha} + 0.18 \frac{d\mu_{sVk}}{d\alpha} \Big) \cos\beta_k \Big] \tag{6-71}$$

$$\eta_z = 2U\sin\alpha_0 \Big[\sum_{k=1}^{m} A_k \big(\mu_{sHk}(\alpha_0) + 0.18\mu_{sVk}(\alpha_0) \big) \cos\beta_k \Big] +$$

$$U\cos\alpha_0 \Big[\sum_{k=1}^{m} A_k \Big(\frac{d\mu_{sHk}}{d\alpha} + 0.18 \frac{d\mu_{sVk}}{d\alpha} \Big) \cos\beta_k \Big] \tag{6-72}$$

$$\xi_y = -2U\cos\alpha_0 \Big[\sum_{k=1}^{m} A_k \big(\mu_{sHk}(\alpha_0) + 0.18\mu_{sVk}(\alpha_0) \big) \cos\gamma_k \Big] +$$

$$U\sin\alpha_0 \Big[\sum_{k=1}^{m} A_k \Big(\frac{d\mu_{sHk}}{d\alpha} + 0.18 \frac{d\mu_{sVk}}{d\alpha} \Big) \cos\gamma_k \Big] \tag{6-73}$$

$$\xi_z = 2U\sin\alpha_0 \Big[\sum_{k=1}^{m} A_k \big(\mu_{sHk}(\alpha_0) + 0.18\mu_{sVk}(\alpha_0) \big) \cos\gamma_k \Big] +$$

$$U\cos\alpha_0 \Big[\sum_{k=1}^{m} A_k \Big(\frac{d\mu_{sHk}}{d\alpha} + 0.18 \frac{d\mu_{sVk}}{d\alpha} \Big) \cos\gamma_k \Big] \tag{6-74}$$

则有

$$G_y = G_{y0} + \eta_y \dot{y} + \eta_z \dot{z} \tag{6-75}$$

$$G_z = G_{z0} + \xi_y \dot{y} + \xi_z \dot{z} \tag{6-76}$$

把式(6-75)、式(6-76)分别代入式(6-41)、式(6-42)可得

$$F_y = \frac{1}{2}\rho U^2 \Big[\sum_{k=1}^{m} A_k \big(\mu_{sHk}(\alpha_0) + 0.18\mu_{sVk}(\alpha_0) \big) \cos\beta_K \Big] + \frac{1}{2}\rho(\eta_y \dot{y} + \eta_z \dot{z})$$

$$\tag{6-77}$$

$$F_z = \frac{1}{2}\rho U^2 \Big[\sum_{k=1}^{m} A_k \big(\mu_{sHk}(\alpha_0) + 0.18\mu_{sVk}(\alpha_0) \big) \cos\gamma_K \Big] + \frac{1}{2}\rho(\xi_y \dot{y} + \xi_z \dot{z})$$

$$\tag{6-78}$$

合并式(6-77)和式(6-78),得

$$\begin{bmatrix} F_y \\ F_z \end{bmatrix} = \begin{bmatrix} F_{y0} \\ F_{z0} \end{bmatrix} + \begin{bmatrix} F_{y1} \\ F_{z1} \end{bmatrix}$$

$$= \frac{1}{2}\rho U^2 \left[\begin{matrix} \sum_{k=1}^{m} A_k (\mu_{sHk}(\alpha_0) + 0.18\mu_{sVk}(\alpha_0)) \cos\beta_k \\ \sum_{k=1}^{m} A_k (\mu_{sHk}(\alpha_0) + 0.18\mu_{sVk}(\alpha_0)) \cos\gamma_k \end{matrix} \right] + \frac{1}{2}\rho \begin{bmatrix} \eta_y & \eta_z \\ \xi_y & \xi_z \end{bmatrix} \begin{pmatrix} \dot{y} \\ \dot{z} \end{pmatrix} (6\text{-}79)$$

大跨空间结构的运动方程可写为

$$[M]\{\dot{V}_t\} + [C]\{\dot{V}_t\} + [K_t]\{V_t\} = \{P(t)\} + \{F(t)\} \tag{6-80}$$

式中：$[M]$ 为结构物的质量矩阵；$[C]$ 为阻尼矩阵；$[K_t]$ 为刚度矩阵；$\{\dot{V}_t\}$，$\{\dot{V}_t\}$，$\{V_t\}$ 分别为结构节点的加速度、速度和位移矢量；$\{P(t)\}$ 为外荷载激励；$\{F(t)\}$ 为空气动力。

根据式(6-79)，则式(6-80)可改写为

$$[M]\{\dot{V}_t\} + ([C] - [C_L])\{\dot{V}_t\} + [K_t]\{V_t\} = \{P(t)\} + \{F_0\} \tag{6-81}$$

由结构动力学可知，结构保持稳定振动，即阻尼作为一种耗散力的必要条件为阻尼矩阵为非负定。即

$$[C'] = [C] - [C_L] \tag{6-82}$$

为正定。其中

$$[C] = \alpha_1[M] + \alpha_2[K] \tag{6-83}$$

$$[C_L] = \frac{1}{2}\rho \begin{bmatrix} 0 & 0 & 0 \\ 0 & \eta_y & \eta_z \\ 0 & \xi_y & \xi_z \end{bmatrix} \tag{6-84}$$

因此，结构是否产生驰振现象，就可以由矩阵$[C'] = [C] - [C_L]$是否正定来判断，从而确定驰振临界风速。

6.7　临界风速判别式的验证

根据上节推导的空间结构临界风速的判别式，如果攻角为零，不考虑结构横风向与顺风向气动力的相互影响，则

$$\eta_y = 0, \quad \eta_z = 0, \quad \xi_y = 0 \tag{6-85}$$

$$\xi_z = U\left[\sum_{k=1}^{m} A_k \left(\frac{d\mu_{sHk}}{d\alpha} + 0.18 \frac{d\mu_{sVk}}{d\alpha} \right) \cos\gamma_k \right] \tag{6-86}$$

把 $\eta_z, \eta_y, \xi_x, \xi_y$ 的值代入式(6-84)，则式(6-84)变为

$$[C_L] = \frac{1}{2}\rho \begin{bmatrix} 0 & 0 & 0 \\ 0 & 0 & 0 \\ 0 & 0 & \xi_z \end{bmatrix} \tag{6-87}$$

又根据阻力系数、升力系数与结构风载体型系数的关系[17][23]（图 6-9 所示），可得

$$C_D = \sum_{k=1}^{m} \frac{A_k}{B_k}(\mu_{sHk} + 0.18\mu_{sVk})\cos\beta_k \sin\alpha +$$

$$\sum_{k=1}^{m} \frac{A_k}{B_k}(\mu_{sHk} + 0.18\mu_{sVk})\cos\gamma_k \cos\alpha \qquad (6\text{-}88)$$

$$C_L = \sum_{k=1}^{m} \frac{A_k}{B_k}(\mu_{sHk} + 0.18\mu_{sVk})\cos\gamma_k \sin\alpha -$$

$$\sum_{k=1}^{m} \frac{A_k}{B_k}(\mu_{sHk} + 0.18\mu_{sVk})\cos\beta_k \cos\alpha \qquad (6\text{-}89)$$

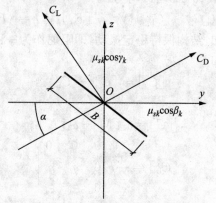

图 6-9　阻力系数、升力系数与结构风载体型系数的关系图

图 6-9 中，α 为来流对结构物的攻角；C_D，C_L 分别为阻力系数和升力系数；μ_s 为风载体型系数。

对式(6-89)求导，与式(6-88)相加，并取 $\alpha = 0°$，可得

$$C_D + \frac{dC_L}{d\alpha} = \left[\sum_{k=1}^{m} \frac{A_k}{B_k} \left(\frac{d\mu_{sHk}}{d\alpha} + 0.18 \frac{d\mu_{sVk}}{d\alpha} \right) \cos\gamma_k \right] \qquad (6\text{-}90)$$

把 $A_k = B_k l_k$ 代入式(6-60)得

$$C_D + \frac{dC_L}{d\alpha} = \left[\sum_{k=1}^{m} l_k \left(\frac{d\mu_{sHk}}{d\alpha} + 0.18 \frac{d\mu_{sVk}}{d\alpha} \right) \cos\gamma_k \right] \qquad (6\text{-}91)$$

结合式(6-86)与式(6-91)，则式(6-87)就可写为

$$[C_{\mathrm{L}}] = \frac{1}{2}\rho\, Ul B \begin{bmatrix} 0 & 0 & 0 \\ 0 & 0 & 0 \\ 0 & 0 & C_{\mathrm{D}} + \dfrac{\mathrm{d}C_{\mathrm{L}}}{\mathrm{d}\alpha} \end{bmatrix} \tag{6-92}$$

则式(6-92)与式(6-35)所表示的 Den-Hartog 节段模型的判别式完全一致。

6.8　横风向效应与顺风向效应的组合

结构呈现横风向风振效应的同时,必然存在顺风向风载的效应,结构的总风效应(位移、内力等)应是横风向和顺风向两种效应的组合,顺风向振动应用随机振动理论采用第 5 章的各种方法来计算,风速应取与横风向相同的临界风速。

假定结构物任意一点 z 处横风向的风效应用 $R_{\mathrm{L}}(z)$ 表示,顺风向的风效应用 $R_{\mathrm{D}}(z)$ 表示,则 z 点处的总风效应 $R(z)$ 表达如下:

$$R(z) = \sqrt{R_{\mathrm{L}}^2(z) + R_{\mathrm{D}}^2(z)} \tag{6-93}$$

6.9　驰振临界风速算例分析

算例 1　鞍形索网结构

一鞍形索网结构如图 6-10 所示,跨度为 100m,矢高为 20m,支座 x,y 方向为

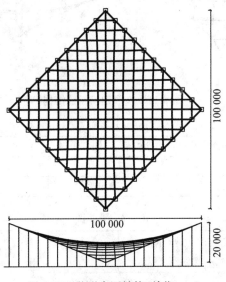

图 6-10　鞍形索网结构(单位 mm)

弹性约束,弹性刚度为1 000kN/m,z方向为简支约束。索的初张力为200kN,索面积为1 600mm²,弹性模量为 1.7×10^8 kN/m²。

屋盖结构位于B类地区,体型系数以及导数的取值都依据文献[24]的试验数据,阻尼系数取0.01,空气密度 $\rho = 1.25 \times 10^{-3}$ t/m³,确定它发生驰振的临界风速。

当风向 $\psi = 0°$,不考虑侧向风振参数及侧向风振与竖向风振相互作用参数,此结构的空气动力失稳临界风速为110m/s;而考虑侧向风振参数及侧向风振与竖向风振相互作用参数时,此结构的空气动力失稳临界风速为56m/s。

当风向 $\psi = 2°$,不考虑侧向风振参数及侧向风振与竖向风振相互作用参数,空气动力失稳的临界风速为59m/s,而考虑侧向风振参数及侧向风振与竖向风振相互作用参数时,此结构的空气动力失稳临界风速为44m/s。

算例2　柔性索膜结构

取与文献[22]一样的算例,一鞍型张拉膜索屋盖结构计算简图如图6-11所示,其外形尺寸为 31.5m×31.5m,矢高为2.475m,屋面采用薄膜材料,用边索和内索形成一个鞍型的柔性边界薄膜结构,结构的计算参数见表6-2和表6-3。

屋盖结构位于B类地区,设计风速为29.67m/s,验算它是否发生驰振。

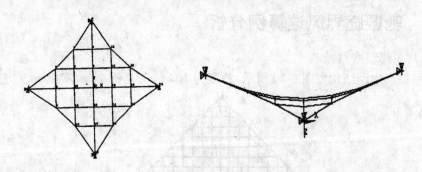

图 6-11　鞍形索膜屋盖结构

表 6-2　索参数

参数	索张拉刚度 EA/kN	弹性模量 E/(kN/m²)	预张力/kN	初应变
边索	276 800	1.7×10^8	40	1.445×10^{-4}
内索	276 800	1.7×10^8	20	0.723×10^{-4}

表 6-3　膜参数

参数	膜张拉刚度 Et/(kN/m)	剪切刚度 Gt/(kN/m)	膜材厚度 /m	泊松比	初应力 /(kN/m²)
膜	247	89	0.0009	0.39	2 000

按文献[25]取菱形平面马鞍型屋面的风载体型系数及其导数,取结构阻尼比为 0.01,空气密度 $\rho=1.25\times10^{-3}t/m^3$。

如果不考虑风速来流的入射角,也不考虑侧向风振参数及侧向风振与竖向风振相互作用参数,则与文献[22]相同的方法,算得的空气动力失稳的临界风速则与文献[22]相同,即结构在 62.5m/s 的风速下,发生驰振失稳。但当考虑侧向风振参数及侧向风振与竖向风振相互作用参数之后,在相同的攻角下($\psi=0°$),采用本文提出的临界风速判别公式算得此结构的驰振临界风速仅为 49m/s。

算例 3 大连影视滩影视艺术中心翼形结构物

大连影视艺术中心的附属结构物为翼形结构物,与主体结构完全分开,每个翼形结构物都由一根竖立的桅杆与张拉索吊拉,其中 1# 翼形结构物的曲面及几何尺寸如图 6-12 所示。此结构物外形似机翼,由空间三维桁架外覆膜材,实际设计中,膜材仅作为覆面材料,不作为受力构件。

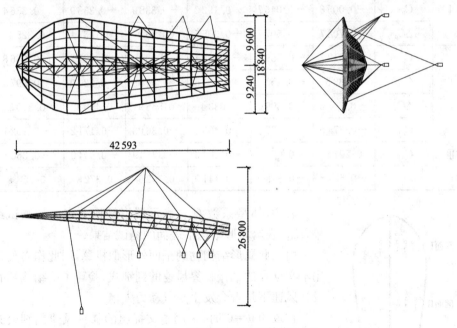

图 6-12 1# 翼形结构物(单位:mm)

由于此翼形结构物的形状特异,因此在设计之前,对此结构物进行了详细的风洞试验,1# 翼形结构物的测点布置图及测点布置表分别示于图 6-13 和表 6-4 中,1# 翼形结构物体型系数的测试结果示于表 6-5 中。

表 6-4 1[#]翼形结构物测点布置表

剖面 \ 测点	距离基线 X/mm						距叶尖 Y/mm
	1	2	3	4	5	6	
I	−5 280	−3 680	−2 080	2 080	3 680	5 280	3 600
II	−8 160	−5 120	−2 080	2 080	5 120	8 160	10 800
III	−6 880	−4 480	−2 080	2 080	4 480	6 880	21 040

表 6-5 1[#]翼形结构物体型系数测试结果（$\psi=0°$）

剖面	测点	1	2	3	4	5	6
I	$C_{p上}$	−0.714 5	−0.644 4	−0.497 5	−0.222 9	−0.152 8	−0.111 0
	$C_{p下}$	−0.005 8	−0.046 7	−0.192 0	−0.338 9	−0.338 9	−0.336 4
	ΔC_p	−0.708 7	−0.597 7	−0.305 5	0.116 0	0.186 1	0.225 4
II	$C_{p上}$	−0.612 7	−0.559 3	−0.368 1	−0.091 0	−0.021 7	−0.086 8
	$C_{p下}$	0.088 5	−0.150 3	−0.401 5	−0.646 9	−0.520 0	−0.397 3
	ΔC_p	−0.701 2	−0.409 0	0.033 4	0.555 9	0.498 3	0.310 5
III	$C_{p上}$	−0.374 0	−0.397 3	−0.406 5	−0.361 3	−0.171 2	−0.102 1
	$C_{p下}$	0.207 8	−0.079 3	−0.264 6	−0.753 9	−0.544 0	−0.360 5
	ΔC_p	−0.581 8	−0.318 0	−0.141 9	0.392 6	0.372 8	0.258 4

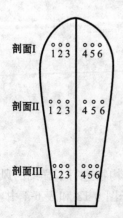

图 6-13 1[#]翼形结构
物测点布置图

表中，体型系数 $C_{p上}$ 表示翼形结构上表面的测试结果，$C_{p下}$ 表示翼形结构下表面的测试结果。

由于此翼形结构物的平面外形似机翼，因此作者便采用本文推导的驰振临界风速的判别式，验算了此结构物在设计风速下是否会发生空气动力失稳。

在攻角 $\psi=0°$ 时，采用本文提出的临界风速判别公式算得的临界风振系数为 190m/s，远远高于设计风速，因此不会发生驰振失稳。

计算结果表明此结构物的气动稳定性很好。说明此结构仅仅是平面外形似机翼，由于是三维空间桁架，厚度比较大，不属于像机翼、大跨桥梁等宽厚比很大的结构物。另外设计比较保守，张拉的索也很多，结构的刚度较大。

参考文献

［1］ Miyake A，Yoshimura T and Makino M. Aerodynamic instability of suspended roof modals［J］. J. Wind. Eng. Ind. Aerodyn. ,1992,41-44:1471-1482.

［2］ Goswami I, Scanlan R H, Jones N P. Vortex-induced vibration of circular cylinders［J］. Journal of Engineering Mechanics，1993,119(11):2271-2287.

［3］ Simiu E, Scanlan R H. Wind effects on structures—an introduction to wind engineering (Second Edition)［M］. New York:Awiley Interscience Publication,1986.

［4］ Zdrakovieh M. Different modes of vortex shedding:An overview［J］. Journal of Fluids and Structures,1996,10:427-437.

［5］ Gupta H，Sarkar E，Mehta K. Identification of vortex-induced-response parameters in time domain［J］. Joumal of Engineering Mechanics,1996,122(11):1031-1037.

［6］ 张相庭.结构风工程——规范·理论·实践［M］,北京:中国建筑工业出版社,2006.

［7］ 王起,张相庭. 大跨度索膜屋盖结构横风向非线性共振响应分析［C］. 第九届空间结构学术会议,2000:281-288.

［8］ 克莱斯·迪尔比耶,斯文·奥勒·汉森著.结构风荷载作用［M］.薛素铎,李雄彦译.北京:中国建筑工业出版社,2006.

［9］ 黄本才,汪丛军. 结构抗风分析原理及应用［M］. 上海:同济大学出版社,2001.

［10］ Architechtural Institute of Japan. AIJ Recommendations for Loads on Building［S］. Print in Japan,2004.

［11］ Den Harton J P. Transmission line vibration due to sleet. Trans［J］. AIEE, 1932,51(4):1074-1086.

［12］ simiu E, Scanlan R H. 著,刘尚培等译. 风对结构的作用——风工程导论［M］,上海:同济大学出版社,1992.

［13］ 蒋洪平,张相庭. 高耸结构横风向风振研究［J］.同济大学学报，1992, 20(2):129-137.

［14］ Frank H. Durgin, David A. Palmer and Robert W White. The galloping instability of ice coated poles［J］. J. Wind. Eng. Ind. Aerodyn. ,1992,41-44:765-686.

［15］ Desai Y M，Yu P，Popplewell N. et al. Finite element modelling of transmission line galloping［J］. Computer & Structures，1995,57(3):407-420.

［16］ Ge Y J, Tanaka H. Aerodynamic flutter analysis of cable-supported bridges by multi-mode and full-mode approaches［J］. J. Wind. Eng. Ind. Aerodyn. , 2000,86:123-153.

［17］ 王肇民. 桅杆结构［M］. 北京:科学出版社,2001.

［18］ Miyake A，Yoshimura T and Makino M. Aerodynamic instability of suspended roof modals［J］. J. Wind. Eng. Ind. Aerodyn. ,1992,41-44:1471-1482.

［19］ Nakamura Y. Recent research into bluff-body flutter［J］. J. Wind. Eng. Ind. Aerodyn. , 1990,33:1-9.

［20］　Kawakita S，Bienkiewicz B and Cermak J E. Aeroelastic model study of suspended cable roof［J］. J. Wind. Eng. Ind. Aerodyn. ，1992，41-44；1459-1470.

［21］　沈世钊. 大跨空间结构若干关键理论问题研究［C］. 第九届空间结构学术会议论文集，萧山，2000.

［22］　张相庭，王起，史宇炜. 大跨度索膜屋盖结构横风向非线性共振响应和空气动力失稳研究［M］. 大型复杂结构体系的关键科学问题及设计理论研究论文集，上海：同济大学出版社，2000.

［23］　张相庭. 结构风压与风振计算［M］. 上海：同济大学出版社，1985.

［24］　赵臣，沈世钊. 悬索结构风洞实验研究［R］. "悬索与网壳结构应用关键技术"研究报告之四，哈尔滨建筑大学，1995.

［25］　向阳等. 薄膜结构的非线性风振响应分析［J］. 建筑结构学报，1999(12)，6；38-46.

第7章 空间结构的计算流体力学分析方法

7.1 概述

计算流体力学(Computational Fluid Dynamics,CFD)是通过计算机数值计算和图像显示,对包括有流体流动和热传导等相关物理现象的系统所做的分析。CFD 的基本思想可以归结为:把原来在时间域及空间域上连续的物理量的场,如速度场和压力场,用一系列有限个离散点上的变量值的集合来替代,通过一定的原则和方式建立起关于这些离散点上场变量之间关系的代数方程组,然后求解代数方程组获得场变量的近似值。

CFD 可以看做是在流动基本方程(质量守恒方程、动量守恒方程、能量守恒方程)控制下对流动的数值模拟。通过这种数值模拟,可以得到极其复杂问题的流场内各个位置上的基本物理量(如速度、压力)的分布,以及这些物理量随时间的变化情况,确定旋涡分布特征及脱离区等。

CFD 方法与传统的理论分析方法、实验测量方法组成了研究流体流动问题的完整体系,图 7-1 给出了表征三者之间关系的"三维"流体力学示意图。这三者之间可以相互验证,也可以互相补充[1]。

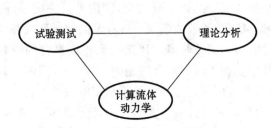

图 7-1 "三维"流体力学示意图

理论分析方法的优点在于所得结果具有普遍性,各种影响因素清晰可见,是指导实验研究和验证新的数值计算方法的理论基础。但是,它往往要求对计算对象进行抽象和简化,才有可能得出理论解。对于非线性情况,只有少数流动才能给出解析结果。

实验测量方法所得到的结果真实可信，它是理论分析和数值方法的基础，其重要性不容低估。然而，实验往往受到模型尺寸、流场扰动以及测量精度的限制，有时可能很难通过实验方法得到结果。此外，实验还会遇到经费投入、人力和物力的巨大耗费及周期长等许多困难。而 CFD 方法恰好克服了前面两种方法的弱点，在计算机上实现一个特定的计算，就好像在计算机上做了一次试验。数值模拟可以形象地再现流动情景，与做试验没有什么区别。

CFD 的长处是适应性强、应用面广。首先，流动问题的控制方程一般是非线性的，自变量多，计算域的几何形状和边界条件复杂，很难求得解析解，而用 CFD 方法可以控制流体的性质，对流体的选择具有很大的灵活性，便于进行各种方案对比分析，可能找出满足工程需要的数值解；其次，可利用计算机进行各种数值试验，它不受物理模型和实验模型的限制，避免了在风洞试验中由于采用缩尺模型所带来的相似比问题，所需时间和费用比风洞试验要少得多，且很容易模拟特殊尺寸、高温、有毒、易燃等真实条件和实验中只能接近而无法达到的理想条件。

正是 CFD 的这些特点，使得人们对于 CFD 数值模拟方法充满期待，因此 CFD 方法也形象地被称为数值风洞方法（Numerical Wind Tunnel）[2]。由于大型柔性空间结构的表面一般都为复杂的空间曲面，从理论上或荷载规范中很难确定其风压分布。于是借鉴航空工程领域，综合运用计算流体动力学与计算结构动力学的方法，对结构在风荷载作用下的响应进行数值模拟，是一个很有前途的方向。

应用计算流体力学技术在计算机上模拟结构周围风场的变化并求解结构表面的风荷载，是近十几年发展起来的一种结构风工程研究方法，并逐渐形成了一门新兴的结构风工程分支——计算风工程学。从目前的发展来看，借助计算流体动力学理论进行复杂结构的钝体绕流模拟，获取结构体表及其周围的风环境信息，已较为成熟，某些计算结果与试验结果十分吻合，国内外已完成了许多大跨屋盖结构、高层建筑结构等平均风荷载的数值模拟[3-8]；考虑结构风致气弹耦合效应的研究也正成为国内外研究的热点，国外学者对风工程和流固耦合的研究一直处于领先地位，并且在商用软件中实现了流固耦合问题的计算[9-14]，国内学者对柔性空间结构流固耦合的风振机理及应用研究方面还处于起步阶段[15-20]。

虽然计算风工程领域经过许多学者的努力，已经取得了许多成就，但至今其研究还是属于比较困难的领域，其中的一个重要问题就在于对高雷诺数下的湍流模拟技术尚不成熟[21]。对一些结构形状较为简单的三维绕流问题，采用 CFD 数值模拟技术已可以得到较为精确的结果[22]，但当建筑物形状比较复杂时，数值计算结果与试验结构的差别也会增大，主要是流动中高频脉动成分的模拟与试验结果尚有出入。

尽管如此，计算风工程在城市和土木工程领域的发展还是很快的，具体表现在绕钝体流动的速度和压力场的分析、绕建筑物近地面步行风问题的分析、城市和区域气候分析、市区户外气候分析、绕建筑物或城区大气扩散分析,以及流体与结构气弹性耦合的基础研究等。

7.2　CFD 的求解过程

为了进行 CFD 计算,既可以借助商用软件,也可以自行编制程序,两种方法的基本工作流程是相同的,其求解过程都可用图 7-2 表示。下面对各求解步骤做一简单介绍。

1)建立控制方程

建立控制方程,是求解任何问题前都必须首先进行的。对于一般的流体流动而言,这一步是比较简单的。当然,由于建筑物位于大气边界层中,气流在大气边界层中的流动属湍流,因此,一般情况下,需要增加湍流方程。

2)确定边界条件与初始条件

初始条件与边界条件是控制方程有确定解的前提。初始条件是所研究对象在过程开始时刻各个求解变量的空间分布情况。对于瞬态问题,必须给定初始条件;对于稳态问题,则不需要初始条件。

边界条件是在求解区域的边界上所求解的变量或其导数随地点和时间的变化规律,对于任何问题,都需要给定边界条件。

3)划分计算网格

采用数字方法求解控制方程时,都是想

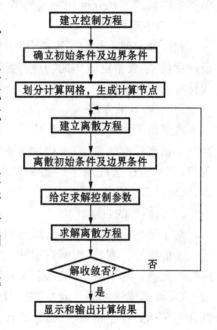

图 7-2　CFD 求解流程图

办法将控制方程在空间区域上进行离散,然后求解得到的离散方程组。要想在空间域上离散控制方程,必须使用网格。目前,网格分结构网格和非结构网格两大类。在整个计算域上,网格通过节点联系在一起。

4)建立离散方程

对于在求解域内所建立的偏微分方程,理论上是有真解(或称解析解)的,但一般是很难获得的。因此,就需要通过数值方法把计算域内有限数量位置(网格节点或网格中心点)上的因变量当作基本未知量来处理,从而建立一组关于这些未知量的代数方程组,然后通过求解代数方程组来得到这些节点值,而计算域内其他位置上的值则根据节点位置上的值来确定。

由于所引入的因变量在节点之间的分布假设及推导离散化方程的方法不同,就形成了有限差分法、有限元法、有限体积法等不同类型的离散化方法。

对于瞬态问题,除了在空间域上的离散外,还要涉及在时间域上的离散。离散后,将要涉及使用何种时间积分方案的问题。

5) 离散初始条件和边界条件

前面所给定的初始条件和边界条件是连续性的,需要将这些初始条件和边界条件按离散的方式分配到相应的节点上去。

6) 给定求解控制参数

在离散空间上建立了离散化的代数方程组,并施加离散化的初始条件和边界条件后,还需要给定流体的物理参数和湍流模型的经验系数等。此外,还要给定迭代计算的控制精度、瞬态问题的时间步长和输出频率等。

7) 求解离散方程

在进行了上述设置后,生成了具有定解条件的代数方程组。对于这些方程组,数学上已有相应的解法,如线性方程组可采用高斯(Gauss)消去法等,对非线性方程组,就是通过迭代求解一系列的线性方程组得到,可采用 Newton-Raphson 方法,SIMPLE 方法等迭代方法。

8) 判断解的收敛性

对于稳态问题的解,或是瞬态问题在某个特定时间步上的解,往往要通过多次迭代才能得到。有时,因网格形式或大小,对流项的离散插值格式等因素,可能导致解的发散。对于瞬态问题,若采用显示格式进行时间域上的积分,当时间步过大时,也可能造成解的振荡或发散。因此,在迭代过程中,要对解的收敛性进行监视,并在系统达到指定精度后,结束迭代过程。

9) 显示和输出计算结果

通过上述求解过程得出了节点上的解后,就可以通过适当的手段或软件将整个计算域上的结果表示出来。

7.3 流体控制方程(纳维-斯托克方程)及其数值模拟方法

流体运动方程是基于牛顿第二定理,一般通过把流体的本构关系代入动量方程导出,在第 2 章中流体的基本知识中简单地介绍过,下面介绍三维流场的流体的基本守恒定律及其对应的控制方程。

1. 质量守恒方程(Mass Conservation Equation)

单位时间内流体微元体中质量的增加,等于同一时间间隔内流入该微元体的净质量,按照这一定律,得出质量守恒方程:

$$\frac{\partial \rho}{\partial t} + \frac{\partial (\rho V_x)}{\partial x} + \frac{\partial (\rho V_y)}{\partial y} + \frac{\partial (\rho V_z)}{\partial z} = 0 \tag{7-1}$$

引入矢量符号 $\boldsymbol{\nabla} V = \dfrac{\partial V_x}{\partial x} + \dfrac{\partial V_y}{\partial y} + \dfrac{\partial V_z}{\partial z}$,式(7-1)可写为

$$\frac{\partial \rho}{\partial t} + \boldsymbol{\nabla} (\rho V) = 0 \tag{7-2}$$

在式(7-1)中:ρ 是密度;t 是时间;V 是速度矢量;V_x,V_y 和 V_z 是速度矢量在方向 x,y,z 的分量。

2. 动量守恒方程(Momentum Conservation Equation)

微元体中流体的动量对时间的变化率等于外界作用在微元体上的各种力之和。按照这一定律,可导出直角坐标三个方向 x,y,z 的动量守恒方程:

$$\frac{\partial (\rho V_x)}{\partial t} + \boldsymbol{\nabla} (\rho V_x V) = -\frac{\partial p}{\partial x} + \frac{\partial \tau_{xx}}{\partial x} + \frac{\partial \tau_{yx}}{\partial y} + \frac{\partial \tau_{zx}}{\partial z} + F_x \tag{7-3a}$$

$$\frac{\partial (\rho V_y)}{\partial t} + \boldsymbol{\nabla} (\rho V_y V) = -\frac{\partial p}{\partial y} + \frac{\partial \tau_{xy}}{\partial x} + \frac{\partial \tau_{yy}}{\partial y} + \frac{\partial \tau_{zy}}{\partial z} + F_y \tag{7-3b}$$

$$\frac{\partial (\rho V_z)}{\partial t} + \boldsymbol{\nabla} (\rho V_z V) = -\frac{\partial p}{\partial z} + \frac{\partial \tau_{xz}}{\partial x} + \frac{\partial \tau_{yz}}{\partial y} + \frac{\partial \tau_{zz}}{\partial z} + F_z \tag{7-3c}$$

式中:p 是流体微元上的压力;μ 为黏性系数;τ_{xx},τ_{xy} 和 τ_{xx} 等是因分子黏性作用而产生的作用在微元体表面上的黏性应力 τ 的分量;F_x,F_y 和 F_z 是流体微元上的体力,若体力只有重力,且 z 轴竖直向上,则 $F_x = 0, F_y = 0, F_z = -\rho g$。

式(7-3)是对任何类型的流体(包括非牛顿流体)均成立的动量守恒方程。对于牛顿流体,黏性应力 τ 与流体的变形率成比例,有

$$\tau_{xx} = 2\mu \frac{\partial V_x}{\partial x} + \lambda \boldsymbol{\nabla} V$$

$$\tau_{yy} = 2\mu \frac{\partial V_y}{\partial y} + \lambda \boldsymbol{\nabla} V$$

$$\tau_{zz} = 2\mu \frac{\partial V_z}{\partial z} + \lambda \boldsymbol{\nabla} V$$

$$\tau_{xy} = \tau_{yx} = \mu \left(\frac{\partial V_x}{\partial y} + \frac{\partial V_y}{\partial x} \right) \tag{7-4}$$

$$\tau_{xz} = \tau_{zx} = \mu \left(\frac{\partial V_x}{\partial z} + \frac{\partial V_z}{\partial x} \right)$$

$$\tau_{yz} = \tau_{zy} = \mu\left(\frac{\partial V_y}{\partial z} + \frac{\partial V_z}{\partial y}\right)$$

式中：μ 为黏性系数；λ 是第二黏度，一般可取 $\lambda = -2/3$。

3. 纳维-斯托克(Navier-Stokes)方程

将式(7-4)代入式(7-3)，得在直角坐标系下运动方程的微分形式为

$$\rho\frac{\partial V_x}{\partial t} + \nabla(\rho V_x V) = F_x - \frac{\partial p}{\partial x} + \mu\nabla(\mathrm{grad}V_x) + s_x \tag{7-5a}$$

$$\rho\frac{\partial V_y}{\partial t} + \nabla(\rho V_y V) = F_y - \frac{\partial p}{\partial y} + \mu\nabla(\mathrm{grad}V_y) + s_y \tag{7-5b}$$

$$\rho\frac{\partial V_z}{\partial t} + \nabla(\rho V_z V) = F_z - \frac{\partial p}{\partial z} + \mu\nabla(\mathrm{grad}V_z) + s_z \tag{7-5c}$$

式中：p 是流体微元上的压力；符号 $\mathrm{grad}( ) = \frac{\partial( )}{\partial x} + \frac{\partial( )}{\partial y} + \frac{\partial( )}{\partial z}$；$s_x, s_y$ 和 s_z 是流体微元上的黏性体积膨胀力，表达式如下：

$$s_x = \frac{\partial}{\partial x}\left(\mu\frac{\partial V_x}{\partial x}\right) + \frac{\partial}{\partial y}\left(\mu\frac{\partial V_y}{\partial x}\right) + \frac{\partial}{\partial z}\left(\mu\frac{\partial V_z}{\partial x}\right) + \frac{\partial}{\partial x}(\lambda\nabla V) \tag{7-6a}$$

$$s_y = \frac{\partial}{\partial x}\left(\mu\frac{\partial V_x}{\partial y}\right) + \frac{\partial}{\partial y}\left(\mu\frac{\partial V_y}{\partial y}\right) + \frac{\partial}{\partial z}\left(\mu\frac{\partial V_z}{\partial y}\right) + \frac{\partial}{\partial y}(\lambda\nabla V) \tag{7-6b}$$

$$s_z = \frac{\partial}{\partial x}\left(\mu\frac{\partial V_x}{\partial z}\right) + \frac{\partial}{\partial y}\left(\mu\frac{\partial V_y}{\partial z}\right) + \frac{\partial}{\partial z}\left(\mu\frac{\partial V_z}{\partial z}\right) + \frac{\partial}{\partial z}(\lambda\nabla V) \tag{7-6c}$$

一般来讲，对于黏性为常数的不可压缩流体，$s_x = s_y = s_z = 0$。

为了便于后续分析的描述，现引入张量中的指标符号重写式(7-1)和式(7-5)如下：

$$\frac{\partial\rho}{\partial t} + \frac{\partial}{\partial x_i}(\rho V_i) = 0 \tag{7-7}$$

$$\frac{\partial}{\partial t}(\rho V_i) + \frac{\partial}{\partial x_j}(\rho V_i V_j) = -\frac{\partial p}{\partial x_i} + \frac{\partial}{\partial x_j}\left(\mu\frac{\partial V_i}{\partial x_j}\right) + F_i + s_i \tag{7-8}$$

上述张量表达式中的指标取值范围是：根据张量的有关规定，当某个表达式中一个指标重复出现两次，则表示要把该项在指标的取值范围内遍历求和[23]。可以对照式(7-8)和式(7-5)，体会张量符号的用法和物理意义。

式(7-5)是三维瞬态纳维－斯托克(Navier-Stokes)方程，无论对层流还是湍流都是适用的。湍流流动是一种高度非线性的复杂流动，但人们已经能够通过某些数值方法对湍流进行模拟，取得与实际比较吻合的结果。对纳维-斯托克方程的封闭问题的研究，即对湍流的数值模拟方法，通常有四种解法，即理论分析方法、直接数值模拟(Direct Numerical Simulation，DNS)、平均 N-S 方程和湍流模型、大涡模拟法。理论分析方法研究方程的封闭问题，由于 N-S 方程初值问题解的存在性理

论和湍流的非线性相互作用问题,理论分析方法用来分析一般湍流有很大困难。图 7-3 是湍流数值模拟方法的分类图。

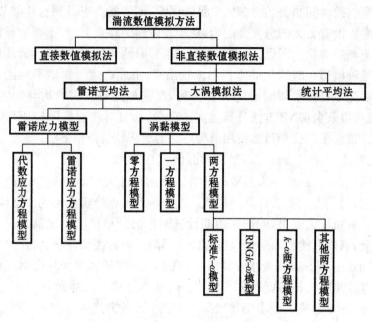

图 7-3　是湍流数值模拟方法的分类图

在图 7-3 所示的湍流数值模拟方法中,统计平均法是基于湍流相关函数的统计理论,主要用相关函数及谱分析的方法来研究湍流结构,这种方法在工程上应用不广泛,现不予介绍。下面对直接数值模拟、雷诺平均法和大涡模拟法作简单的介绍。

1. 直接数值模拟法

直接数值模拟方法就是直接用瞬时的 Navier-Stokes 方程对湍流进行计算。DNS 方法最大的好处是无需对湍流流动作任何简化或近似,理论上可以得到相对准确的计算结果。但是,试验测试表明,在一个 $0.1m \times 0.1m$ 大小的流动区域内,在高雷诺数的湍流中包含尺度为 $10\mu m \sim 100\mu m$ 的涡,要描述所有尺度的涡,则计算的网格节点数将高达 $10^9 \sim 10^{12}$。同时,湍流脉动的频率约为 $10kHz$,因此,将时间的离散步长取为 $100\mu s$ 以下。在如此微小的空间和时间步长下,才能分辨出湍流中详细的空间结构及变化剧烈的时间特性。对于这样的计算要求,现有的计算能力还是比较困难的。DNS 对内存空间及计算速度的要求非常高,目前还无法用于真正意义上的工程计算。

2. 雷诺平均法

虽然瞬时的 N-S 方程可以用于描述湍流,但 N-S 方程的非线性使得解析的方法精确描写三维时间相关的全部细节极端困难,即使能真正得到这些细节,对于解决实际问题也没有太大的意义。因为,从工程应用的观点上看,重要的是湍流所引起的平均流场的变化。所以,人们自然想到求解时均化的 N-S 方程,而将瞬态的脉动量通过某种模型在时均化的方程中体现出来,由此产生了雷诺平均法。雷诺平均法的核心是不直接求解瞬时的 N-S 方程,而是想办法求解时均化的雷诺方程。这样,不仅可以避免 DNS 方法计算量大的问题,而且对工程实际应用可以取得很好的效果。雷诺平均法是目前使用最为广泛的湍流数值模拟方法。

3. 大涡模拟法(Large Eddy Simulation, LES)

为了模拟湍流流动,一方面要求计算区域的尺寸大到足以包含湍流运动中出现的最大涡,另一方面要求计算网格的尺度应小到足以分辨最小涡的运动。然而,就目前的计算机能力来讲,能够采用的计算网格的最小尺度仍比最小涡的尺度大许多。因此,目前只能放弃对全尺度范围上涡的运动的模拟,而只将比网格尺度大的湍流运动通过 N-S 方程直接计算出来,对于小尺度的涡对大尺度涡运动的影响则通过建立模型来模拟,这就是 LES 方法的基本思路。总体而言,LES 方法对计算机内存及 CPU 速度的要求仍比较高,但低于 DNS 方法。

因此,在时间域上平均的雷诺平均法和湍流物理模型在风工程中应用最广;而另一种采用空间平均法的大涡模拟,虽然其计算量大,但由于其具有明确的物理背景,适用范围较广,准确度较高,因而被认为是最具发展前景的一种湍流模拟方法。

下面的章节主要介绍雷诺平均法和大涡模拟法这两类模型。

7.4　雷诺平均纳维－斯托克方程及湍流物理模型

一般认为,无论湍流运动多么复杂,非稳态的连续方程和 Navier-Stokes 方程对于湍流的瞬时运动仍然是适用的。在此,考虑不可压流动 $(s_i = 0)$,忽略质量力 $(F_i = 0)$,使用笛卡儿坐标系,写出湍流的瞬时控制方程如下:

$$\frac{\partial}{\partial x_i} V_i = 0 \tag{7-9}$$

$$\frac{\partial}{\partial t}(\rho V_i) + \frac{\partial}{\partial x_j}(\rho V_i V_j) = -\frac{\partial p}{\partial x_i} + \frac{\partial}{\partial x_j}\left(\mu \frac{\partial V_i}{\partial x_j}\right) \tag{7-10}$$

雷诺平均 N-S(简称 RANS)方程及湍流物理模型。该方法是属于时间平均的均值化方法,对于不可压缩流体的湍流运动,它是目前工程中最常用的计算方法。本方法是将湍流运动看作由两个流动叠加而成,一是时间平均流动,二是瞬时脉动

流动。引入雷诺平均法,任一变量 φ 的时间平均定义为

$$\bar{\varphi} = \frac{1}{\Delta t} \int_t^{t+\Delta t} \varphi(t) \mathrm{d}t \tag{7-11}$$

这里,上划线"—"代表对时间的平均值。如用上标"'"代表脉动值,物理量的瞬时值 φ 与时均值 $\bar{\varphi}$ 及脉动值 φ' 之间有如下关系:

$$\varphi = \bar{\varphi} + \varphi' \tag{7-12}$$

7.4.1　雷诺平均 N-S 方程

对不可压缩牛顿流体连续方程式(7-9)和运动方程式(7-10)对时间逐项平均,有

$$\frac{\partial}{\partial x_i} \bar{V}_i = 0 \tag{7-13}$$

$$\frac{\partial}{\partial t}(\rho \bar{V}_i) + \frac{\partial}{\partial x_j}(\rho \bar{V}_i \bar{V}_j) + \frac{\partial}{\partial x_j}(\rho \overline{V'_i V'_j}) = -\frac{\partial \bar{p}}{\partial x_i} + \frac{\partial}{\partial x_j}\left(\mu \frac{\partial \bar{V}_i}{\partial x_j}\right) \tag{7-14}$$

运用式(7-13),并调整式(7-14)的源项得

$$\underbrace{\frac{\partial}{\partial t}(\rho \bar{V}_i)}_{\text{加速度项}} + \underbrace{\frac{\partial}{\partial x_j}(\rho \bar{V}_i \bar{V}_j)}_{\text{对流项}} = \underbrace{-\frac{\partial \bar{p}}{\partial x_i}}_{\text{压力项}} + \underbrace{\frac{\partial}{\partial x_j}\left(\mu \frac{\partial \bar{V}_i}{\partial x_j}\right)}_{\text{物理黏性项}} - \underbrace{\frac{\partial}{\partial x_j}(\rho \overline{V'_i V'_j})}_{\text{湍流应力项}} \tag{7-15}$$

式(7-15)称为雷诺平均 N-S 方程(Reynolds Averaged Navier-Stokes,RANS)。雷诺平均方程在形式上和 N-S 方程(7-10)极其相似,只是雷诺平均方程多出了一项与 $-\rho \overline{V'_i V'_j}$ 有关的项,这一项是由于动量方程中对流项 $\frac{\partial}{\partial x_j}(\rho V_i V_j)$ 的非线性引起的,它代表了脉动速度对平均流的影响,反映了湍流对平均流的动量耗散作用。正是由于这一项的存在,脉动流与平均流之间会发生动量交换。我们定义该项 $-\rho \overline{V'_i V'_j}$ 为雷诺应力项,即

$$\tau_{ij} = -\rho \overline{V'_i V'_j} \tag{7-16}$$

这里,τ_{ij} 实际对应 6 个不同的雷诺应力项,即 3 个正应力,3 个切应力。

考察方程(7-15),方程中有关于湍流脉动值的应力项 $-\rho \overline{V'_i V'_j}$ 属于新的未知量,这样,连同 3 个速度分量 $\bar{V}_i(i=1,2,3)$ 和压力 $\bar{P}$,方程组共有 10 个未知量,而控制方程式(7-13)和式(7-15)却只有 4 个(1 个连续方程,3 个运动方程)。因此,雷诺平均方程是不封闭的。要使方程组封闭,必须对湍流应力作出某种假定,即建立应力的表达式(或引入新的湍流模型方程),通过这些表达式或湍流模型,把湍流的脉动值与时均值等联系起来。由于没有特定的物理定律可以用来建立湍流模型,所以目前的湍流模型只能以大量的试验观测结果为基础。但人们已经能够通过某些数值方法对湍流进行模拟,取得与实际比较吻合的结果,于是,一些实用的方法

得到了广泛的发展和应用,下面章节作详细的介绍。

7.4.2　雷诺平均法的湍流模型

为了封闭雷诺平均法中的方程,相继提出了各种各样的湍流模式,根据对雷诺(Reynolds)应力作出的假设或处理方式不同,目前这些湍流模型大致可以分为两大类:涡黏模型和雷诺应力模型。

1. 涡黏模型

涡黏模型是一种比拟思想,根据比拟思想,由湍流脉动产生的雷诺应力封闭关系式,应当与分子运动产生的黏性应力有类同的形式。在涡黏模型方法中,不直接处理 Reynolds 应力项,而是引入湍动黏度,或称涡黏系数,然后把湍流应力表示成湍流黏度的函数,整个计算的关键在于确定这种湍流黏度。

湍流黏度的提出源于 1872 年 Boussinesq 提出的涡黏假定,该假定建立了雷诺平均 N-S 方程式中雷诺应力项相对于平均速度梯度的关系(注意,为方便起见,除脉动值的时均值外,后面的表述中都去掉了表示时均值的上划线符号"—",如 $\bar{\varphi}$ 用 φ 来表示),即

$$-\rho \overline{V'_i V'_j} = \mu_t \left(\frac{\partial V_i}{\partial x_j} + \frac{\partial V_j}{\partial x_i} \right) - \frac{2}{3} \left(\rho k + \mu_t \frac{\partial V_i}{\partial x_i} \right) \delta_{ij} \tag{7-17}$$

式中:μ_t 为湍流黏度系数(简称湍流黏度),是空间坐标的函数,取决于流动状态,而不是介质的物理常数;δ_{ij} 是"Kronecker delta"符号(当 $i=j$ 时,$\delta_{ij}=1$;当 $i \neq j$ 时,$\delta_{ij}=0$);k 为湍动能(Turbulent Kinetic Energy):

$$k = \frac{\overline{V'_i V'_j}}{2} = \frac{1}{2} \left(\overline{V_x^2} + \overline{V_y^2} + \overline{V_z^2} \right) \tag{7-18}$$

由上可见,引入 Boussinesq 假定后,计算湍流流动的关键就是如何确定 μ_t。这里的涡黏模型,就是把 μ_t 与湍流时均参数联系起来的关系式。依据确定 μ_t 的微分方程数目的多少,涡黏模型又分为:零方程模型、一方程模型和两方程模型等不同模型。零方程模型和一方程模型对湍流尺度作简单的代数假定,对于存在大量不同尺度分离流的钝体,绕流模拟优越性不大,应用较少。两方程模型通过多个湍流变量的运输,得到更为接近实际的湍流黏度分布,在工程中应用较广泛。

1) Spalart-Allmara 一方程模型

Spalart-Allmara(简称 S-A)一方程模型的求解变量是 $\tilde{\nu}$,表征出了近壁区域以外的湍流运动黏性系数。$\tilde{\nu}$ 的输运方程为

$$\rho \frac{\mathrm{d}\tilde{\nu}}{\mathrm{d}t} = G_\nu + \frac{1}{\sigma_\nu} \left[\frac{\partial}{\partial x_j} \left\{ (\mu + \rho \tilde{\nu}) \frac{\partial \tilde{\nu}}{\partial x_j} \right\} + C_{b2} \left(\frac{\partial \tilde{\nu}}{\partial x_j} \right) \right] - Y_\nu \tag{7-19}$$

式中:σ_ν 和 C_{b2} 是常数;μ 为动力黏度系数。

由下式确定湍流黏度

$$\mu_{\mathrm{t}} = \rho \tilde{\nu} f_{\nu 1} \tag{7-20}$$

式(7-20)中，$f_{\nu 1}$ 是黏性阻尼函数，其表达式为

$$f_{\nu 1} = \frac{\chi^3}{\chi^3 + C_{\nu 1}^3} \tag{7-21}$$

式中：$\chi = \rho \dfrac{\tilde{\nu}}{\mu}$

式(7-19)中，G_ν 是湍流黏性产生项，表达式为

$$G_\nu = C_{\mathrm{b1}} \rho \tilde{S} \tilde{\nu} \tag{7-22}$$

式中：$\tilde{S} = S + \dfrac{\tilde{\nu}}{k^2 d^2} f_{\nu 2}$，$f_{\nu 2} = 1 - \dfrac{\chi}{1 + \chi f_{\nu 1}}$，$d$ 是计算点到壁面的距离；C_{b1} 和 κ 是常数；$S = \sqrt{2\Omega_{ij}\Omega_{ij}}$，$\Omega_{ij} = \dfrac{1}{2}\left(\dfrac{\partial V_i}{\partial x_i} - \dfrac{\partial V_i}{\partial x_j}\right)$。

式(7-19)中，Y_ν 是由于壁面阻挡与黏性阻尼引起的湍流黏性的减少，表达式为

$$Y_\nu = C_{\mathrm{w1}} \rho f_{\mathrm{w}} \left(\frac{\tilde{\nu}}{d}\right)^2 \tag{7-23}$$

式中：$f_{\mathrm{w}} = g\left(\dfrac{1 + C_{\mathrm{w3}}^6}{g^6 + C_{\mathrm{w3}}^6}\right)^{1/6}$；$g = r + C_{\mathrm{w2}}(r^6 - r)$；$r = \dfrac{\tilde{\nu}}{\tilde{S}\kappa^2 d^2}$；$C_{\mathrm{w1}}$，$C_{\mathrm{w2}}$，$C_{\mathrm{w3}}$ 是常数。

上述系数变量中，各系数常数为

$$\sigma_\nu = 2/3, \quad C_{\mathrm{b1}} = 0.1335, \quad C_{\mathrm{b2}} = 0.622, \quad \kappa = 0.41, \quad C_{\nu 1} = 7.1$$

$$C_{\mathrm{w1}} = \frac{C_{\mathrm{b1}}}{\kappa^2} + (1 + C_{\mathrm{b2}})/\sigma_\nu, \quad C_{\mathrm{w2}} = 0.3, \quad C_{\mathrm{w3}} = 2.0。$$

2) 标准 k-ε 两方程模型

标准 k-ε 模型是典型的两方程模型，在关于湍动能 k 的方程基础上，再引入一个关于耗散率 ε 的方程，湍流黏度表示成湍动能 k 与湍动能耗散率 ε 的函数。在模型中，表示湍动耗散率的 ε 定义为

$$\varepsilon = \frac{\mu}{\rho} \overline{\left(\frac{\partial V'_i}{\partial x_k}\right)\left(\frac{\partial V'_i}{\partial x_k}\right)} \tag{7-24}$$

湍流黏度 μ_t 可表示成 k 和 ε 的函数，即

$$\mu_t = \rho C_\mu \frac{k^2}{\varepsilon} \tag{7-25}$$

式中：C_μ 为经验常数。

在标准 k-ε 模型中，k 和 ε 是两个未知量，与之相对应的输运方程为

$$\frac{\partial(\rho k)}{\partial t} + \frac{\partial(\rho k V_i)}{\partial x_i} = \frac{\partial}{\partial x_j}\left[\left(\mu + \frac{\mu_t}{\sigma_k}\right)\frac{\partial k}{\partial x_j}\right] + G_k + G_{\mathrm{b}} - \rho\varepsilon - Y_{\mathrm{M}} \tag{7-26}$$

$$\frac{\partial(\rho\varepsilon)}{\partial t} + \frac{\partial(\rho\varepsilon V_i)}{\partial x_i} = \frac{\partial}{\partial x_j}\left[\left(\mu + \frac{\mu_t}{\sigma_\varepsilon}\right)\frac{\partial\varepsilon}{\partial x_j}\right] +$$

$$C_{1\varepsilon}\frac{\varepsilon}{k}(G_k + C_{3\varepsilon}G_b) - C_{2\varepsilon}\rho\frac{\varepsilon^2}{k} \tag{7-27}$$

式中:G_k 是由于平均速度梯度所引起的湍动能 k 的产生项,表达为

$$G_k = \mu_t\left(\frac{\partial V_i}{\partial x_j} + \frac{\partial V_j}{\partial x_i}\right)\frac{\partial V_i}{\partial x_j} \tag{7-28}$$

G_b 是由于浮力引起的湍动能 k 的产生项,对于不可压流体,$G_b = 0$;对于可压流体,其表达式为

$$G_b = \beta g_i\frac{\mu_t}{Pr_t}\frac{\partial T}{\partial x_i} \tag{7-29}$$

式中:Pr_t 是湍动 Prandtl 数,可取 $Pr_t = 0.85$;g_i 是重力加速度在 i 方向的分量;β 是热膨胀系数,可由可压流体的状态方程求出,其定义为

$$\beta = -\frac{1}{\rho}\frac{\partial\rho}{\partial T} \tag{7-30}$$

Y_M 代表可压湍流中脉动扩张的贡献,对于不可压流体,$Y_M = 0$;对于可压流体,其表达式为

$$Y_M = 2\rho\varepsilon Ma_t \tag{7-31}$$

式中:Ma_t 是湍动 Mach 数,$Ma_t = \sqrt{\frac{k}{a^2}}$,$a$ 是声速。

在标准 k-ε 模型中,根据 Launder 等的推荐值及后来的实验验证,模型中各常数的取值为

$$C_{1\varepsilon} = 1.44, C_{2\varepsilon} = 1.92, C_\mu = 0.09, \sigma_k = 1.0, \sigma_\varepsilon = 1.3$$

对于可压缩流体的流动计算中与浮力相关的系数 $C_{3\varepsilon}$,当主流方向与重力方向平行时,有 $C_{3\varepsilon} = 1$;当主流方向与重力方向垂直时,有 $C_{3\varepsilon} = 0$。

根据以上分析,当流动为不可压缩流时,$G_b = 0$,$Y_M = 0$,这时标准 k-ε 模型变为

$$\frac{\partial(\rho k)}{\partial t} + \frac{\partial(\rho k V_i)}{\partial x_i} = \frac{\partial}{\partial x_j}\left[\left(\mu + \frac{\mu_t}{\sigma_k}\right)\frac{\partial k}{\partial x_j}\right] + G_k - \rho\varepsilon \tag{7-32}$$

$$\frac{\partial(\rho\varepsilon)}{\partial t} + \frac{\partial(\rho\varepsilon V_i)}{\partial x_i} = \frac{\partial}{\partial x_j}\left[\left(\mu + \frac{\mu_t}{\sigma_\varepsilon}\right)\frac{\partial\varepsilon}{\partial x_j}\right] + C_{1\varepsilon}\frac{\varepsilon}{k}G_k - C_{2\varepsilon}\rho\frac{\varepsilon^2}{k} \tag{7-33}$$

这种简化后的形式,可便于分析不同湍流模型的特点,在后续介绍的改进的 k-ε 模型也将采用这种简化形式。

式(7-26)和式(7-27)或式(7-32)和式(7-33)连同式(7-13)和式(7-14)组成了 k-ε 模型的封闭方程。

本节所给出的 k-ε 模型,是针对湍流充分发展的流动来建立的,也就是说,它是

一种针对高雷诺数的湍流计算模型,而当雷诺数比较低时,例如,在近壁区内的流动,湍流发展并不充分。因此,对雷诺数较低的流动使用上面建立的 $k\text{-}\varepsilon$ 模型时就会出现问题。这时,必须采用特殊的处理方式加以解决,常用的解决方法有两种,一种是采用壁面函数法,另一种是采用低雷诺数的 $k\text{-}\varepsilon$ 模型[1]。

另外,标准 $k\text{-}\varepsilon$ 模型比零方程和一方程模型有了很大的改进,但应用于强旋流、弯曲壁面流动或弯曲流线流动时,会产生一定的失真[25]。原因是在标准 $k\text{-}\varepsilon$ 模型中,对于雷诺应力的各个分量,假定湍流黏度系数 μ_t 是相同的,即假定 μ_t 是各向同性的标量。而在弯曲流线的情况下,湍流是各向异性的,μ_t 应该是各向异性的张量。为了弥补标准 $k\text{-}\varepsilon$ 模型的缺陷,许多研究者提出了对标准 $k\text{-}\varepsilon$ 模型的修正方案,比较广泛的改进方案为重整化群(Renormalisation Group,RNG)$k\text{-}\varepsilon$ 模型和可实现(realizable)$k\text{-}\varepsilon$ 模型。下面详细介绍一下 RNG $k\text{-}\varepsilon$ 模型。

3）RNG $k\text{-}\varepsilon$ 模型

标准 $k\text{-}\varepsilon$ 模型在计算复杂剪切流场时有明显的不足,除各向同性的湍流系数在复杂湍流场中不成立外,其耗散率方程也未能有效模拟旋转或弯曲流线的影响,下面给出的重整化群 $k\text{-}\varepsilon$ 模型,通过在大尺度运动和修正后的黏度项体现小尺度的影响,从而使这些小尺度运动有系统地从控制方程中去除。其湍动能与耗散率方程与标准 $k\text{-}\varepsilon$ 模型非常相似：

$$\frac{\partial(\rho k)}{\partial t}+\frac{\partial(\rho k V_i)}{\partial x_i}=\frac{\partial}{\partial x_j}\left[\alpha_k\mu_{\text{eff}}\frac{\partial k}{\partial x_j}\right]+G_k-\rho\varepsilon \tag{7-34}$$

$$\frac{\partial(\rho\varepsilon)}{\partial t}+\frac{\partial(\rho\varepsilon V_i)}{\partial x_i}=\frac{\partial}{\partial x_j}\left[\alpha_\varepsilon\mu_{\text{eff}}\frac{\partial\varepsilon}{\partial x_j}\right]+C_{1\varepsilon}^*\frac{\varepsilon}{k}G_k-C_{2\varepsilon}\rho\frac{\varepsilon^2}{k} \tag{7-35}$$

式中

$$\mu_{\text{eff}}=\mu+\mu_t \tag{7-36}$$

湍流黏度的计算公式为

$$\mathrm{d}\left(\frac{\rho^2 k}{\sqrt{\varepsilon\mu}}\right)=1.72\frac{\tilde{\nu}}{\sqrt{\tilde{\nu}^3-1-C_\nu}}\mathrm{d}\tilde{\nu} \tag{7-37}$$

式中：$\tilde{\nu}=\mu_{\text{eff}}/\mu$；$C_\nu\approx 100$。

对于式(7-37)的积分,可以精确到有效雷诺数(旋涡尺度)对湍流输运的影响,这有助于处理低雷诺数和近壁流动问题的模拟。对于高雷诺数,湍流黏度的计算式与标准 $k\text{-}\varepsilon$ 模型的非常近似：

$$\mu_t=\rho C_\mu\frac{k^2}{\varepsilon} \tag{7-38}$$

式中：$C_\mu=0.0845$。

其他各项参数的取值为

$$\alpha_k = \alpha_\varepsilon = 1.39, \quad C_{1\varepsilon}^* = C_{1\varepsilon} - \frac{\eta\left(1 - \dfrac{\eta}{\eta_0}\right)}{1 + \beta\eta^3}, \quad C_{1\varepsilon} = 1.42,$$

$$C_{2\varepsilon} = 1.68, \quad \eta = (2E_{ij}E_{ij})^{1/2} \frac{k}{\varepsilon},$$

$$E_{ij} = \frac{1}{2}\left(\frac{\partial V_i}{\partial x_j} + \frac{\partial V_j}{\partial x_i}\right), \quad \eta_0 = 4.377, \quad \beta = 0.012$$

在 Fluent 等软件中,如果是默认值,用 RNG k-ε 模型时是针对高雷诺数流动问题,如果对低雷诺数问题进行数值模拟,必须进行相应的设置。

RNG k-ε 模型通过修正湍动黏度,考虑了平均流动中的旋转及旋流流动情况,在 ε 方程中增加了一项,从而反映了主流的时均应变率,因此,RNG k-ε 模型可以更好地处理高应变率及流线弯曲程度较大的流动。

4) k-ω 两方程模型

变量 ω 是从纯数学的角度引入,叫做给定的湍动耗散率,它和湍动能 k 与湍动能耗散率 ε 是相关的:$\omega \sim \dfrac{\varepsilon}{k}$。

对于不可压缩流体中的 k-ω 高雷诺数湍流模型,湍流黏度可写为

$$\mu_t = \alpha\rho\frac{k}{\omega} \tag{7-39}$$

包含 k 和 ω 的控制方程为

$$\frac{\partial(\rho k)}{\partial t} + \frac{\partial(\rho k V_i)}{\partial x_i} = \frac{\partial}{\partial x_j}\left[\left(\mu + \frac{\mu_t}{\sigma_k}\right)\frac{\partial k}{\partial x_j}\right] + G_k - \beta_k\rho\, k\omega \tag{7-40}$$

$$\frac{\partial(\rho\omega)}{\partial t} + \frac{\partial(\rho\omega V_i)}{\partial x_i} = \frac{\partial}{\partial x_j}\left[\left(\mu + \frac{\mu_t}{\sigma_\omega}\right)\frac{\partial\omega}{\partial x_j}\right] + \alpha_w\frac{\omega}{k}G_k - \beta_w\rho\,\omega^2 \tag{7-41}$$

上两式中,湍动能产生项 G_k 与式(7-28)相同,其余常数取为

$$\alpha = 1, \quad \alpha_\omega = \frac{5}{9}, \quad \beta_k = 0.09, \quad \beta_\omega = 0.075, \quad \sigma_k = 2, \quad \sigma_\omega = 2$$

对于不可压缩流体中的 k-ω 低雷诺数湍流模型,其基本方程与高雷诺数的基本方程是一样的,只是下列参数有所不同:

$$\alpha = \alpha^h\frac{1/40 + R_k}{1 + R_k} \tag{7-42}$$

$$\alpha_\omega = \alpha_\omega^h\frac{1/10 + R_\omega}{1 + R_\omega}\alpha^{-1} \tag{7-43}$$

$$\beta_k = \beta_k^h\frac{5/18 + R_\beta}{1 + R_\beta} \tag{7-44}$$

带上标 h 的量表示是在高雷诺数模型中定义的量,并且 $R_k = \dfrac{R_t}{6}$,$R_\omega = \dfrac{R_t}{2.7}$,$R_\beta =$

$$\left(\frac{R_t}{8}\right)^4,\ R_t = \rho\frac{k}{\mu\omega}$$

5) SST k-ω 两方程模型

SST(Shear Stress Transport)湍流模型的主要思想是集合了 k-ω 模型在壁面区域附近的准确性和 k-ε 模型不依赖于自由流动的特点。在靠近墙的区域采用比较精确的 k-ω 模型,而在其余边界层和自由流中则采用 k-ε 模型。

k-ω 的控制方程可以直接应用到 SST 模型中,但湍流中的黏度系数需要调整为

$$\mu_t = \alpha^s \rho a_1 \frac{k}{\max(a_1\omega, \Omega, F_2)} \tag{7-45}$$

式中:$a_1 = 0.31$;Ω 是旋涡状态的绝对值。另外,关于 ω 的方程(7-41)中增加一项反耗散项:

$$C = 2\rho(1 - F_1)\sigma_{\omega2}(\boldsymbol{\nabla} k)(\boldsymbol{\nabla} \ln\omega) \tag{7-46}$$

函数 F_1 和 F_2 在壁面附近定义为 1,自由剪切层位 0。

$$(F_1, F_2) = (\tanh(\Phi_1^4), \tanh(\Phi_2^2)) \tag{7-47}$$

$$\Phi_1 = \min\left\{\max\left\{\frac{\sqrt{k}}{\beta_k\omega y}, \frac{500\mu}{\rho\,\omega y^2}\right\}, \frac{4\rho\sigma_{\omega2}k}{C^+ y^2}\right\} \tag{7-48}$$

式中:$C^+ = \max\{C, 10^{-10}\}$

$$\Phi_2 = \max\left\{\frac{2\sqrt{k}}{0.09\omega y}, \frac{500\mu}{\rho\,\omega y^2}\right\} \tag{7-49}$$

SST 模型中的常数 $\varphi = (\alpha^s, a_\omega^s, \beta_\omega^s, \sigma_k^s, \sigma_\omega^s, \cdots)$ 是由 F_1 按下面的形式定义的:

$$\varphi = F_1\varphi_1 + (1 - F_1)\varphi_2 \tag{7-50}$$

式中:φ_1 和 φ_2 分别是 k-ω 模型和 k-ε 模型中相应的常数。

SST 湍流模型在土木工程中的钝体绕流中已得到公认,计算精度相对较为满意,在目前的计算条件下,计算量并不大,故应用较广。

2. 雷诺应力方程模型

在 Reynolds 应力方程模型方法中,放弃涡流黏性假设,直接构建表示 Reynolds 应力的方程,然后联立求解时均连续方程(7-13)、雷诺方程(7-15)及新建的 Reynolds 应力方程。通常情况下,Reynolds 应力方程式的微分形式,称为 Reynolds 应力方程模型。若将 Reynolds 应力方程的微分形式简化为代数方程的形式,则称这种模型为代数应力方程模型。这样,Reynolds 应力模型包括:Reynolds 应力方程模型和代数应力方程模型。

1) 雷诺应力方程模型

雷诺应力方程模型(Reynolds Stress Equation Model,RSM),要使用这种模

型,必须先得到 Reynolds 应力输运方程。所谓 Reynolds 应力输运方程,实质上是关于 $\overline{V'_i V'_j}$ 的输运方程。下面忽略其推导过程,直接给出经过量纲分析、整理后的雷诺应力方程可写为

$$\frac{\partial}{\partial t}(\rho \overline{V'_i V'_j}) + \frac{\partial}{\partial x_k}(\rho V_k \overline{V'_i V'_j}) = -\frac{\partial}{\partial x_k}\left[\rho \overline{V'_i V'_j V'_k} + \overline{p' V'_i}\delta_{kj} + \overline{p' V'_j}\delta_{ik}\right] +$$

$$\frac{\partial}{\partial x_k}\left[\mu \frac{\partial}{\partial x_k}(\overline{V'_i V'_j})\right] - \rho \left(\overline{V'_i V'_k}\frac{\partial V_j}{\partial x_k} + \overline{V'_j V'_k}\frac{\partial V_i}{\partial x_k}\right) - \rho\beta(g_i \overline{V'_j \theta} + g_j \overline{V'_i \theta}) +$$

$$\overline{p'\left(\frac{\partial V'_i}{\partial x_j} + \frac{\partial V'_j}{\partial x_i}\right)} - 2\mu \overline{\frac{\partial V'_i}{\partial x_k}\frac{\partial V'_j}{\partial x_k}} - 2\rho\Omega_k(\overline{V'_j V'_m}e_{ikm} + \overline{V'_i V'_m}e_{jkm}) \qquad (7\text{-}51)$$

式中:左边第二项是对流项 C_{ij};而右边第一项是湍流扩散项 $D_{T,ij}$;第二项是分子扩散项 $D_{L,ij}$;第三项是应力产生项 P_{ij};第四项是浮力产生项 G_{ij};第五项是压力应变项 Φ_{ij};第六项是耗散项 ε_{ij};第七项是系统旋转产生项 F_{ij}。

上式各项中,C_{ij},$D_{T,ij}$,P_{ij} 和 F_{ij} 均只包含二阶关联项,不需要模拟,而 $D_{L,ij}$,G_{ij},Φ_{ij} 和 ε_{ij} 包含有未知的关联项,需要模拟以封闭方程。具体可以参见文献[24]。

当对 $D_{L,ij}$,G_{ij},Φ_{ij} 和 ε_{ij} 等项进行封闭模拟以后,代入公式(7-51),则可得到封闭的雷诺应力输运方程,为了简单起见,这里给出不考虑浮力作用(即 $G_{ij} = 0$),也不考虑旋转的影响($F_{ij} = 0$),同时在压力应变项中不考虑壁面反射($\Phi_{ij} = 0$)的简化的雷诺应力封闭输运方程:

$$\frac{\partial}{\partial t}(\rho \overline{V'_i V'_j}) + \frac{\partial}{\partial x_k}(\rho V_k \overline{V'_i V'_j}) = \frac{\partial}{\partial x_k}\left[\frac{\mu_t}{\sigma_k}\frac{\partial(\overline{V'_i V'_j})}{\partial x_k} + \mu \frac{\partial(\overline{V'_i V'_j})}{\partial x_k}\right] -$$

$$\rho \left(\overline{V'_i V'_k}\frac{\partial V_j}{\partial x_k} + \overline{V'_j V'_k}\frac{\partial V_i}{\partial x_k}\right) - C_1 \rho \frac{\varepsilon}{k}\left(\overline{V'_i V'_j} - \frac{2}{3}k\delta_{ij}\right) -$$

$$C_2 \left(P_{ij} - \frac{1}{3}P_{kk}\delta_{ij}\right) - \frac{2}{3}\rho\varepsilon\delta_{ij} \qquad (7\text{-}52)$$

在上述得到的雷诺应力输运方程中,包含有湍动能 k 和耗散率 ε,需要补充 k 和 ε 的方程,根据文献[26]给出不可压缩流体的 k 方程和 ε 方程为

$$\frac{\partial(\rho k)}{\partial t} + \frac{\partial(\rho k V_i)}{\partial x_i} = \frac{\partial}{\partial x_j}\left[\left(\mu + \frac{\mu_t}{\sigma_k}\right)\frac{\partial k}{\partial x_j}\right] + \frac{P_{ij}}{2} - \rho\varepsilon \qquad (7\text{-}53)$$

$$\frac{\partial(\rho\varepsilon)}{\partial t} + \frac{\partial(\rho\varepsilon V_i)}{\partial x_i} = \frac{\partial}{\partial x_j}\left[\left(\mu + \frac{\mu_t}{\sigma_\varepsilon}\right)\frac{\partial\varepsilon}{\partial x_j}\right] + C_{1\varepsilon}\frac{P_{ij}}{2} - C_{2\varepsilon}\rho\frac{\varepsilon^2}{k} \qquad (7\text{-}54)$$

式中:P_{ij} 是剪应力产生项,根据式(7-51)计算;μ_t 是湍流黏度,可按下式计算:

$$\mu_t = \rho C_\mu \frac{k^2}{\varepsilon} \qquad (7\text{-}55)$$

其他常数的取值如下:$C_{1\varepsilon} = 1.42, C_{2\varepsilon} = 1.68, C_\mu = 0.09, \sigma_k = 0.82, \sigma_\varepsilon = 1.0$。

这样,由时均连续方程(7-13)、雷诺方程(7-15)、雷诺应力输运方程(7-52)、k 方程(7-53)和 ε 方程(7-54)共 12 个方程构成了三维湍流流动问题的基本控制方

程。实际上，雷诺方程(7-15)包含 3 个方程，雷诺应力输运方程(7-52)也对应 6 个方程。而求解变量包括 4 个时均量(V_x，V_y，V_z 和 P)，6 个雷诺应力($\overline{V_x^2}$，$\overline{V_y^2}$，$\overline{V_z^2}$，$\overline{V_x'V_y'}$，$\overline{V_x'V_z'}$ 和 $\overline{V_y'V_z'}$)、湍动能 k 和耗散率 ε，正好 12 个，可通过 SIMPLE 等算法求解，对这一算法的介绍将在后章节中介绍。

由上述方法建立的计算公式可以看出，尽管 RSM 比 k-ε 模型应用范围广，包含更多的物理机理，在计算突扩流动分离区和计算湍流输运各向异性较强的流动时，RSM 优于双方程模型，但对于一般的回流流动，RSM 的结果并不一定比 k-ε 模型好。另外，就三维问题，RSM 需要多求解 6 个雷诺应力方程，稳态求解的计算量增加了一倍多，且各个方程中的假定参数不一定完全协调，复杂问题的数值计算中常存在收敛困难，为此，很多学者在雷诺应力模型的基础上推导了简化的代数应力模型，在数值模拟中也有应用。

2) 代数应力方程模型

由于前面介绍的 RSM 过于复杂，且计算量大，有多位学者从 RSM 出发，建立雷诺应力的代数方程模型，即将 RSM 中包含雷诺应力微商的项用不包含微商的表达式去代替，这就形成了代数应力方程模型(Algebraic Stress Equation Model，ASM)。

在对雷诺应力方程进行简化时，重点集中在对流项和扩散项的处理上。这里给出一种采用局部平衡假定的 ASM 代数应力方程，即雷诺应力的对流项和扩散项之差为零。

当假定雷诺应力的对流项和扩散项之差为零时，根据方程(7-51)中的记法，有

$$C_{ij} - (D_{\mathrm{T},ij} + D_{\mathrm{L},ij}) = 0 \tag{7-56}$$

代入式(7-51)，在准稳态的湍流条件下，有

$$P_{ij} + G_{ij} + \Phi_{ij} - \varepsilon_{ij} + F_{ij} = 0 \tag{7-57}$$

现考虑无浮力作用、系统无旋转、忽略固体壁面的反射影响时，将上式与雷诺应力输运方程(7-52)相联系后，有

$$-\rho\left(\overline{V_i'V_k'}\frac{\partial V_j}{\partial x_k} + \overline{V_j'V_k'}\frac{\partial V_i}{\partial x_k}\right) - C_1\rho\frac{\varepsilon}{k}\left(\overline{V_i'V_k'} - \frac{2}{3}k\delta_{ij}\right) -$$
$$C_2\left(P_{ij} - \frac{1}{3}P_{kk}\delta_{ij}\right) - \frac{2}{3}\rho\varepsilon\delta_{ij} = 0 \tag{7-58}$$

从而，有

$$\overline{V_i'V_k'} = \frac{k}{C_1\varepsilon}\Big[-\left(\overline{V_i'V_k'}\frac{\partial V_j}{\partial x_k} + \overline{V_j'V_k'}\frac{\partial V_i}{\partial x_k}\right) -$$
$$\frac{C_2}{\rho}\left(P_{ij} - \frac{1}{3}P_{kk}\delta_{ij}\right) - \frac{2}{3}\varepsilon\delta_{ij}\Big] + \frac{2}{3}k\delta_{ij} \tag{7-59}$$

这就是得到的代数应力方程。式中各项的物理意义及系数的取值同上节的 RSM。

除了用式(7-58)表示的 6 个应力方程外,ASM 的其他控制方程与 RSM 所使用的相同,即由时均连续方程(7-13)、雷诺方程(7-15),k 方程(7-53)和 ε 方程(7-54),共 12 个方程构成了 ASM 的基本控制方程,可通过 SIMPLE 等算法求解。

ASM 是将各向异性的影响合并到雷诺应力中进行计算的一种经济算法,当然,因其要比 $k\varepsilon$ 模型多解 6 个代数方程组,其计算量还是远大于 $k\varepsilon$ 模型。ASM 虽然不像 $k\varepsilon$ 模型应用广泛,但可用于 $k\varepsilon$ 模型不能满足要求的场合以及不同的传输假定对计算精度影响不是十分明显的场合。

7.5 大涡模拟、分离涡模拟及其湍流模型

大涡模拟(Large Eddy Simulation,LES)是介于直接数值模拟与雷诺平均法之间的一种湍流模拟方法。LES 方法采用另一种平均(空间平均)法,把湍流的大涡和小涡分开处理,将大尺度旋涡运用 N-S 方程直接进行数值解,而将小尺度涡运动用模型来反映[27-28]。

在 LES 方法的基础上,国外学者又先后提出了 2 种方法,即混合模型和分离涡模拟。混合模型与分离涡模拟的共同点在于近壁面湍流结构的计算都采用了 RANS 模型,但混合模型按壁面法分隔计算区域,远离壁面的流域采用 LES 方法求解,而分离涡模拟方法只在分离涡现象明显的区域采用 LES 方法计算。与 LES 方法相比较,混合模型和分离涡模拟可以极大地降低计算量,更适合于工程计算。

1. 大涡模拟

LES 方法的基本假定是:①系统中动量、质量、能量及其他物理量的输运,主要由大尺度涡影响;②大尺度涡与所求解的问题密切相关,由几何及边界条件所规定,流动特性主要在大涡中体现;③小尺度涡几乎不受几何及边界条件的影响,并且各向同性。因此,目前采用 LES 方法放弃对全尺度范围上涡的瞬时运动的模拟,只将比网格尺度大的湍流运动通过瞬时 N-S 方程直接计算出来,而小尺度涡对大尺度涡运动的影响则通过一定的模型在针对大尺度涡的瞬时 N-S 方程中体现出来。

要实现大涡模拟,首先建立一种数学滤波函数,从湍流瞬时运动方程中将尺度比滤波函数的尺度小的涡滤掉,从而分解出描写大涡流场的运动方程,而这时被滤掉的小涡对大涡运动的影响,则通过在大涡流场的运动方程中引入附近应力项来体现,而建立这一应力项的数学模型称为亚格子尺度模型(SubGrid-Scale Model,SGS)。

在 LES 方法中,通过空间滤波后,每个变量 f 都被分解成大涡部分 $\bar{f}$(直接求解)和小涡部分 f'(湍流模拟),即

$$f = \bar{f} + f' \tag{7-60}$$

式中:$\bar{f}$ 表示经过单元平均后的大涡变量:

$$\bar{f} = \int_D f G(x, x') \mathrm{d}x' \tag{7-61}$$

式中:D 是流动区域;x' 是实际流动区域中的空间坐标;x 是滤波后的大尺度空间上的空间坐标,$G(x, x')$ 是滤波函数,通常采用 Hat 过滤函数:

$$G(x, x') = \begin{cases} \dfrac{1}{V}, & |x - x'| < \dfrac{V}{2} \\ 0, & \text{其他} \end{cases} \tag{7-62}$$

式中:V 是表示控制体积所占几何空间的大小,这样,式(7-61)可以写为

$$\bar{f} = \frac{1}{V} \int_D f \mathrm{d}x' \tag{7-63}$$

那么经过空间滤波处理后的瞬时状态下的 N-S 方程及连续方程为

$$\frac{\partial}{\partial t}(\rho \bar{V}_i) + \frac{\partial}{\partial x_j}(\rho \bar{V}_i \bar{V}_j) = -\frac{\partial \bar{p}}{\partial x_i} + \frac{\partial}{\partial x_j}\left(\mu \frac{\partial \bar{V}_i}{\partial x_j}\right) - \frac{\partial \tau_{ij}}{\partial x_j} \tag{7-64}$$

$$\frac{\partial \rho}{\partial t} + \frac{\partial}{\partial x_i}(\rho \bar{V}_i) = 0 \tag{7-65}$$

以上两式就构成了 LES 方法中的控制方程组,式中带有上划线的量为滤波后的场变量,式(7-64)中 τ_{ij} 的表达式为

$$\tau_{ij} = \rho \overline{V_i V_j} - \rho \overline{V_i}\, \overline{V_j} \tag{7-66}$$

τ_{ij} 被定义为亚格子尺度应力(SGS),它体现了小尺度涡的运动对所求解的运动的影响。

比较发现,空间滤波后的 N-S 方程式(7-64)与 RANS 方程式(7-15)在形式上非常类似,但两者含义不同。式(7-64)中的值为滤波后的值,仍为瞬时值,而非时均值,同时湍流应力的表达式不同。

由于 SGS 应力是未知量,要想使式(7-64)与式(7-65)构成的方程组可解,需用相关物理量来构造 SGS 应力,即亚格子尺度模型(SGS 模型),建立该模型的目的,是为了使方程式(7-64)和式(7-65)封闭。

最早,也是最基本的 SGS 模型是由 Smagorinsky 提出的,后来有多位学者发展了该模型。根据 Smagorinsky 的基本 SGS 模型,假设 SGS 应力具有下面的形式:

$$\tau_{ij} - \frac{1}{3}\tau_{kk}\delta_{ij} = -2\mu_t \bar{S}_{ij} \tag{7-67}$$

式中：μ_t 是亚格子尺度的湍动黏度，在文献[27]中推荐使用下式：

$$\mu_t = (C_s \Delta)^2 |\overline{S}| \qquad (7\text{-}68)$$

式中：$\overline{S}_{ij} = \dfrac{1}{2}\left(\dfrac{\partial \overline{V}_i}{\partial x_j} + \dfrac{\partial \overline{V}_i}{\partial x_i}\right)$；$|\overline{S}| = \sqrt{2S_{ij}S_{ij}}$；$\Delta = (\Delta_x \Delta_y \Delta_z)^{1/3}$

式中：Δ_i 代表沿 i 轴方向的网格尺寸；C_s 是 Smagorinsky 常数，随流体的性质而异，对于管流 $C_s = 0.1$，而对于各向同性的湍流，$C_s = 0.23$。

通过式(7-67)将 τ_{ij} 用滤波后的场变量表示后，方程(7-64)（包含 3 个动量方程）与(7-65)便构成封闭的方程组。在该方程组中，包含（$\overline{V}_x$，$\overline{V}_y$，$\overline{V}_z$ 和 $\overline{p}$）4 个未知量，而方程数目正好是 4 个，因此就可以利用 CFD 的各种方法进行求解。

2. 分离涡模拟

分离涡模拟(Detached Eddy Simulation, DES)方法是一种混合求解算法，用来解决大范围分离和高雷诺数问题，这样的问题用 LES 方法计算代价很大，而用雷诺平均法(RANS)计算精度不够。DES 方法联合了 RANS 模型和 LES 方法各自的优势，即利用 RANS 模型计算壁面边界的边界层，利用 LES 方法求解时间相关项和三维大尺度旋涡。

DES 方法处理 RANS 和 LES 过渡区域的方法是借用了 RANS 模型控制方程中的参数 d。这一参数表示了网格节点与最近壁面的距离，根据不同位置参数 d 的不同取值来确定相应的求解方式。现以包含参数 d 的一方程 RANS 模型(S-A 模型)为湍流模型，介绍基于 S-A 模型的 DES 方法。

基于 S-A 模型的 DES 方法由 P. R. Spalart 提出[29]，该方法选择 RANS 模型中的一方程 S-A 模型，其余连续方程和动量方程与其他 RANS 模型一致。

以上述模型为基础，借用 LES 方法中的滤波尺度 Δ，DES 方法用下面公式中的参数 $\hat{d}$ 代替 S-A 模型中的参数 d，根据 $\hat{d}$ 值来确定计算域内各位置所采用的求解模型。

$$\hat{d} = \min(d, C_{des}\Delta) \qquad (7\text{-}69)$$

式中：C_{des} 通常取值为 0.65，当 $\hat{d}$ 取值为 d 时，表示该位置靠近壁面边界，采用 RANS 模型求解；对远离壁面边界的流场内部，$\hat{d}$ 取值为 $C_{des}\Delta$，此时采用 LES 模型求解。通过参数 $\hat{d}$ 的不同取值来确定流域中不同区域的求解方式，这样 2 种求解模型可以通过参数 $\hat{d}$ 自由转换。

7.6 基于 SIMPLE 算法的流场数值计算

当采用有限体积法、有限元法等对流体控制方程进行相应的离散后，即得到代数方程组。流体问题的有限元和有限体积方程都是非线性的。非线性方程的解可以通过迭代求解一系列的线性代数方程组得到,这里的迭代称为外部迭代。在 CFD 中,比较常用的求解非线性的两种迭代方法为 Newton-Raphson 法和 SIMPLE 法。

Newton-Raphson 方法同时求解质量、动量和能量方程,由于控制方程是非线性的,且相互之间是耦合的,所以在得到收敛解之前要经过多轮迭代。每一次迭代完成后要更新所有的流动变量,下一步迭代要使用前面更新的结果,直到方程的解收敛。

SIMPLE 算法是一个用于压力场和速度场计算的迭代过程,也是一种迭代的求解非线性方程组的方法,它是英文"Semi-Implicit Method for Pressure-Linked Equations"的缩写,意为"压力耦合方程组的半隐式方法",它属于压力修正法的一种。它的核心是采用"猜测-修正"的过程,在交错网格的基础上来计算压力场,从而达到求解动量方程(N-S 方法)的目的。SIMPLE 法是目前工程上应用最为广泛的一种流场计算方法。后来提出的很多改进算法,如 SIMPLER,SIMPLED,PISO 等都加快了收敛速度,使得计算效率提高。

7.6.1　流场非线性方程计算的 SIMPLE 算法

SIMPLE 算法的基本思想为:对于假定的压力场,求解离散形式的动量方程,得出速度场。由于压力场是假定的或是不精确的,因此得到的速度场一般不满足连续方程。因此,必须对给定的压力场加以修正。修正的原则是:与修正后的压力场相对应的速度场能满足这一迭代层次上的连续方程。据此原则,只要把由动量方程的离散形式所规定的压力与速度的关系代入连续方程的离散形式,就可得到压力修正方程,进而得到压力修正值。接着,根据修正后的压力场,求得新的速度场。然后检查速度场是否收敛。若不收敛,用修正后的压力值作为给定的压力场,开始下一层次的计算,如此反复,直到获得收敛的解。详见参考文献[1]。

7.6.2　离散方程组的基本解法

无论采用何种离散格式,也无论采用什么算法,最终都要生成代数方程组。线性代数方程组的求解可以分为直接解法和迭代解法,这里的迭代称为内部迭代。Gauss 消去法是常用的直接求解法,但不如迭代法效率高。迭代法一般能适应较大规模的方程组,并且效率高。

在结构网格下,与一维流动问题相对应的每个方程组是一个三对角方程组,在二维、三维问题中,分别是五对角和七对角方程组。而在非结构网格上,所生成的方程组不一定是严格的三对角、五对角和七对角形式的,可能个别方程中含有较多控制体积的节点未知量。目前最基本的迭代法是 Jacobi 迭代法和 Gauss-Seidel 迭代法,但当方程组规模较大时,要获得收敛解,往往速度很慢。Tomas 在较早以前开发了一种能快速求解三对角方程组的解法 TDMA,目前在 CFD 软件中得到广泛应用。对于一维 CFD 问题,TDMA 是一种直接解法,但它可以迭代使用,用于求解二维和三维问题。本节简单介绍基本的 TDMA 解法。

考虑方程组具有如下的三对角形式:

$$
\begin{aligned}
\varphi_1 &= C_1 \\
-\beta_2\varphi_1 + D_2\varphi_2 - \alpha_2\varphi_3 &= C_2 \\
-\beta_3\varphi_2 + D_3\varphi_3 - \alpha_3\varphi_4 &= C_3 \\
&\cdots \\
-\beta_n\varphi_{n-1} + D_n\varphi_n - \alpha_n\varphi_{n+1} &= C_n \\
\varphi_{n+1} &= C_{n+1}
\end{aligned}
\tag{7-70}
$$

在上式中,假定 φ_1 和 φ_{n+1} 是边界上的值,为已知。上式中任一方程都可写为

$$
-\beta_j\varphi_{j-1} + D_j\varphi_j - \alpha_j\varphi_{j+1} = C_j
\tag{7-71}
$$

方程组(7-70)中,除第一及最后一个方程外,其余方程可写为

$$
\varphi_2 = \frac{\alpha_2}{D_2}\varphi_3 + \frac{\beta_2}{D_2}\varphi_1 + \frac{C_2}{D_2}
$$

$$
\varphi_3 = \frac{\alpha_3}{D_3}\varphi_4 + \frac{\beta_3}{D_3}\varphi_2 + \frac{C_3}{D_3}
$$

$$
\cdots
$$

$$
\varphi_n = \frac{\alpha_n}{D_n}\varphi_{n+1} + \frac{\beta_n}{D_n}\varphi_{n-1} + \frac{C_n}{D_n}
\tag{7-72}
$$

这些方程通过消元和回代两个过程来求解。对于方程组(7-72)中的任何一个方程,通过消元都可以写成

$$
\varphi_j = A_j\varphi_{j+1} + C_j'
\tag{7-73}
$$

式中:

$$
A_j = \frac{\alpha_j}{D_j - \beta_j A_{j-1}}, \quad C_j' = \frac{\beta_j C_{j-1}' + C_j}{D_j - \beta_j A_{j-1}}
\tag{7-74}
$$

用于边界点 $j=1$ 和 $j=n+1$,为 A 和 C' 设置如下的值:

$$
A_1 = 0, \quad C_1' = \varphi_1
\tag{7-75a}
$$

$$
A_{n+1} = 0, \quad C_{n+1}' = \varphi_{n+1}
\tag{7-75b}
$$

为了求解方程组,首先要对方程组按(7-71)的形式进行编排,明确其中的系数 α_j,β_j,D_j 和 C_j。然后,利用式(7-74),从 $j=2,3,\cdots n$ 顺序计算出系数 A_j 和 C_j'。再根据式(7-73),按 $\varphi_n,\varphi_{n-1},\cdots\varphi_2$ 的顺序计算出 φ_j。

对二维和三维问题的方程组的解法,可以通过迭代方式来使用 TDMA,详细

可参考文献[30]。

7.7　流固耦合

　　近年来,随着膜结构在大跨空间结构的广泛应用,需要采用流固耦合进行风振分析的需求愈来愈强烈。由于结构的"柔",结构在风荷载的作用下会产生较大的变形和振动,这种大幅的变形和振动反过来也会影响到结构表面的风压分布情况(因为风压分布是与结构的几何形状密切相关的),即形成所谓的"流固耦合"效应,因此要对膜结构的风荷载以及风振响应作出准确估算,就必须考虑流固耦合的影响。

　　结构模型是基于 Lagrange 坐标系的,主要研究物质点的运动;而纯流体模型更多的是使用 Euler 坐标系,主要研究空间点的运动状态。这两种运动描述方式的差异,对于小位移问题可不加区别,但对于大位移非线性问题,则有可能导致在两相交界面处原本重回的节点随结构移动而出现分离,从而导致整个耦合系统的计算失败。近年来,ALE 方法的发展。较好地解决了这一问题。在 ALE 描述中,有限元的部分是针对结构和流体运动的参考坐标系进行的,网格点即为参考点,它可以在空间以任意形式运动;流体域和结构域的物理量可以通过 Jacobi 行列式映射到参考坐标系上,从而实现运动描述方式的统一。因此,在流固耦合问题中,因为界面发生变形,所以流体模型必须使用 ALE 坐标系。

　　当引入 ALE 描述后,流体流动的未知量既包括通常的流体变量(压力、速度),也包括结构运动引起的网格运动速度,对黏性不可压缩流体,并忽略质量力,控制方程的动量方程从单纯流体的式(7-10)改变为如下形式:

$$\frac{\partial}{\partial t}(\rho V_i)+(V_j-w_j)\frac{\partial}{\partial x_j}(\rho V_i)=-\frac{\partial p}{\partial x_i}+\frac{\partial}{\partial x_j}\left(\mu\frac{\partial V_i}{\partial x_j}\right) \tag{7-76}$$

式中:V_i,w_i 分别为 x_i 方向上的流体流动速度、网格运动速度;其他参数的含义与式(7-10)相同。ALE 坐标下流体的连续方程与本构方程,仍与 Euler 坐标系下的一致。

7.7.1　运动学和动力学条件

　　应用在流固耦合界面的基本条件是运动学条件(又称位移协调)$\underline{d}_f=\underline{d}_s$ 和动力学条件(又称力平衡)$n\underline{\tau}_f=n\underline{\tau}_s$,其中 $\underline{d}_f$ 和 $\underline{d}_s$ 分别表示流体和结构的位移,$\underline{\tau}_f$ 和 $\underline{\tau}_s$ 分别表示流体和结构的应力,n 表示法向坐标,下划线"_"表示这些值只定义在流固耦合界面上。流体速度条件由运动学条件得到,应用到无滑移壁面条件,则 $\underline{V}=\underline{\dot{d}}_s$,如果是滑移壁面条件,则有 $n\underline{V}=n\underline{\dot{d}}_s$。

另一方面,根据动力学条件,在流固耦合界面上,流体的分布力根据下式积分为集中力施加到结构节点上:

$$F(t) = \int h^d \, \tau_f dS \tag{7-77}$$

式中:h^d 是结构节点的位移。

流体模型和结构模型中可以使用完全不同的单元和网格,通常在流固耦合界面上,两个模型的节点位置并不相同。流体节点的位移是用结构节点的位移插值得到,同样,流体作用在结构节点上的力是对结构节点周围的流体边界上单位的应力插值得到。

7.7.2　耦合系统中的有限元方程

耦合系统的解向量记为 $\{X\} = (\{X_f\}, \{X_s\})$,$\{X_f\}$,$\{X_s\}$ 分别是定义在流体和结构节点上的解向量。因此,$\{\underline{d}_s\} = \{\underline{d}_s(\{X_s\})\}$,$\{\tau_f\} = \{\tau_f(\{X_f\})\}$。

流固耦合系统中的有限元方法可以表示为

$$F[\{X\}] = \begin{bmatrix} F_f[\{X_f\}, \{\underline{d}_s(\{X_s\})\}] \\ F_s[\{X_s\}, \{\tau_f(\{X_f\})\}] \end{bmatrix} = 0 \tag{7-78}$$

我们这里考虑的流固耦合类型都是"双向耦合",流体的作用力影响结构的变形,同时结构的位移又影响流场的形态,流体方程通常都是非线性的,结构模型一般也会考虑大位移几何非线性,所以流固耦合方程都是一个非线性方程。因此,需要用迭代的方法得到某一时刻的解。也就是说,我们得到的是流固耦合问题的迭代解 $X^1, X^2, \cdots$,一般都会根据应力、位移或者两者的结合来检查迭代的收敛性。

7.7.3　迭代法求解双向耦合

迭代耦合法也叫做分离法。在双向耦合中,流体和结构的求解变量是完全耦合的。用分离法迭代求解,流体域和固体域分别求解,流体与固体的耦合通过交换流体和固体边界处的信息来实现,各自在每一步得到的结果提供给另一部分使用,直到耦合系统的解达到收敛,迭代停止。

计算过程可以概括如下:为了得到 $t + \Delta t$ 时刻的解,在流体模型和结构模型之间迭代计算。设初始解为 $\underline{d}_s^{-1} = \underline{d}_s^0 = \underline{d}_s^t$,$\tau_s^0 = \tau_s^t$,对迭代步 $k = 1, 2, 3 \cdots$,进行下面的求解过程以得到解 $\{X\}^{t+\Delta t}$。

(1) 从流体方程 $F_f[\{X_f^k\}, \lambda_d \, \underline{d}_s^{k-1} + (1-\lambda_d) \, \underline{d}_s^{k-2}] = 0$ 中解出流体解向量 $\{X_f^k\}$。这个解是利用给定的结构位移对流体模型求解得到的,这里结构的位移使用了位移松弛因子 $\lambda_d (0 < \lambda_d < 1)$,使用松弛因子可以帮助迭代达到收敛。

(2) 从结构方程 $F_s[\{X_s^k\}, \lambda_\tau \, \tau_f^k + (1-\lambda_\tau) \, \tau_f^{k-1}] = 0$ 中解出结构向量 $\{X_s^k\}$。流

体应力也使用了应力松弛因子 $\lambda_\tau (0 < \lambda_\tau < 1)$。

（3）流体的节点位移利用给定的边界条件 $d_f^k = \lambda_d\, \underline{d}_s^k + (1 - \lambda_d)\, \underline{d}_s^{k-1}$ 计算。

（4）计算应力残量与位移残量，并与迭代容差相比较，看应力与位移收敛条件是否满足。如果迭代不收敛，回到第（1）步继续下一个迭代，如果达到 FSI 迭代的最大次数还没有收敛，则程序停止，需要重新调整模型网格或时间步长再重新计算。

（5）保存并输出流体模型和结构模型的结果。

在双向耦合问题中，迭代耦合法占用的内存比较小，迭代耦合法虽然稳定性比下面介绍的直接耦合法差，但较易通过计算机程序实现并可用于大型复杂模型的分析，是目前被广泛使用的耦合方法。

7.7.4　直接法计算双向耦合

这种直接解法又叫同步求解法，与前面的迭代耦合法一样，在直接耦合法中，流体与结构的解变量也是完全耦合的。直接耦合法的特点是流体方程和结构方程放在一个方程组中处理，所有的流体变量和固体变量通过求解单一的耦合方程同时更新。这个方程可以表示为

$$\begin{bmatrix} [A_{ff}] & [A_{fs}] \\ [A_{sf}] & [A_{ss}] \end{bmatrix} \left\{ \begin{matrix} \{\Delta X_f^k\} \\ \{\Delta X_s^k\} \end{matrix} \right\} = \left\{ \begin{matrix} \{B_f\} \\ \{B_s\} \end{matrix} \right\} \tag{7-79}$$

$$\{X^{k+1}\} = \{X^k\} + \{\Delta X^k\} \tag{7-80}$$

$$\{B_f\} = -\{F_f^k\} = -F_f[\{X_f^k\}, \lambda_d\, \underline{d}_s^k + (1 - \lambda_d)]\underline{d}_s^{k-1} \tag{7-81}$$

$$\{B_s\} = -\{F_s^k\} = -F_s[\{X_s^k\}, \lambda_\tau\, \underline{\tau}_f^k + (1 - \lambda_\tau)]\underline{\tau}_f^{k-1} \tag{7-82}$$

$$[A_{ij}] = \frac{\partial\{F_i^k\}}{\partial\{X_j\}} \quad (i,j = f,s) \tag{7-83}$$

计算过程可以概括如下：设初始解为 $\{X^0\} = \{X\}^t$。对 $k = 1,2,3\cdots$ 进行迭代，进行下面的求解过程以得到解 $\{X\}^{t+\Delta t}$。

（1）整理流体和结构方程组，得到耦合的方程组。

（2）求解耦合系统的线性方程组并更新得到的解。计算应力和位移残量并与给定的迭代容差比较。如果解不收敛，且没有达到 FSI 迭代的最大次数，则回到第（1）步继续下一步迭代，否则，程序停止，需重新调整模型网格或者时间步长，重新计算。

（3）保存并输出流体模型和结构模型的结果。

直接耦合法虽然具有良好的稳定性，但由于其需要巨大的数据存储和计算耗散，所以只适应于求解小型或中等规模的模型。

7.8　钝体绕流数值模拟的建议

1. 数值风洞风场尺寸的选取

数值模拟时,首先要建立一个数值风洞,数值风洞风场尺寸的大小与计算精度密切相关,太小,会对建筑物表面风压分布产生影响;太大,又会增加网格数量,使计算量大大增加。

一般地,不同大小的建筑模型,所建立的数值风洞风场尺寸的大小是不一样的。对于空间结构,主要是以顶面绕流为主,设 B 为建筑物的最大尺寸,一般建议入口距建筑物迎风面的距离 L_1 应保证$(4\sim5)B$ 的距离,建筑物侧面和顶面距离各自流域边界的距离应大于 $5B$。此时,最大阻塞率应小于 3%。

背风壁面距出口的距离 L_2 应使湍流充分发展,所以,出口距离建筑物较远,一般要求$(9\sim10)B$,有时,出口边界应置于建筑物后 $15B$ 的距离,使得湍流可以充分发展。若 L_2 太小,出口处有回流,则计算会发散。在大尺度建筑物平均风压模拟时,有时也可适当减少 L_2 的尺度,原因是一般远场的网格较粗,湍流的耗散较快,而且运输方程中都以对流项为主,较远下游的流动对上游影响较小,所以,L_2 大多取$(7\sim8)B$ 就可以基本消除出口边界的影响。

2. 离散计算域网格

数值风洞模拟结果在很大程度上取决于离散计算域网格的优劣。网格应当精细到足够捕捉诸如剪切层、涡等物理现象的变化特征,网格的质量也必须足够高。在流动变化梯度大的区域,网格的拉伸或压缩率应当小,使得截断误差小,两个相邻单元的扩散系数应小于 1.3。在大型建筑中,流动参数沿壁面法线方向变化剧烈,因此在壁面法向,网格需要加密,以准确求解壁面边界层内的压力。

数值风洞模拟时,一般采用结构化网格或者非结构化网格。但实际建筑物大多体型复杂,生成结构化网格比较困难,由于流域较大,结构化网格会在不需要加密的地方占用大量网格资源,所以一般会采用非结构化网格。

对计算网格的形状而言,六面体优于四面体,并显出良好的收敛性。然而,在风工程中,几何形状总是非常复杂,通常使用四面体网格。在壁面处,网格线必须与壁面正交,同时注意在钝体分离边缘的网格要足够精密[31]。

3. 边界条件处理

数值风洞的边界即为计算域(或流域)的边界条件,数值风洞的边界有入口、出口、地面、顶壁、侧壁以及建筑物壁面。

入口边界条件：对于结构风工程模拟，入口一般都为速度进口边界。在数值风洞的进口处，来流为剪切流，通常指定等效的大气边界层。风速剖面为 $U(z) = U_0(z/10)^a$，U_0 为标准参考高度处的平均风速，z 自建筑物底部算起。

出口边界条件：流场任意物理量 ψ 沿出口法向梯度为零，即 $\frac{\partial \psi}{\partial n} = 0$。

建筑物表面：无滑移的光滑壁面。

地面：无滑移的粗糙壁面，在大多数软件中，壁面的粗糙度通过对应的粗糙高度 k_s 来实现。对于一个充分粗糙的表面来说，粗糙高度与粗糙长度的关系可以用 $k_s = z_0 e^{\kappa B}$ 来描述，其中 κ 是卡曼常数，$B \approx 8.5$，是粗糙表面的对数速度剖面的常数。因此，可以得到 $k_s = 30 z_0$，表明粗糙高度比粗糙长度大一个量级。为保证壁面附近边界层的对数运算不出错，壁面附近的网格离开壁面最近的计算节点应当置于离壁面距离为 k_s 的位置之外。

4. 离散方法

常用的离散方法为有限差分法、有限体积法和有限单元法。由于有限体积法具有较好的守恒性及数值稳定性，应用较为广泛。

用有限体积法进行数值计算时，对流项的插值格式非常重要。一阶迎风格式通常包含较大的数值耗散，在作定量分析时要避免使用。推荐采用的二阶迎风插值格式，其数值耗散明显低于一阶迎风格式，具有较高的精度。但对于强烈变化的流场，二阶格式常常会产生数值振荡，有时采用接近二阶的混合格式，如混合因子取 0.75，其收敛性优于二阶格式，计算效率高，总能产生物理上比较真实的解，且是高度稳定的。混合格式目前在 CFD 软件中广为采纳，是非常实用的离散格式。

5. 湍流模型的选取

对于风场的模拟可采用不同的湍流模型，它们各有特点。在建筑计算风工程中，目前采用比较多的湍流物理模型有 RNG k-ε 模型、Realizable k-ε 模型、SST k-ω 模型、雷诺应力模型(RSM)、大涡模拟(LES)等。

从各类湍流模型的控制方程而言，雷诺应力类的湍流模型考虑了湍流应力的各向异性，对湍流的模拟应该优于基于 Boussinnesq 假设的两方程模型。但一般的雷诺应力模型(RSM)方程中包含有 ε 的方程，这对于分离流的求解常常出现问题，而且近壁区雷诺数较低，ε 方程较复杂，难于积分。而且在实际应用时，由于求解雷诺应力方程数的增加，且各个方程中的假定参数不一定完全协调，复杂问题的数值计算往往很难收敛。通过收敛残差的比较发现，在二阶迎风离散格式下求解 ω 方程的 SST k-ω 模型，其收敛性要比求解 ε 方程的 RSM 模型好。因此，建议在模拟建筑物表面的平均风压时，一般宜优先采用 SST k-ω 模型。

对于需要考虑流固耦合的钝体绕流，数值模拟的精度就显得至关重要。最精细的数值模拟是直接数值模拟(DNS)，但 DNS 计算量大，对计算机要求很高，目前不可能完成一般实际工程的数值模拟计算。大涡模拟(LES)是一种精度介于 DNS 和 RANS 之间的数值模拟方法，虽然 LES 方法在计算量上要大于 RANS，但由于其有明确的物理背景；更多地考虑脉动影响；适用范围较广；准确程度较高，因而被认为是最具发展前景的一种湍流模拟方法。

6. 合理的初始条件

对于非定常问题除了要给定边界条件外，还需要给出流动区域内各计算点的所有流动变量的初值。在瞬态分析中，要给定一个好的初始条件，这个条件在流固耦合计算中比在单独模型的求解中更重要。因为结构基本未知量是位移，而流体基本未知量是速度，初始条件可能会不一致，如果初始条件没有取好，可能出现收敛问题。

给定初始条件要注意一些问题，一般要针对所有计算变量，给定整个计算域内各单元的初始条件；初始条件一般要有合理的物理意义，不能随意给，因为在收敛前的迭代过程中，解在随时间变化，虽然这些中间解不一定具有物理意义，但合理的初始条件往往能加快收敛速度。

如果在物理意义上是正确的，则可以先求得一个稳态解作为初始条件。这可以通过一个很大的第一时间步得到。另一个更清晰的求解过程是分两步求解，第一步是得到一个稳态解(可能只用很少的几个时间步)，第二步是进行重启动，在第一步的基础上进行瞬态分析。

7. 适当的时间步大小

在稳态分析中，时间步的大小要与荷载和边界条件中定义的增量相对应。在瞬态分析中，时间步要足够小，使每一步能够收敛；也要足够大，保证数值模拟能在一个合理的时间内完成。流固耦合问题合适的时间步大小可以通过对单独的结构模型进行频域分析得到。

在流固耦合问题中，如果结构需要预拉伸，则人为地增加一个时间步，在时间步中使结构拉伸，但不施加流体条件。在这一步里，流体的网格必须与结构网格相应移动。实际的瞬态求解过程从第二个时间步开始。

8. 收敛性准则

在流体域内所有的有限体积上积分得到的离散方程系统为非线性方程组，因此，求解一般采用迭代法。迭代计算以相邻两步之间的残差为收敛标准。残差的量级一般在第一次迭代后即可得到，最终的残差应当趋于零。一般情况下，残差下降 4 个量级即可认为结果收敛。

　　在双向流固耦合问题中,流体的作用力都不会太小,一般都要使用应力收敛准则。如果流固耦合没有达到收敛,则可以调整应力和位移松弛因子,可以首先考虑应力松弛因子,因为它通常是不收敛的根源,因子的取值在 0 和 1 之间。越靠近 0,越容易收敛,但松弛因子越小,求解时间越长。

7.9　算例分析

算例 1　机场航站楼的平均风压数值模拟

　　重庆机场航站楼由 T2A 和 T2B 主楼以及 A,B 指廊和综合换乘中心组成。这里主要分析 T2A 主楼的平均风压系数分布(体型系数),并考虑已建周边建筑物 T2B 主楼、A 指廊、B 指廊和综合换乘中心对其影响。模型计算区域及模型表面网格划分分别如图 7-4 和图 7-5 所示:

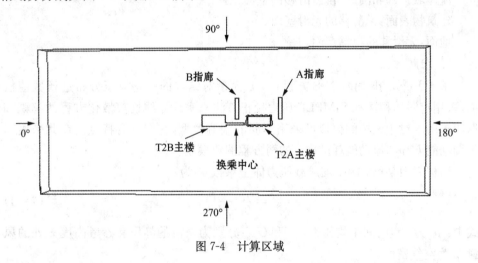

图 7-4　计算区域

　　1. 边界条件

　　入口边界条件:来流为剪切流,模拟 B 类地貌。风速剖面为:$U(z) = U_0(z/10)^\alpha$,U_0 为标准参考高度处的平均风速,根据当地的基本风压 0.4kN/m^2,相应的基本风速取为 25.3m/s。

　　入口处湍流强度边界条件通过湍动能与耗散率来描述:

$$k = \frac{3}{2}[U(z)I]^2, \quad \varepsilon = \frac{1}{l} \cdot 0.09^{\frac{3}{4}} k^{\frac{3}{2}}$$

式中:l 是湍流特征尺度,这里取大跨屋盖的最大横断面尺寸;I 为湍流强度[2]。

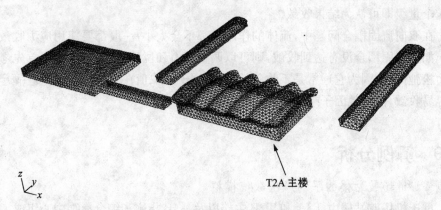

T2A 主楼

图 7-5　模型表面的网格划分

出口边界条件：流场任意物理量 ψ 沿出口法向梯度为零，即 $\dfrac{\partial \psi}{\partial n} = 0$。

流体域顶部和两侧：自由滑移的壁面条件。

建筑物表面：无滑移的光滑壁面。

地面：无滑移的粗糙壁面。

2. 求解方法

基于 Reynolds 时均 N-S 方程和 k-ε 模型对结构的平均风压分布进行数值模拟，采用有限体积法和 SIMPLE 压力校正算法来实现非线性离散化方程的解耦和迭代求解。对于风场的模拟可采用不同的湍流模型，它们各有特点。在此采用基于湍动能 k 和湍流动能耗散率 ε 的两方程湍流模型。

结构表面某点 i 的平均风载压力体型系数 μ_{si} 为

$$\mu_{si} = \frac{p_i - p_0}{0.5 \rho U_{\infty z}^2} \tag{7-84}$$

式中：p_i 为 i 点时间平均压力；p_0 和 $U_{\infty z}$ 分别为来流的静压和参考高度 z 处的风速；ρ 为空气密度。

3. 数值模拟结果

根据上面给定的边界条件及计算方法，对此模型每隔 $30°$ 风向角进行风压系数的数值模拟，图 7-6～图 7-9 给出了 4 个风向角下的平均风压系数。

算例 2　大跨屋盖结构的平均风压数值模拟

一座圆形平面的马鞍形封闭体育馆，主体结构平面形状为圆形，在主体结构的南北边分别悬挑一落地的桁架，结构的跨度为 105m，见图 7-10。屋盖结构圆形部分为双层网架结构，杆件为圆钢管，采用球节点；外侧悬挑钢桁架，大部分选用方钢管，采用相贯焊接，两片悬挑桁架之间的连接为圆钢管。下部支撑的柱、圈梁以及

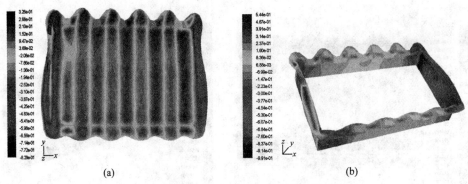

图 7-6 风向角 0°时 T2A 主楼平均风压系数

(a) 屋盖上表面;(b) 屋盖挑檐下表面及侧面

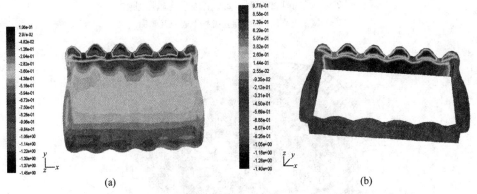

图 7-7 风向角 90°时 T2A 主楼平均风压系数

(a) 屋盖上表面;(b) 屋盖挑檐下表面及侧面

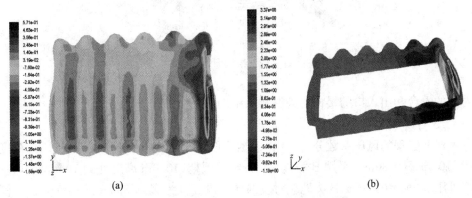

图 7-8 风向角 180°时 T2A 主楼平均风压系数

(a) 屋盖上表面;(b) 屋盖挑檐下表面及侧面

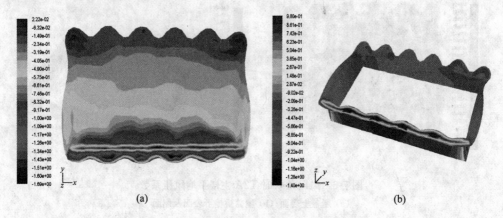

图 7-9　风向角 270°时 T2A 主楼平均风压系数

(a) 屋盖上表面；(b) 屋盖挑檐下表面及侧面

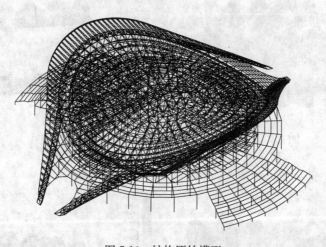

图 7-10　结构原始模型

内部的看台和出入口的楼梯均为混凝土结构。

1. 计算模型

对此工程的风压系数分布,计算模型只取上部的钢屋盖部分,四周封闭,跨度 $L=105\text{m}$, $H=30\text{m}$。采用 B 类地貌,50 年重现期,10.0m 高度处的 10min 平均基本风压取 $w_0=0.4\text{kPa}$,B 类地貌对应的梯度风高度为 $Z_G=350.0\text{m}$,$\alpha=0.16$。模拟时采用的风场尺寸为宽 1 000m、高 300m、长 1 500m 的计算域,模型中心距计算域入口 500m 处。计算域和网格划分示意图分别如图 7-11 和图 7-12 所示。

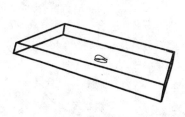

图 7-11　计算区域

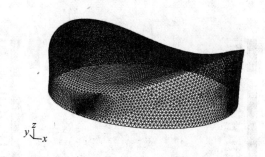

图 7-12　建筑表面的网格划分

2. 边界条件

入口边界条件：来流为剪切流，模拟 B 类地貌。风速剖面为 $U(z) = U_0(z/z_0)^{\alpha}$，$U_0$ 为标准参考高度处的平均风速（规范取 $z_0 = 10\text{m}$），z 自建筑物底部算起。

出口边界条件：流场任意物理量 ψ 沿出口法向梯度为零，即 $\dfrac{\partial \psi}{\partial n} = 0$。

流体域顶部和两侧：自由滑移的壁面条件。

建筑物表面：无滑移的光滑壁面。

地面：无滑移的粗糙壁面。

3. 平均风压系数的数值模拟结果

根据上面模型给定的边界条件及计算方法，选取了 4 个风向角，对结构物进行了风压系数的数值模拟，得到的平均风载体型系数分布如图 7-13 所示。

从图 7-13 中可以看出，当风向角 $\beta = 0°$ 时，风向顺北南方向，也即风正对主馆北立面屋盖上翘方向吹来。这时，除了下风向屋盖的上挑边缘部分外，屋盖都是负压分布。挑檐前沿部分的平均风压系数最大可达 -1.6，这是由于挑檐的下表面正压分布和上表面负压分布叠加后的结果，然后沿屋面下降数值逐渐减小，在屋盖中心位置以后，由于曲面开始逐渐上翘，在下风向半个屋盖的中心区域风压几乎为零。

随着风向角的增加（偏转），屋盖的风压分布的基本形态相同，但图形也随着偏转。由于挑檐的影响，靠近来流入口的前半个屋盖都是比较大的负压分布，并且前沿部分负压最大，并随风向角增加而增大，其中挑檐的局部负压在风向角 $\beta = 50°$ 处可达到 -2.0。然后，随风向角增加挑檐部分的局部负压逐渐减少，当风向角为 $\beta = 90°$ 附近时，迎风前沿的局部负压减小为 -1.2。当风向角为大于 $\beta = 90°$ 时，屋盖的风压分布变化趋势和小于 $\beta = 90°$ 时类似。在风向角为 $\beta = 140°$ 时，挑檐的局部负压可达到 -2.3。

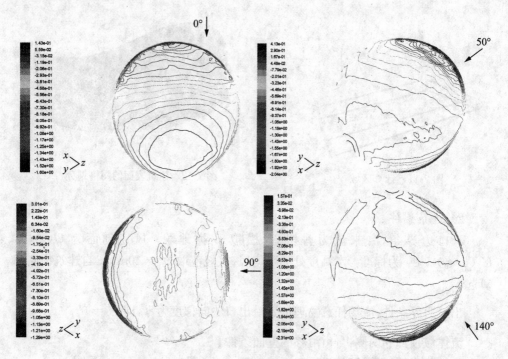

图 7-13　风向角($\beta=0°,50°,90°,140°$)时的平均风压系数的数值模拟结果

为了与数值模拟的结果对比,图 7-14 显示了同样 4 个风向角下结构的平均风压系数的风洞试验结果。

比较图 7-13 与图 7-14 的结果,数值模拟的平均风压系数与风洞试验的结果吻合很好,4 个风向下的风压分布的特性是完全一致的,数值的误差在($\beta=0°,50°,90°$)三个风向下在 8% 以内,在风向角 $\beta=140°$ 时,数值误差为 15%,可以看出数值模拟技术可得到与风洞试验结果基本一致的结果。

算例 3　张拉膜结构的流固耦合风振响应分析

一菱形膜结构如图 7-15 所示,跨度 20m,膜材厚度 1mm,膜材面密度 1kg/m²,弹性模量为 3×10^8 N/m²,泊松比为 0.3,膜面施加初始预应力为 2kN/m。考虑 B 类地貌,10m 高度处基本风速为 16m/s 的条件,考虑风场与膜面的相互耦合作用,求解膜结构的风振响应。

膜结构有限元模型如图 7-16 所示,流场模型如图 7-17 所示,流场尺度为 280m×80m×50m。采用大涡模拟(LES)湍流模式,膜结构与流场接触面为流固耦合界面,由于是开敞式的膜结构,膜结构的双面膜都与流体(空气)接触。

采用均匀流入流面,流速 16m/s,结构四周为光滑无滑移壁面,流场底面(地

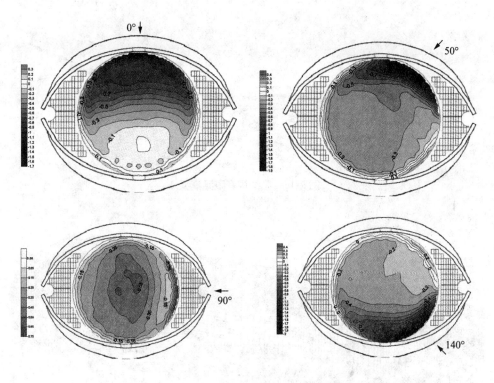

图 7-14　风向角($\beta=0°,50°,90°,140°$)时的平均风压系数的风洞试验结果

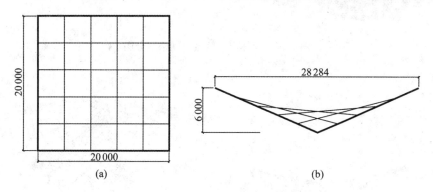

(a)　　　　　　　　　　　　(b)

图 7-15　膜结构几何模型(单位:mm)

(a) 平面图;(b) 侧立面图

面)为粗糙无滑移壁面,流场域侧壁及顶面为滑移壁面。薄膜结构的上下表面均设置为流固耦合交界面。结构模型考虑大位移小应变的几何非线性,流体模型采用SIMPLE 算法求解速度耦合方程,对流项采用二阶迎风格式离散,时间积分为二阶

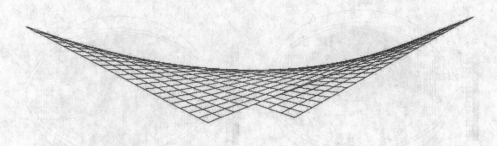

图 7-16 膜结构有限元模型

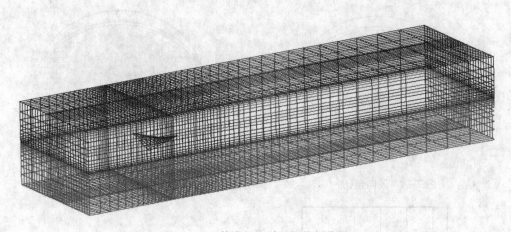

图 7-17 流体求解区域及网格划分图

(a)   (b)

图 7-18 膜结构 15s 时刻的变形图(位移放大 10 倍)

(a)侧立面图;(b)透视图

COMPSITE 法,时间步长 0.01s,统计计算时长为 20s。

采用流体域与固体域双向耦合迭代的方法求解得到流固耦合后的结果。图 7-18 和图 7-19 分别给出了膜结构在 15s 和 20s 时刻膜结构的变形图,图 7-20 和图 7-21 给出了 15s 和 20s 时刻的结构的位移响应图,图 7-22 和图 7-23 给出了 15s 和 20s 时刻的结构的应力云图。

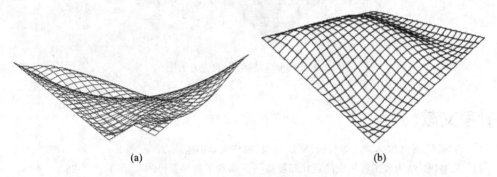

(a)　　　　　　　　　　　　　　　(b)

图 7-19　膜结构 20s 时刻的变形图(位移放大 10 倍)

(a)侧立面图;(b)透视图

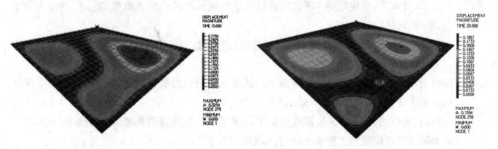

图 7-20　15s 时刻的结构的位移云图　　　　图 7-21　20s 时刻的结构的位移云图

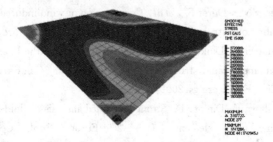

图 7-22　15s 时刻的结构的应力云图

图 7-23　20s 时刻的结构的应力云图

参考文献

[1]　王福军. 计算流体动力学分析[M]. 北京：清华大学出版社，2004.

[2]　项海帆. 结构风工程研究的现状和展望[J]. 振动工程学报，1997，10(3)：259-263.

[3]　孙晓颖，武岳，沈世钊. 鞍型屋盖平均风压分布特性的数值模拟研究[J]. 工程力学，2006，23(10)：7-14.

[4]　汪丛军，黄本才，徐晓明等. 环状悬挑屋盖平均风压与风环境数值模拟[J]. 同济大学学报，2006，34(6)：711-715.

[5]　齐辉，黄本才等. 益阳体育场大悬挑屋盖风压分布数值模拟[J]. 空间结构，2003，9(2)：52-55.

[6]　何艳丽，陈务军，董石麟. 鞍型屋盖平均风压系数分布的数值模拟[C]，第十二届空间结构学术会议，北京，2008：316-320.

[7]　何艳丽，毛卓新，陈务军. 岳麓收费站平均风压体型系数数值模拟及风振系数计算[C]，第十届全国现代结构工程学术研讨会，上海，2010.

[8]　马俊，周岱，李华峰. 大跨度空间结构抗风分析的数值风洞方法[J]. 工程力学，2007，24(7)：77-85.

[9]　Gluck M., Breuer M., Durst F., *et al*. Computation of wind-induced vibration of flexible shells and membranous structures[J], Journal of Fluid and Structure, 2003,17：739-765.

[10]　Hubner B, Walhorn E, Dinkler D. Simultaneous solution to the interaction of wind flow and lightweight membrane structures [C]. Proc. Int. Conference on Lightweight Structures in Civil Engineering, 2002：519-523.

[11]　Hubner B, Walhorn E, Dinkler D. Strongly coupled analysis of fluid-structure interaction using space-time finite elements [C]. 2nd Europ. Conf. Comput. Mechanics, Cracow,2001.

[12]　Bathe K J, Zhang H. Ji S. Finite element analysis of fluid flows fully coupled with structural interactions[J]. Computers & Structures,1999,72(1-3)：1-6.

[13] Bathe K J, Zhang H. Finite element developments for general fluid flows with structural interaction[J]. Int. J. Numer. Mech. Engng, 2004,60:213-232.

[14] Teixeira P R F, Awruch A M. Numerical simulation of fluid – structure interaction using the finite element method[J], Computers and Fluids, 2005,34(2):249-273.

[15] 沈世钊,武岳. 膜结构风振响应中的流固耦合效应研究进展[J], 建筑科学与工程学报, 2006,23(1):1-9.

[16] 汪丛军,黄本才. 基于低矮建筑物实测数据的改进湍流物理模型[J]. 空气动力学学报, 2008,26(3):325-330.

[17] 武岳,沈世钊. 膜结构风振分析的数值风洞方法[J],空间结构, 2003,9(2):38-43.

[18] 李华峰,甘明,周岱. 考虑流固耦合作用的索膜结构风致响应研究[C],第十二届空间结构学术会议,北京,2008:387-392.

[19] 李启,杨庆山,金玉芬. 基于 ALE 的膜结构绕流场大涡模拟方法[C],第十二届空间结构学术会议,北京,2008:368-373.

[20] Sun X Y,Wu Y, Shen S Z. Numerical simulation of flows around long span flat roof[J]. Journal of Harbin Institute of Technology, 2005,12(4):370-375.

[21] Holmes J D. Emerging issues in wind engineering[C]. Proc. 10th Int. Conf. on Wind Engineering, Texas, 2-5 June,2003.

[22] Stathopoulos T, Computational wind engineering: Past achievements and future challenges[J]. J. Wind Eng. Ind. Aerodyn. 1997,(67/68):509-532.

[23] 黄克智,薛明德,陆明万. 张量分析[M],北京:清华大学出版社,2003.

[24] 黄卫星,陈文梅. 工程流体力学[M],北京:化学工业出版社,2002.

[25] 郭泓志. 传输过程数值模拟[M],北京:冶金工业出版社,1998.

[26] Chen C J, Jaw S Y. Fundamentals of turbulence modeling [M]. Taylor&Francis, Washington,1998.

[27] Felten F, Fautrelle Y, Terrail Y Du, et al. Numerical modeling of electrognetically-riven turbulent flows using LES methods[J]. Applied Mathematical Modelling, 28(1):15-27,2004.

[28] Chen G Q, Tao L, Rajagopal K R. Remarks on large-eddy simulation [J]. Communications in Nonlinear Science and Numerical Simulation,2000,5(3):85-90.

[29] Spalart P R, Jou W H, Stretlets M, et al. Comments on the feasibility of LES for wings and on the hybrid RANS/LES approach, Advances in DNS/LES[C]. Proceedinga of the First AFOSR International Conference on DNS/LES,1997.

[30] Versteeg H K, Malalasekera W. An introduction to computational fluid dynamics: The finite volume method [M]. Wiley, New York, 1995.

[31] 曾锴,汪丛军,黄本才等. 计算风工程中几个关键影响因素的分析与建议[J]. 空气动力学学报,2007,25(4):504-50.

[32] 顾志福等. 聊城体育馆风荷载风洞试验报告[R],北京大学力学与工程科学系,2007.

第8章　风洞试验技术

8.1　边界层风洞

目前进行空气动力学研究的手段主要有三种：理论空气动力学、试验空气动力学和计算流体动力学(CFD)。虽然理论空气动力学和计算流体动力学已经有了高度的发展，但试验空气动力学仍然是目前空间结构设计中必不可少的一种手段。

风洞试验依据运动的相对性和相似性原理，将实验对象制作成缩小模型或者足尺模型放置于风洞内，通过驱动装置(如风机)使风道产生人工可控制的气流，模拟实验对象在实际气流作用下的状态，从而测得相关的参数。

世界上公认的第一个风洞是 1871 年建成的，而风洞的大量出现是在 20 世纪中叶。随着工业技术的发展，风洞试验从航空航天领域扩大到一般工业和民用部门。土木建筑工程中的风流动主要涉及钝体空气动力学，解决这些流动的理论和计算方法难度较高，风洞试验自然就成了该领域的研究工具。20 世纪 30 年代，英国物理实验室在低湍流度的航空风洞中进行了风对建筑物和构筑物影响的研究工作，指出了在风洞模拟大气边界层湍流结构的重要性。1934 年，德国 L. Prandtl 在哥廷根流体力学研究所建造了世界上第一座环境风洞，开展环境问题的实验研究。20 世纪 50 年代末，丹麦 M. Jensen 对于风洞模型相似律问题作了阐述，认为必须模拟大气边界层的特性。另外，美国的 Cermark 在科罗拉多州大学以及加拿大的 Davenport 在西安大略大学分别建成了长实验段的大气边界层风洞，标志着对风工程有了专门的模拟实验研究设备。从 20 世纪 80 年代开始，大气边界层风特性的模拟技术，特别是大尺度湍流的模拟技术有了较大的发展。另外，一些专用实验设备以及测试仪器的研制成功，使风洞中模拟各种气象、地面及地形条件的范围进一步扩大，研究风载、风致动力响应问题的能力也有了进一步的提高。

风洞试验具有如下特点：

(1) 风洞中的气流参数，如速度、压力、密度、温度等，都可以比较准确地控制，并且随时可以改变，因而风洞试验可以方便、可靠地满足各种试验要求；

(2) 风洞试验在室内进行，一般不受大气环境(如风雨、气温等)变化的影响，可以连续进行试验，因而风洞的利用率很高；

(3) 风洞试验时，试验数据的测量既准确又方便，且比较安全；

（4）风洞试验可以测试结构物的空气静力性能和空气动力性能。

风洞试验的不足之处主要表现在如下几点：

（1）风洞试验不能同时满足相似律所提出的所有相似准则，如雷诺数、斯托罗哈数等不能同时满足；

（2）在风洞试验中，气流是有边界的，不可避免地存在洞壁的影响，称为洞壁干扰。同时，模型支撑系统会影响模型流场，称为支架干扰。

尽管风洞试验有以上的一些不足，但风洞试验仍有足够的可靠性，因而世界各国先后建造了许多风洞，并且不断更新改进。

8.1.1 边界层风洞的构造与特点

风洞是用来产生人造气流的管道，在该管道中能生成一段气流均匀流动或沿高度风速变化的区域，利用这一标定的流场，可以进行各种相关学科的科研活动。风洞的种类繁多，有不同的分类方法。按行业分，有航空风洞和工业风洞；按试验段气流速度大小来区分，可分为低速风洞、高速风洞和超高速风洞[1]；按回路分类，可分为直流式和回流式；按运行时间来分，可分为连续式和暂冲式，等等。

一般用于建筑结构物实验的风洞属于常规的低速风洞[2]，在这种风洞中，试验段的气流并不是均匀的，从风洞底板向上，风速逐渐增加，模拟地表风的运动，称为大气边界层。大气边界层风洞是工业风洞的一种，基本形式有直流式和回流式两种。

表 8-1 直流式风洞和回流式风洞的比较

直流式风洞	回流式风洞
造价低	造价高
试验段气流品质容易受外界大气环境的影响	气流品质容易控制
当试验段尺寸较大时噪声非常大	噪声小
无法形成增压运转	可以形成增压运转

直流式风洞的构造见图 8-1，一般由进气口、稳流段（包括蜂窝器和阻尼网）、收缩段、试验段、扩散段、动力段等组成。这种类型的风洞通过风扇系统的驱动，气流连续地从外界大气通过进气口进入风洞，然后又通过排气口排到外界大气。

气流从进口段进入风洞，通过蜂窝器使气流变得较为均匀，然后通过收缩段将气流速度提高，进入试验段，试验段是整个风洞的核心，在试验段中进行大气边界层的模拟和模型的吹风实验，当气流通过试验段后，则进入扩散段降低气流速度，然后到达出口，进入大气。

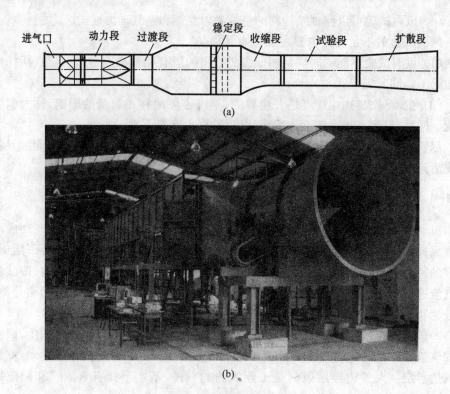

图 8-1　典型的直流式低速风洞
(a)主要组成；(b)外形图

回流式风洞实际上是将直流式风洞首尾相接,增加回流段,形成封闭回路,构造图见 8-2。除了直流式风洞的主要组成外,回流式风洞还设有调压缝、导流片和整流装置。回流式风洞的气流在风洞中循环回流,气流品质容易控制,既节省能量,又不受外界干扰,风洞运转时噪声对环境的影响小,并可实现增压运行,相应地造价较高。

回流式风洞是应用比较广泛的一种风洞,现对其各部件的功能和基本原理进行详细的介绍。

1) 试验段

试验段是风洞中模拟流场,进行模型空气动力试验的部位,是整个风洞的核心。为了模拟实际结构物所处的流场,必须要求试验段具有一定的几何尺寸和气流速度,另外还应保证试验段的气流稳定、速度大小和方向在空间分布均匀、初始湍流度低、静压梯度低以及噪声低。对于大气边界层中的土木工程结构来说,试验段长度一般应当是风洞截面高度的 6～10 倍,这种长工作截面便于自然形成边

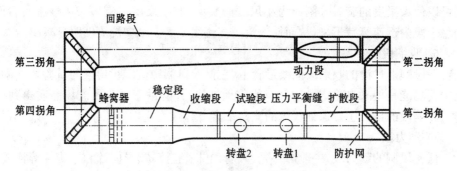

图 8-2　典型的回流式低速风洞示意图

界层。

2）调压缝

闭口回流式低速风洞试验段的后方，一般都有调压缝或调压孔。调压缝（孔）的功能是向风洞内补充空气，以保持试验段的压强与风洞外环境大气压强基本相等。

3）扩压段

低速风洞的扩压段是一种沿气流方向扩张的管道，又称扩散段。其作用是使气流减速，使动能转变为压力能，以减少风洞中空气的能量损失，降低风洞工作所需的功率。大量实验证明，三维扩张角的最佳值是 5°～6°。

4）拐角与导流片

回流式风洞中气流要折转 360°，需要 4 个使气流转折 90°的拐角。来自实验段的气流依此通过第一、第二、第三和第四拐角，气流能量在四个拐角的损失约占整个风洞能量损失的 30%～50%，其中第一和第二拐角的损失为最大。

气流经过拐角时，易产生分离和旋涡，使流动很不均匀，并产生脉动，这主要因为气流在拐角处由于离心力作用，而在外侧边压强增高，内侧压强下降，气流容易产生分离，形成旋涡。通过设置导流片可以明显地降低气流在拐角处的分离和旋涡形成趋势，从而减少气流的能量损失，使气流流过拐角后的流场品质得到改善。

5）稳定段与整流装置

稳定段是一段横截面相同的管道，其特点是横截面面积大，气流速度低，并有一定的长度。稳定段一般都装有整流装置，使来自上游的紊乱、不均匀气流稳定下来，使旋涡衰减，使气流的速度和方向均匀性提高。

整流装置主要是指蜂窝器和整理网，蜂窝器由许多方形或六角形小格子构成，形成蜂窝。蜂窝器对气流起导向作用，并可使大旋涡的尺度减小，气流的横向湍流度降低。整流网是直径较小的钢丝形成的小网眼金属网，可有一层或数层。整流网可以使大尺度的旋涡分割成为小尺度的旋涡,而小尺度的旋涡可在整流网后面的稳定段内迅速衰减下来,从而使气流的湍流度尤其是轴向湍流度明显减小。

6) 收缩段

一段顺滑过渡的收缩段曲线形管道,在低速风洞中位于稳定段与试验段之间,其主要功能是使来自稳定段的气流均匀地加速,并有助于试验段流场品质得到改善。收缩段的设计主要保证气流的流向平直、稳定,流速均匀。

7) 动力段

低速风洞的动力段,一般由外壳、风扇、电机、整流罩、导向片和止旋片等构成。动力段的主要功能是向风洞内的气流补充能量,以保证气流以一定的速度运转。

8.1.2 风洞试验的主要仪器设备

8.1.2.1 风速测量仪器

目前风洞试验中进行风速测量的主要仪器设备有皮托管、热线风速仪等。

1) 皮托管

在低速气流中,根据伯努利方程测量出空间某一点气流的总压和静压后,即可确定流经该点的气流动压,通过气流动压可直接得到气流流速。伯努利方程表示如下:

$$p = p_0 + \frac{1}{2}\rho U^2 \tag{8-1}$$

式中:p 为气流总压;p_0 为气流静压;$\frac{1}{2}\rho U^2$ 为气流动压,ρ 为气流密度,U 为气流速度。

2) 热线风速仪

热线风速仪是利用热线探头上的热线在气流流过时散热量增大,热线温度降低,相应热线的电阻值也降低,从而在热线风速仪的电桥两端有电压信号输出,以达到测量风速的目的。热线风速仪的工作原理见图 8-3。

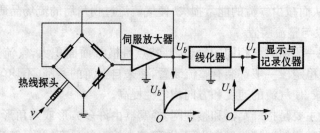

图 8-3 恒温式热线风速仪工作原理图

8.1.2.2　测力试验设备

风洞天平是风洞试验中的主要测力装置,用于测量作用在试验模型上的空气动力载荷(力和力矩)的大小、方向和作用点。风洞天平按其工作原理的不同可分为:机械天平、应变天平、压电天平与磁悬挂天平等。

1) 机械天平

机械天平是通过天平上的机械构件进行力的分解与传递,用机械平衡元件或力传感器来测量作用在模型上的空气动力荷载的测量装置。

2) 应变天平

应变式天平是通过天平上的弹性元件表面的应变,用应变计组成的电桥来测量作用在模型上的空气动力荷载的装置。

3) 压电天平

压电天平是通过天平上的压电元件的压电效应来测量作用在模型上的空气动力荷载的装置。

4) 磁悬挂天平

磁悬挂天平是利用磁力将模型悬挂在风洞中,通过电流、位置测量来测量作用在模型上的空气动力荷载的测力装置。

8.1.2.3　测压试验设备

测压设备的主要目的就是通过风洞试验测量结构模型的表面压力。测压设备主要有测压传感器、压力扫描阀系统(机械、电子)。

1. 测压传感器

测压传感器有应变式传感器、压阻式测压传感器、电容式测压传感器、电感式测压传感器和压电式测压传感器等。

1) 应变式测压传感器

其工作原理是利用被测压强作用于弹性元件上使之变形,导致弹性元件上的电阻应变片产生应变而改变电阻值,从而使由电阻应变片组成的电桥电路输出与压强成一定关系的电压信号,根据校准曲线得到被测压强值。其优点是测压范围广,结构简单,性能稳定;缺点是灵敏度低,输出信号小。

2) 压阻式测压传感器

利用固体受到作用力后,电阻率会发生变化的压阻效应制成压阻式测压传感器。其核心部分是一块圆形的硅膜片,在硅膜片上采用集成电路工艺设计四个等值电阻,组成一个平衡电桥。当被测压强作用在膜片上时,膜片各点产生应力,由于压阻效应而四个电阻在应力作用下其电阻值发生改变,电桥失去平衡,输出电压信号,根据校准曲线确定相应的压强。其优点是灵敏度高,输出信号大,频率响应高和体积小;缺点是容易受环境温度影响。

3) 电容式测压传感器

工作原理是利用金属弹性膜片作为电容器的一个可动极板,另一个金属平板作为固定极板,两极板之间的距离为 Δd,组成一个简单的平板电容。当被测压强作用于弹性膜片时,膜片受力变形,间距 Δd 发生变化,使传感器的电容量发生变化,根据由校准所确定的压强与电容式测压传感器的电容量之间的函数关系,来确定被测量压强值。其优点是结构简单、体积小、灵敏度高、频率响应高,能在高温、低温、强烈振动等恶劣环境中工作;缺点是精度较低,线性度较差。

另外,还有电感式测压传感器和压电式测压传感器,其工作原理都是利用被测压强的作用而导致输出电压变化,根据校准所测到的对应关系式得到相应的压强值。

测压传感器的突出优点是:输出量是与被测压强成比例的电量,可供数据采集和处理系统自动记录和处理,体积小,可以直接安装在试验模型的内部,对压强变化反应快,测量灵敏度高;缺点是:易受温度变化影响,稳定性差,需经常校准。

2. 压力扫描阀系统

在测量模型表面压强分布时,由于测压点较多,如果各测压点都单独使用一个测压传感器,则不仅增加传感器的校准工作量,还会增加试验费用,甚至降低试验结果的准确度,为此多点测压普遍采用压力扫描阀装置。压力扫描阀可分为机械式压力扫描阀和电子式压力扫描阀。

1) 机械压力扫描阀

机械压力扫描阀以机械扫描的方法,用一只高精度压力传感器对应几十个通道,靠机械转动将多通道压力逐一对应在公用的传感器上,压力平衡时间长,滞后大,扫描速率低,一般为 5~10 步/秒,一次实验需几分钟,风洞耗能大,传感器校准复杂,方法落后,该系统多用于 20 世纪 70 年代。

2) 电子压力扫描阀

20 世纪 80 年代,出现了电子扫描阀压力测量系统,电子扫描阀压力系统有先进的设计思想,每个待测压力各自对应一个压力传感器。使用电子扫描阀技术,大大提高了采集速度,一般为 5 万~10 万次/秒,最大可采集几千个点,采用高精度压力校准器进行联机实时自动校准,速度快、精度高。

电子扫描阀测力系统一般由四部分组成,即系统控制器、数据采集和控制单元、压力校正单元和电子压力扫描器。

8.1.2.4 测振试验设备

结构风洞试验除了要检验结构在风作用下的静力效应外,有时还要进行结构的风致振动效应测试。相应的风洞试验设备主要有加速度传感器、位移传感器、高频动态测力天平等。

8.1.2.5 数据采集和处理系统

风洞试验要求测量大量的参数,这些参数包括压力、力、力矩、位移、速度、加速度等。这些物理量通过各种传感器输出电压、电流和频率等信号,一般通过 A/D 板把传感器送出的模拟信号转换成数字信号,输入到计算机存储,这个过程称为数据采集;把所采集的数据进行整理、分析、计算、滤波、压缩、扩张和评估以及提取数据中包含的信息,并以文字、图表、图形或图像等方式来表达,这个过程称为数据处理。

智能化的数据采集和处理系统对缩短风洞试验时间,提高试验准确性和效率方面具有十分重要的意义。

8.2 相似性理论

由于一般建筑结构的尺度都较大,风洞模拟通常都是采用缩尺模型,其理论依据就是流动的相似性原理。从流体流动的运动微分方程出发,可寻求流体流动的一般相似性判据。对于刚性模型的风洞试验,一般是要满足几何相似性和流体流动相似性;而对于气弹模型试验来说,不仅要满足几何相似性和流体流动相似性,还要满足结构动力相似性。

1. 几何相似性

几何相似就是模型与原型的外形相同,各对应部分夹角相等而且对应部分长度(包括粗糙度)均成一定比例。

长度:

$$C_l = \frac{l}{l^*} \tag{8-2}$$

面积:

$$C_A = \frac{A}{A^*} = \frac{l^2}{l^{*2}} = C_l^2 \tag{8-3}$$

体积:

$$C_V = \frac{V}{V^*} = \frac{l^3}{l^{*3}} = C_l^3 \tag{8-4}$$

夹角:

$$\left.\begin{array}{c} \alpha = \alpha^* \\ \beta = \beta^* \\ \gamma = \gamma^* \end{array}\right\} \tag{8-5}$$

上面公式中,带 * 的变量为模型变量,不带 * 的变量为原型变量。几何相似即可以通过比例尺 C_l 来表达,只要 C_l 维持一定,就能保证模型的几何相似;对于流场来说,满足了模型的几何相似也就满足了流场的几何相似。

2. 运动相似

运动相似指的是原型和模型的流体运动遵循同一微分方程,物理量间的比值彼此相互约束,则可以认为它们是相似的。

风工程中的空气为低速、不可压缩、牛顿黏性流体,其运动控制方程为

$$\frac{\partial u_i}{\partial t} + u_j\frac{\partial u_i}{\partial x_j} = F_i - \frac{1}{\rho}\frac{\partial p}{\partial x_i} + \nu\frac{\partial}{\partial x_j}\left(\frac{\partial u_i}{\partial x_j} + \frac{\partial u_j}{\partial x_i}\right) \quad (i,j=1,2,3) \quad (8\text{-}6)$$

式中: $\nu = \dfrac{\mu}{\rho}$ 为空气的动力黏度。原型和模型物理量之间的关系式用式(8-7)表示,带 * 的变量为模型变量,不带 * 的变量为原型变量,$C_l,C_t,C_u,C_p,C_F,C_\nu,C_\rho$ 分别为几何尺寸、时间、速度、压力、附加外力、动力黏度、密度的比值,均为常数。

$$x_i = C_l x_i^*, \ t = C_t t^*, \ u_i = C_u u_i^*, \ p = C_p p^*, \ F = C_F F^*, \ \nu = C_\nu \nu^*, \ \rho = C_\rho \rho^*$$
$$(8\text{-}7)$$

将式(8-7)代入动量方程式(8-6),得

$$\frac{\partial u^*}{\partial t^*}\frac{C_u}{C_t} + u_j^*\frac{\partial u_i^*}{\partial x_j^*}\frac{C_u^2}{C_l} = F_i^* C_F - \frac{\partial p^*}{\partial x_i^*}\frac{C_p}{C_\rho C_l} + \frac{C_\nu C_u}{C_l^2}\frac{\partial}{\partial x_j^*}\left(\frac{\partial u_i^*}{\partial x_j^*} + \frac{\partial u_j^*}{\partial x_i^*}\right)$$
$$(8\text{-}8)$$

对式(8-8)所有项乘以 $\dfrac{C_l}{C_u^2}$,得

$$\frac{\partial u^*}{\partial t^*}\frac{C_l}{C_u C_t} + u_j^*\frac{\partial u_i^*}{\partial x_j^*} = F_i^*\frac{C_F C_l}{C_u^2} - \frac{\partial p^*}{\partial x_i^*}\frac{C_p}{C_\rho C_u^2} + \frac{C_\nu}{C_u C_l}\frac{\partial}{\partial x_j^*}\left(\frac{\partial u_i^*}{\partial x_j^*} + \frac{\partial u_j^*}{\partial x_i^*}\right)$$
$$(8\text{-}9)$$

由式(8-6)表示原型中流体的运动方程,式(8-9)表示模型中流体的运动方程,为保证原型和模型流体运动的相似性,物理量的比值必须满足下式:

$$\frac{C_l}{C_u C_t} = \frac{C_F C_l}{C_u^2} = \frac{C_p}{C_\rho C_u^2} = \frac{C_\nu}{C_u C_l} = 1 \quad (8\text{-}10)$$

由此得到黏性不可压缩流体的相似准则:

(1) $\dfrac{C_l}{C_u C_t} = 1$,即

$$\frac{l}{ut} = \frac{l^*}{u^* t^*} = St \quad (8\text{-}11)$$

St 为斯托罗哈(Strouhal)数,需为常数。

斯托罗哈数代表流体介质迁移惯性力与当地惯性力之比,体现了流场的非定

常性。若两种流动的斯托罗哈数相等,则流体的非定常惯性力是相似的。对周期性非定常流动,反映其周期性相似。对定常流动,不必考虑斯托罗哈数。

(2) $\dfrac{C_\nu}{C_u C_l}=1$,即

$$\frac{ul}{\nu} = \frac{u^* l^*}{\nu^*} = Re \tag{8-12}$$

Re 为雷诺(Reynolds)数,需为常数。

若两者流动的雷诺数相等,则流体的黏性力是相似的。对于雷诺数很大的湍流,惯性力起主导作用,黏性力相对较小,雷诺数相等的要求可相对放低。

(3) $\dfrac{C_p}{C_\rho C_u^2}=1$,即

$$\frac{p}{\rho u^2} = \frac{p^*}{\rho^* u^{*2}} = Eu \tag{8-13}$$

Eu 为欧拉(Euler)数,需为常数。

流体中的压力不是流体固有的物理量,其数值取决于其他参数,因此,欧拉数并不是相似准则,它是其他相似准则的函数,即它不是相似条件,而是相似结果。

(4) $\dfrac{C_F C_l}{C_u^2}=1$,即

$$\frac{u^2}{Fl} = \frac{u^{*2}}{F^* l^*} = Fr \tag{8-14}$$

Fr 为傅罗德(Froude)数,需为常数。若流体所受的质量力只有重力,$F=F^*=g$,则

$$Fr = \frac{u^2}{gl} \tag{8-15}$$

Fr 相等,表示流动的重力作用相似,反映了重力对流体的作用。在水利工程及明渠无压流动中,处于支配地位的是重力,用水位落差形式表现的重力是支配流体流动的原因,用静水压力形式表现的重力是水工结构的主要矛盾。另外,当流场中有自由表面时,如舰船航行中由于重力引起的行波阻力,重力的影响是不可忽略的。而对于大跨空间结构的气弹模型风洞试验来说,一般由型钢或圆钢管承力的普通钢屋盖结构,流体介质是比重非常小的空气,重力的作用相对来说完全可以忽略不计,也就是说重力并非是支配流体介质(空气)运动的原因,通常这种结构的风洞试验的流场模拟可以不考虑傅罗德数的相似准则;但对于完全由拉索和膜结构承力的屋盖结构来说,有时也不能忽视重力的作用,这时需要考虑傅罗德数的相似。

3. 结构动力相似准则

结构动力相似准则指的原型与模型之间的动力特性的相似,包括结构的频率、

质量和刚度分布以及阻尼比等物理量要满足一定的相似比。

不失一般性,取原型结构的第 j 阶振动方程

$$\ddot{q}_j(t) + 2\zeta_j(2\pi n_j)\dot{q}_j(t) + (2\pi n_j)^2 q_j(t) = P_j(t) \qquad (8\text{-}16)$$

式中:

$$P_j(t) = \frac{\int_0^s p(s,t)\varphi_j(s)\,\mathrm{d}s}{\int_0^s m(s)\varphi_j^2(s)\,\mathrm{d}s} \qquad (8\text{-}17)$$

与推导流动相似性准则的方法类似,将模型与原型的各物理量分别表达为比例系数与特征量的乘积代入结构振动方程:

$$t = C_t t^*,\quad q = C_l q^*,\quad p = C_p p^*,\quad m = C_m m^*,\quad \zeta = C_\zeta \zeta^* \qquad (8\text{-}18)$$

式中: $C_t, C_l, C_p, C_m, C_\zeta$ 分别为时间、几何、压力、质量、阻尼比的比例系数。

频率的比例系数即为时间的倒数,为

$$n = \frac{1}{C_t} n^* \qquad (8\text{-}19)$$

把式(8-18)、式(8-19)代入式(8-16),则模型结构的振动方程可以表示为

$$\frac{C_l}{C_t^2}\ddot{q}_j^*(t^*) + 2C_\zeta \zeta_j^*\left(2\pi\frac{1}{C_t}n_j^*\right)\frac{C_l}{C_t}\dot{q}_j^*(t^*) + \left(2\pi\frac{1}{C_t}n_j^*\right)^2 C_l q_j^*(t^*) = \frac{C_p}{C_m C_{\phi_j}}p_j^*(t^*)$$

$$(8\text{-}20)$$

将方程的两边都乘以 $\dfrac{C_t^2}{C_l}$,得到

$$\ddot{q}_j^*(t^*) + 2C_\zeta \zeta_j^*(2\pi n_j^*)\dot{q}_j^*(t^*) + (2\pi n_j^*)^2 q_j^*(t^*) = \frac{C_p C_t^2}{C_m C_{\phi_j} C_l}p_j^*(t^*)$$

$$(8\text{-}21)$$

式(8-21)表示模型的振动方程,为保证原型和模型的振动方程相似,物理量的比值必须满足下式:

$$\left.\begin{array}{c} C_\zeta = 1 \\ \dfrac{C_p C_t^2}{C_m C_{\varphi_j} C_l} = 1 \end{array}\right\} \qquad (8\text{-}22)$$

C_t 是 C_n 的倒数; C_{φ_j} 为无量纲参数,因此 $C_{\varphi_j} = 1$;由于在气弹模型设计中,通常质量比为尺度比的三次方,因而质量分布比等于尺度比,即 $C_m = C_l$;压力比 C_p 是联系流体运动与结构振动的桥梁,由欧拉相似准则,压力比等于速度比的平方,即 $C_p = C_u^2$。将以上分析的结果代入式(8-21)得 $\dfrac{C_u^2}{C_n^2 \cdot 1 \cdot C_l^2} = 1$,即

$$C_n = \frac{C_u}{C_l} \qquad (8\text{-}23)$$

综合上述分析,得到结构动力相似准则的具体表达形式为如下 4 个等式:

$$\left.\begin{array}{c} C_{\zeta_j} = 1 \\ C_{\varphi_j} = 1 \\ C_m = C_l \\ C_n = \dfrac{C_u}{C_l} \end{array}\right\} \tag{8-24}$$

以上各式中,$C_{\zeta_j} = 1$ 表示模型与原型对应的各阶结构阻尼比要分别相等;$C_{\varphi_j} = 1$ 表示模型与原型对应的各阶振型要分别相同,振型相似实际上通过模型与原型的刚度分布相似来体现;$C_m = C_l$ 表示模型与原型的质量分布比应当等于尺度比;$C_n = \dfrac{C_u}{C_l}$ 表示模型与原型的频率比由试验的风速比除以尺度比。

刚度的缩尺比不是可任意选择的,不同结构的受力方式不同,有效刚度的形式也不同。结构刚度反映了结构抵抗外力作用下发生变形的能力,结构原型和模型的刚度之比常采用总体有效刚度的形式:

$$C_E = \frac{E_{\text{eff}}^*}{E_{\text{eff}}} \tag{8-25}$$

有效刚度 E_{eff} 对于不同的受力方式而异,常见的有效刚度表达形式有以下几种:

$\dfrac{E\tau}{l}$ —— 薄膜力;

$\dfrac{EA}{l^2}$ —— 轴向力;

$\dfrac{EI}{l^4}$ —— 弯矩或扭矩。

对于自重作用对气弹影响小的结构,如普通的钢结构屋盖,钢桁架结构,模型与原型的速度比通过柯西(Cauchy)数 Ca 相等来确定,即

$$\frac{E_{\text{eff}}^*}{\rho^* u^{*2}} = \frac{E_{\text{eff}}}{\rho u^2} = Ca \tag{8-26}$$

由此可得模型与原型的速度比为

$$\frac{u^*}{u} = \left(\frac{E_{\text{eff}}^*}{E_{\text{eff}}} \frac{\rho}{\rho^*}\right)^{\frac{1}{2}} \tag{8-27}$$

但是,对于完全由拉索和膜结构构成的空间结构来说,自重对气弹影响大的结构,速度比应该由傅罗德(Froud)数 Fr 相等来确定。

$$\frac{u^{2*}}{gl^*} = \frac{u^2}{gl} = Fr \tag{8-28}$$

在此情况下,弹性力和重力对刚度的影响都很大,速度由傅罗德数相等的准则确定,有效刚度则依据柯西数相等来确定:

$$\frac{E_{\text{eff}}^*}{E_{\text{eff}}} = \frac{\rho^* l^*}{\rho l} \tag{8-29}$$

上面各式中,E 是杨氏模量;ρ 是空气密度;u 为参考风速;τ 为薄膜厚度;A 为横截面面积;I 为截面惯性矩;l 为模型尺度。

4. 决定性相似准则

由于实际结构的多样性,流体流动的复杂性,要同时满足这些流体流动或结构动力的相似准则是不可能实现的,因此,在相似理论中,一般根据具体的结构形式和流体的流动特性,采用起主导作用的决定性相似准则,而其他的相似性就可以不考虑。

实际的风洞试验或水洞试验中,一般很难同时实现 Re 和 Fr 或 Re 和 St 准则数相等。对于一般建筑模型的风洞试验,Re 数是很难满足的。假设几何缩尺比为 $C_l = 100$,采用空气介质 $C_v = 1$,这就要求风速为 100 倍才能满足雷诺数相等,这在试验中往往是难以实现的。

而在一般的有压流动的情况下,流体的质量通常可以忽略,因此可以不考虑 Fr 数相等的要求;但对于本身结构很轻的悬索结构,往往就不能忽略流体的质量,而需要考虑 Fr 数相等的要求。

尤其是对于气弹模型风洞试验,需要满足的相似准则很多,而有些相似准则是不能同时满足的,因此如何取舍和调试这些相似性,是目前建筑模型风洞试验研究的难点和重点。

8.3 建筑模型风洞试验

对于超过荷载规范规定的建筑结构,通常需要采用风洞试验方法来确定风荷载及风效应。建筑模型的风洞试验包括大气边界层的模拟、建筑模型上风荷载及风效应的测试。

8.3.1 大气边界层的模拟

黏性大气层附着地面附近流动时,因地面粗糙度的影响,形成了很大的沿垂直方向的风速梯度,其相对增量因地表摩擦不同而异,通常称为大气边界层,风洞试验必须按建筑物所处环境模拟风速梯度沿高度的变化规律。此外,大气边界层气流中具有复杂的湍流结构,其湍流强度随高度的变化、湍流尺度及风谱规律都应满足相似的要求。

现有的风洞,对于大气边界层的模拟,一般都是在建筑物模型上游区域布置尖塔和粗糙元,见图 8-4。

在上游布满粗糙元可以诱使地表附近初始速度亏损,最后在模型附近形成一个具有接近地面粗糙度的流场,使其风速剖面和湍流强度剖面达到要求,也即满足达到 α 指数和湍流度 I_u 的要求。

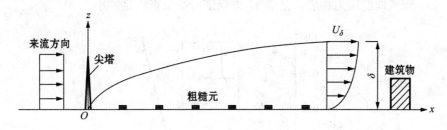

图 8-4　试验段大气边界层的模拟

尖塔和粗糙元一般按下列方法设计。

尖塔设计方法[3]:

选定要求的边界层厚度 δ;

选定要求的平均风速轮廓线形状,即确定其指数规律的幂指数 α;

根据下式求出尖塔高

$$h = 1.39\delta/(1+\alpha/2) \qquad (8\text{-}30)$$

根据图 8-5 求出尖塔边界宽度,图中 H 为风洞试验段高度。

如在试验中发现塔的上部阻塞度不够,湍流度偏低,可以在尖塔上游设置挡板,利用挡板对下部气流的阻滞作用,使风速剖面下部近底壁处的风速减小。

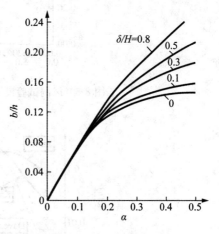

图 8-5　尖塔底边宽度确定曲线

粗糙元设计方法:

在尖塔的下游风洞底壁铺设粗糙元,例如边长为 k 的方块,其尺寸满足如下关系:

$$k/\delta = \exp\{(2/3)\ln(D/\delta) - 0.1161[(2/C_f)+2.05]^{1/2}\} \qquad (8\text{-}31)$$

式中:D 为粗糙元的间距。

$$C_f = 0.136[\alpha/(1+\alpha)]^2 \qquad (8\text{-}32)$$

以上设计方法适用于 $30 \leqslant \delta D^2/k^3 \leqslant 2\,000$。

大气边界层风洞模拟的最低要求如下：

(1) 真实模拟平均风速和顺风向的湍流强度风量沿高度的分布,如图 8-6 所示。

(2) 大气湍流的重要特性,沿风向的湍流尺度与所测的建筑或结构的尺度接近,脉动风速功率谱与目标谱一致,如图 8-7 所示。

(3) 顺风向的压力梯度应足够小,以保证对结果影响足够小。

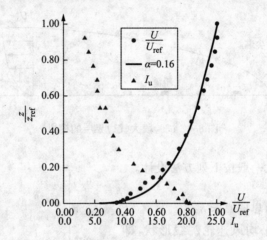

图 8-6 风洞试验模拟平均风速和湍流强度剖面

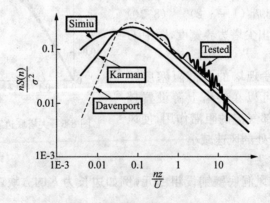

图 8-7 风洞试验模拟的风速谱

图 8-8 为一实际风洞试验中模拟 B 类地貌,边界层厚度为 1.6m 的大气边界层,采用"挡板＋二元尖塔旋涡发生器＋分布粗糙元"模拟装置的调试过程[4-5]。图 8-9 为试验最终的"挡板＋二元尖塔旋涡发生器＋分布粗糙元"布置图。

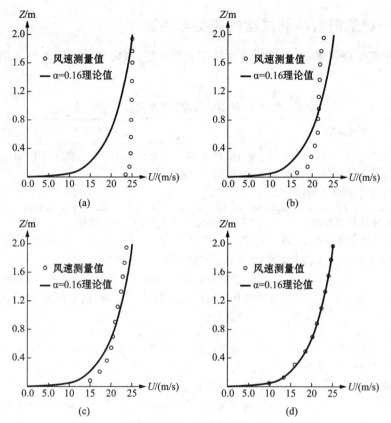

图 8-8　风速剖面调试过程简介

（a）无模拟装置时的均匀流场；（b）安装二元尖塔并调试后的流场；（c）安装挡板＋二元尖塔并对挡板进行调试后的流场；（d）安装挡板＋二元尖塔＋分布粗糙元并对粗糙元进行调试后的模拟大气边界层流场

图 8-9　大气边界层风场模拟布置图

8.3.2 建筑模型风洞试验的类型与用途

在建筑工程领域,风洞试验方法应用较为广泛,最常见的应用类型及用途见表 8-2。

表 8-2 风洞试验的类型与用途[6]

测试类型	实验用途
点压力测试 (建筑或结构刚性模型上布置压力测点,并获得各点风压)	墙面、幕墙、屋盖等结构表面的平均和脉动压力; 幕墙表面的极值风压
局部或总体风荷载测试 (刚性模型多点同步测试,经压力积分,得到局部或总体风荷载)	结构局部或总体平均和脉动风荷载; 建筑物、桥梁、其他结构上的底部合力,包括结合某些振型得到广义力荷载; 结合动力学分析方法,由广义力荷载可进一步获得建筑结构的风致响应,包括位移、速度、加速度、静力等效风荷载等
高频动态天平实验 (直接测量刚性缩尺模型的总体风荷载)	结合线性或非线性结构峰值响应的分析方法,通过实验获得空气动力学参数; 获得计算结构动力响应所需的风力谱; 高频动态天平实验经常用于估算高层建筑基本摆动和扭转模态下的广义荷载; 由广义荷载,计算建筑结构的风致响应,包括位移、速度、加速度等
截断模型实验 (使用刚性或弹性支座模型,通常用于桥梁或其他一些细长结构)	截断模型上平均风力及其动力响应; 获得理论分析模型中的气动导纳数
空气动力弹性模型实验 (建筑物、桥梁或其他结构的弹性缩尺模型)	弹性模型在空气动力作用下的动力响应; 直接测量总体平均和动力荷载及响应,包括位移、加速度和扭转角; 弹性结构上附加空气动力作用; 主动或被动系统对振动的控制

测试类型	实验用途
步行风测量 （建筑群的缩尺模型测试人行高度处的风速分布）	建筑结构周围风流场的特性； 测量单点处的风速和风向； 城市、小区风环境的评估，不利风环境的防治； 建筑物顶部直升机停机坪的评估
空气环境测评 （城市区域或建筑群的缩尺模型周围进行污染物的扩散测试）	烟迹显示空气的扩散； 污染物的浓度； 开阔区域的风致通风率
地形和地面粗糙度研究 （采用热线仪等可视化手段观测地形缩尺模型上的通风情况）	复杂地形处风流动的变化，包括地面粗糙度研究； 不同地区和不同高度处风流动的相关性； 场地潜在风能的评价

8.3.3　建筑模型表面压力测试

采用刚性模型测压试验确定屋盖结构的设计风荷载时[8-9]，在其表面布置 $300\sim800$ 个测点，同时在屋盖的边缘应布置测点，以捕捉分离柱涡或锥涡产生的超强风吸力，测压试验的目的是测量刚性模型表面各测点的局部风压。试验模型上各个测压孔内插入很细的铜管，PVC 管的一端与铜管连接，另一端与压力传感器模块连接，采集和记录数据后由计算机存储和分析。

压力传感器模块的扫描频率一般为 $100\sim500\text{Hz}$，每个压力模块连接 120 个测点。由模型表面各测压孔接受的压力信号经 PVC 管输入压力模块转换为电压信号，再通过数字伺服模块采集数据，并与主控计算机相连。同时，来自计算机的控制信号和来自气动压力分配器的控制气体经压力校准模块和压力控制模块输入压力模块，自动记录的测点风压数据用自编的程序处理为所需要的图表。

试验中，根据前节的运动相似性，St 数（斯托罗哈数）应保持与原型相等，例如选择长度缩尺比为 $1:200$，速度缩尺比为 $1:100$，若试验中压力的采样频率为 400Hz，则对应的原型频率为 4Hz。为获得稳定的平均和根方差压力系数，估计合理的最大、最小峰值压力，样本时间对应原型约为 1h。

风洞试验测得的压力时程数据经过统计分析，可得到平均压力系数 $C_{\bar{p}}$、脉动压力系数 σ_{C_p}、最大压力系数 $C_{\hat{p}}$ 和最小压力系数 $C_{\check{p}}$：

$$C_{\bar{p}} = \frac{\dfrac{1}{T}\displaystyle\int_0^T p(t)\,\mathrm{d}t}{p_0}$$

$$(8\text{-}33)$$

$$\sigma_{C_p} = \frac{\sqrt{\frac{1}{T}\int_0^T (p(t) - \bar{p})^2\,\mathrm{d}t}}{p_0} \tag{8-34}$$

$$C_{\hat{p}} = \frac{p_{\max}}{p_0} \tag{8-35}$$

$$C_{\check{p}} = \frac{p_{\min}}{p_0} \tag{8-36}$$

上面各式中：t 是时间；T 是采样周期；$p_0 = 0.5\rho U^2$ 为参考平均风压；ρ 为空气密度；U 为参考平均风速。当压力系数为正时，表示压力；当压力系数为负时，表示吸力。

峰值压力系数一般还可以用另外一种方法获得，因此式(8-35)，式(8-36)还可以表示为

$$C_{\hat{p}} = C_{\bar{p}} + g\sigma_{C_p} \tag{8-37}$$

$$C_{\check{p}} = C_{\bar{p}} - g\sigma_{C_p} \tag{8-38}$$

上面两式中，g 为峰值因子，一般取 3.0～4.0[7]。

不同风向下，各测点的压力数值会有所不同，在一个圆周范围内每隔 10° 测量一次，可足够反映所有风向的数据信息，采用 15° 的间隔也可满足工程精度要求。

测点压力通过一定的统计平均方法转换为结构荷载，常用荷载形式有局部风荷载和面上风荷载。局部风荷载指的是作用在小块面积上的风荷载，通常用单个测点的荷载表示；局部风载用于幕墙、覆面结构设计。面上风荷载指的是一个结构大面上(墙面或屋盖等)上的平均风荷载。为了得到峰值荷载，面上风荷载的相关面积上的测点需同步测试。

通过对各测点测得的风压进行插值，可以得到建筑物整体表面上的风压信息，如对建筑物表面或屋面上的平均风压等高线图；通过对离散测点风压数据积分，可以估算较大部件以及某个区域的风力。

关于建筑物的内压，一般难以进行风洞试验，可参考建筑荷载规范中对于建筑内压的规定，以内、外压最大的压差作为结构设计的总压力。

8.3.4 同步压力测试法

在建筑物的外表面布置压力测点，同步测试压力时程数据，通过空间上积分方法可求得整个建筑结构或部分建筑结构的总体合力及弯矩时程结果，结合结构模型，可计算结构的动力响应，并可考虑结构多个模态的影响。为保证该方法的精度，应在结构上布置足够多的测点。

在每个风向下，由各压力测点的时程数据 $p(t)$，插值得到结构模型有限元各节

点上的压力值 $p_i(t)$，并通过面积积分得到结构有限元节点上的风荷载 F_{xi}，F_{yi}, F_{zi}：

$$\left.\begin{array}{l} F_{xi} = p_i(t)A_{xi} \\ F_{yi} = p_i(t)A_{yi} \\ F_{zi} = p_i(t)A_{zi} \end{array}\right\} \tag{8-39}$$

这些风荷载数据作为结构动力方程的激励输入，通过结构动力学方法可计算结构的空间动力响应：

$$[M]\{\ddot{y}(t)\} + [C]\{\dot{y}(t)\} + [K]\{y(t)\} = \{F\} \tag{8-40}$$

式中：$\{\ddot{y}(t)\}, \{\dot{y}(t)\}, \{y(t)\}$ 分别是振动系统的位移、速度和加速度向量；$[M]$，$[C], [K]$ 分别为系统的质量、阻尼和刚度矩阵。

因此，同步压力测试法得到的风荷载数据，结合动力学分析方法，只需求解式 (8-40)，并可以考虑多模态及模态交叉项的影响，就能算出较为精确的风致效应（速度、加速度等）。

8.3.5　气动弹性模型风效应试验

对于像大跨空间结构这种风敏感结构，在强风作用下，极易产生气动耦合振动，气弹模型风洞试验主要用来模拟该类结构的振动，直接获得结构的动力荷载及响应。

气弹模型试验主要是模型的制作和调试特别困难，气弹模型不仅要满足流体运动的相似性，还要满足结构动力特性的相似性，结构的质量、刚度、阻尼等特性都需要通过模型的相似比来确定。

气弹模型试验，通过在结构上布置传感器，直接测量总体平动和动力荷载及响应，包括位移、扭转角和加速度等。通过进一步的频谱分析，可以得到结构的位移、速度、加速度谱曲线，了解结构的频域特性。

8.4　大跨屋盖刚性模型风压实验实例介绍

聊城市体育公园体育馆工程南北向全长 143m。主馆的投影是一个直径约为 105m 的圆形结构，屋盖是一个马鞍形曲面，北、南挑檐上翘，高 30m，由于体育馆的屋盖曲面形状特殊，在目前规范中没有提供相关的风荷载体型系数，所以准确确定该结构的风荷载体型系数对结构设计十分重要。通过正确的风洞模拟实验是获得不规则形状建筑物或结构物风荷载体形系数的主要手段。

本项实验的目的是确定聊城市体育公园体育馆工程屋盖的风载体型系数。有关基本风压和风振系数的取值应根据《建筑荷载规范》结合当地的风气象资料以及项目所在地的地形、地貌和建筑结构本身的动力学特性合理选用。

1. 模型设计与制作[10]

从建筑物的高宽比的角度来讲,聊城市体育公园体育馆属于低矮建筑。根据设计部门提供的建筑图纸,按 1∶150 的模型和实物缩尺比,用 ABS 材料和有机玻璃制作了聊城市体育公园体育馆的刚性测压模型。在本项研究中,不考虑体育馆附近其他建筑物和周围地形的影响。

图 8-10　在风洞中的模型

由于模型的轴对称性,只要知道风向角 $\beta=0°\sim180°$ 范围内的整个建筑物的风荷载,就可以推算出其他风向角下的风荷载。因此,在实际的实验过程中进行了风向角从 $\beta=0°\sim180°$,间隔 $10°$,共 19 个风向角的实验。在一个风向角下,整个屋盖上、下表面叠加后的压力数据总数为 129 个。在模型上布置的上、下表面测压孔位置和编号以及实验风向角定义如图 8-11 所示。

2. 风模拟

风荷载模拟实验是由北京大学力学与工程科学系在其 $\phi2.25m$ 大型低速风洞中进行的[12]。该风洞原设计为回流型航空风洞,实验段为圆型开口,直径 2.25m,试验段长 3.65m,空风洞时试验段风速可达 50m/s,气流的本底湍流度大约为 0.2%。为了进行风工程方面的试验,对该风洞试验段进行了适当的改装。在地板上的迎风向前沿布置了尖塔、挡板和粗糙元等,采用人工加速的方法来形成大气边界层风速剖面。根据《建筑荷载规范》要求,在风洞的模型实验区模拟了平均速度

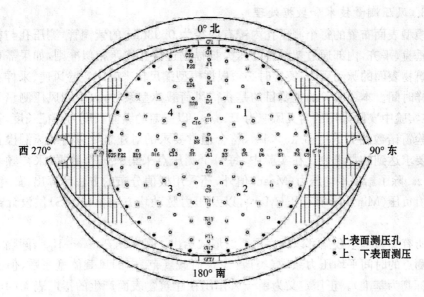

图 8-11 体育馆屋盖表面测压孔布置、编号、单元划分和实验风向角定义示意图

剖面为幂次律 $\alpha=0.16$ 的大气边界层气流(即规范中的 B 类地区)和相应湍流度分布。图 8-12 是在试验段转盘中心位置的平均风速和湍流度随高度变化的测量结果。

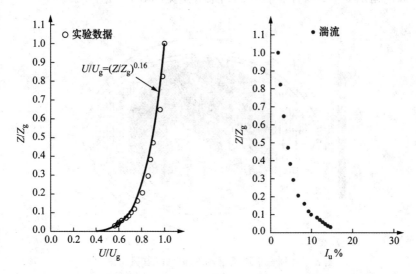

图 8-12 在试验段转盘中心位置的平均风速和湍流度剖面测量结果

3. 风压测量技术和数据处理

模型表面布置的每个测压孔内镶有内径为 0.93mm 的紫铜管,测压孔与模型表面垂直、平齐,内部通过塑料管与压力扫描阀连接。按照相似准则,如果需要考虑建筑物表面的脉动压力,实验时必须根据模型缩尺比来确定实验风速、采样频率和采样时间。本项实验的主要目的是获得风荷载体型系数,以平均风压测量为重点,在实验中实际采用的名义风速为 15m/s。以屋盖的纵向长度为特征长度,算得的实验雷诺数约为 $Re=6.13\times10^5$,符合通常要求的对建筑物风荷载风洞模拟实验所要求达到的雷诺数。在实验中,每一个测压点采集 3 900 个数据,采样频率为 400Hz。除了给出平均压力(Mean)值外,还采用极值分布的方法计算出每一测点的峰值负压(Min),峰值正压(Max),以及压力脉动均方根值(RMS)供设计部门参考。

所有实验基本数据都以压力系数的形式给出。风向角 $\beta=0°\sim180°$,间隔 $10°$,每个测点的时间平均压力系数(类似《建筑荷载规范》中的风载体型系数,但是以 30m 标高为基准)。正压定义为由于风作用在建筑物表面产生的指向表面的法向压力,负压定义为作用在建筑物表面产生的背离表面的法向吸力。

4. 实验结果和分析

在结构设计中,通常使用的所谓体型系数即类似于本报告给出的平均风压系数。为了形象起见,将体育馆屋盖表面平均风压系数的数值以等值线分布的方式给出。风向角从 $0°\sim180°$,间隔 $30°$ 的结果分别见图 8-13~图 8-19。

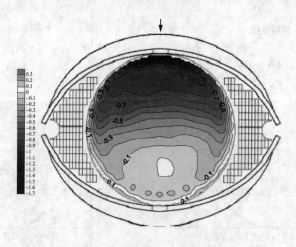

图 8-13　屋盖平均风压系数等值线图(风向角 $0°$)

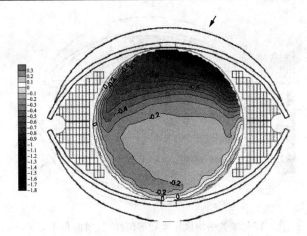

图 8-14　屋盖平均风压系数等值线图（风向角 30°）

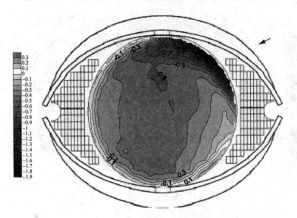

图 8-15　屋盖平均风压系数等值线图（风向角 60°）

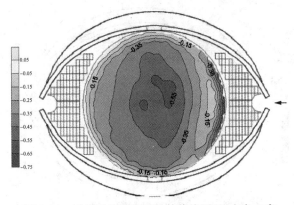

图 8-16　屋盖平均风压系数等值线图（风向角 90°）

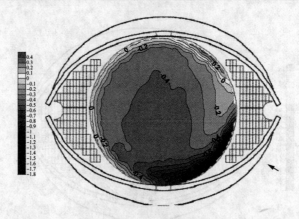

图 8-17　屋盖平均风压系数等值线图(风向角 120°)

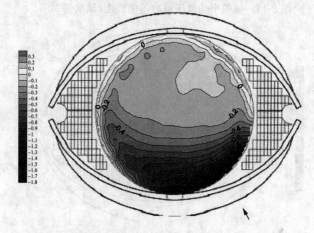

图 8-18　屋盖平均风压系数等值线图(风向角 150°)

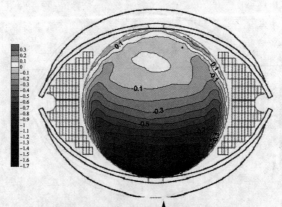

图 8-19　屋盖平均风压系数等值线图(风向角 180°)

8.5　空间结构气弹模型风洞试验实例介绍

利用气弹模型风洞试验,结构在强风下的响应可以被直接测量,包括位移和加速度响应等。同时,由于考虑了结构和来流之间的相互耦合作用,所以从某种程度上讲,气弹试验是最能真实地反映结构在大气边界层中的受力状况和响应特性,但由于模型的制作和调试相当费时费钱,对于复杂的三维空间结构,其气动弹性模型的设计、制作难度更大,所以迄今为止,国内外仅有极少数学者曾经进行过类似尝试[11-16]。

参考文献[13]对建造于强风地区的一座标准体育场主看台屋面,进行了气动弹性模型试验。根据基本相似规律,可确定模型和原型结构的相似参数以及模型的设计参数。

1. 模型设计与制作

根据风洞试验段的条件首先确定模型的几何缩尺比为 1/150,通过前面章节的相似理论可知,对于普通的钢结构屋盖,可以放松傅罗德数的相似准则。考虑到风洞的风速范围和市场可获得的模型制作材料,经试算先确定风速比为 1/8 左右,由相似原理可得频率比为 18.75,也就是说模型屋盖的基频约为原屋盖基频的 18.75倍,由此通过反复试算来确定模型骨架的材料及构件的截面。最后采用空心不锈钢毛细管电焊成网格形式模拟屋盖的整体刚度。屋盖的蒙皮结构由于重量轻,模型质量模拟最难实现,经过很多选择,最后确定屋盖的蒙皮用高强度纸模拟,屋盖下表面的网架用轻质的 ABS 塑料细条制作,制作过程中严格保证模型和外形及屋盖部分的总质量,并注意质量分布和刚度分布与原型保持一致,模型安装完成以后,对模型进行了动力特性的检验,以确保模型和原型的前几阶主要频率相似,以及结构阻尼比基本相等。模型布置示意图如图 8-20 所示。

2. 试验结果

图 8-21 为模型屋盖上典型测点的位移响应随风速的变化情况及与计算值的比较,风向角为 90°。图中横坐标为无量纲风速(试验风速/(特征频率×特征尺度));纵坐标为无量纲位移响应(位移响应/特征尺度)。总的来说,试验结果与计算值吻合得较好,测点 A3 的试验值和计算值基本相等,测点 A1 和 A2 的试验值总体上略小于计算值。竖向平均位移的试验值均大于零,也即屋盖在平均风作用下产生向上的竖向平均位移,位移响应的平均值和根方差都随风速的增大而增大,在双对数坐标中基本呈线性关系。

图 8-22 为典型测点的竖向位移响应自功率谱图,纵坐标取无量纲规格化自谱 $nS(n)/\sigma^2$,其中 n 为频率,$S(n)$ 为位移响应自功率谱,σ 为位移响应根方差。图中还

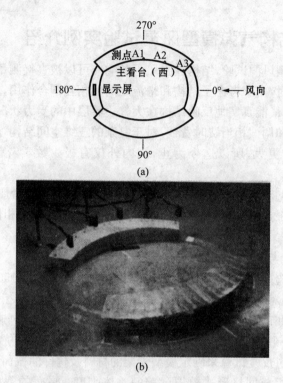

图 8-20　模型布置图

（a）模型布置示意图；（b）模型实物

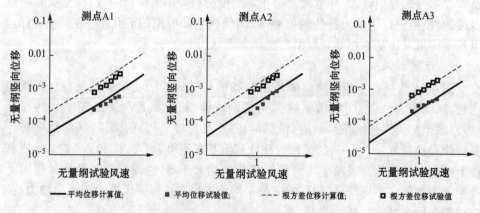

图 8-21　典型测点位移响应试验值随风速的变化与计算值的比较

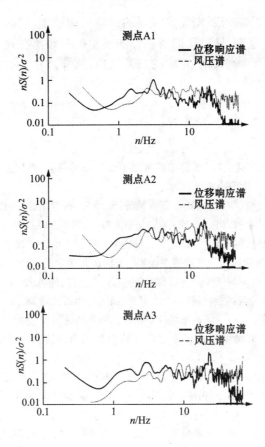

图 8-22　典型测点位移响应谱与该点风压自谱的比较

给出了相应测点风压的自功率谱,风压谱数据取自刚性模型测压试验中对应测点的风压系数时程。由图可见,在上游主看台及屋盖的干扰影响下,结构响应的背景分量并不显著,共振分量相对加大。

3. 结语

综合以上分析可知,尺度比是进行气弹模型风洞首先需要确定的一个相似比,对模型来说可以保证试验所得的响应能正确地按比例转换为实际结构的响应,对流场来说满足模型的几何相似也就是满足了流场的几何相似性,这是实现流场运动相似和动力相似的前提,也是使作用于模型上的荷载满足相似原理的基础。

值得注意的是,在不模拟重力相似准则的情况下,在流动相似准则中,速度相似比不受尺度相似比的制约,只要保证速度相似比与尺度相似比之比等于频率相似比即可,而这一点正好与结构动力相似准则相对应。于是,可以根据风洞试验设备的条件和具体试验的需要先确定风洞的试验风速范围,然后结合缩尺比反算气弹模型的可用频率范围,只要我们所制作的模型的基频落在这一范围内即可。最后再根据实测的模型频率确定对应的试验风速,这样就在很大程度上简化了气弹模型的设计和制作。

参考文献

[1] 中国人民解放军总装备部军事训练教材编辑工作委员会. 高低速风洞气动与结构设计[M]. 北京:国防工业出版社,2003.

[2] 波普,哈珀. 低速风洞试验[M]. 彭锡铭等译. 北京:科学出版社,1977.

[3] 陈政清. 桥梁风工程[M]. 北京:人民交通出版社,2005.

[4] 何艳丽. 桅杆结构的稳定性分析[D]. 同济大学博士学位论文,2000.

[5] 施宗城. TJ-1低速风洞大气边界层模拟[J]. 同济大学学报,1994,22(4):469-474.

[6] 黄本才,汪丛军. 结构抗风分析原理及应用[M]. 上海:同济大学出版社,2001.

[7] 张相庭. 结构风压与风振计算[M]. 上海:同济大学出版社,1985.

[8] 周春,周晓峰等. 上海国际赛车场建筑群的风荷载研究[J]. 空间结构,2004,10(4):3-6.

[9] 陈勇,焦俭等. 面向设计的房屋建筑刚性模型风洞试验[J]. 空间结构,2003,9(2):47-51.

[10] 顾志福等. 聊城体育馆风荷载风洞试验报告[R]. 北京大学力学与工程科学系,2007.

[11] 向阳,沈世钊,赵臣. 张拉式薄膜结构的弹性模型风洞试验研究[J]. 空间结构,1998,5(3):31-36.

[12] 顾明,黄翔. 体育场屋盖气弹模型设计及风洞试验研究[J]. 建筑结构学报,2005,26(1):60-64.

[13] 朱川海. 大跨度屋盖气弹模型风洞试验需要满足的相似条件[J]. 空间结构,2005,11(4):46-49.

[14] Kawai H,Yoshie R,Wei R, et al. Wind-induced response of a large cantilevered roof[J]. J. Wind. Eng. Ind. Aerodyn. ,1999,83:263-275.

[15] Nakamura O,Tamura Y,Miyashita K, et al. A case study of wind-induced vibration of a large span open-type roof [J]. J. Wind. Eng. Ind. Aerodyn. ,1994,52:237-248.

[16] Melrourne W H,Cheung J C K. Reducing the wind loading on large cantilevered roofs [J]. J. Wind. Eng. Ind. Aerodyn. ,1988,28:401-410.

附录 A 全国各城市的风压值

省区市名	市县名	海拔高度/m	风压/(kN/m²)		
			$n=10$	$n=50$	$n=100$
北京		54.0	0.30	0.45	0.50
天津	天津市	3.3	0.30	0.50	0.60
	塘沽	3.2	0.40	0.55	0.60
上海		2.8	0.40	0.55	0.60
重庆		259.1	0.25	0.40	0.45
河北	石家庄市	80.5	0.25	0.35	0.40
	蔚县	909.5	0.20	0.30	0.35
	邢台市	76.8	0.20	0.30	0.35
	丰宁	659.7	0.30	0.40	0.45
	围场	842.8	0.35	0.45	0.50
	张家口市	724.2	0.35	0.55	0.60
	怀来	536.8	0.25	0.35	0.40
	承德市	377.2	0.30	0.40	0.45
	遵化	54.9	0.30	0.40	0.45
	青龙	227.2	0.25	0.30	0.35
	秦皇岛市	2.1	0.35	0.45	0.50
	霸县	9.0	0.25	0.40	0.45
	唐山市	27.8	0.30	0.40	0.45
	乐亭	10.5	0.30	0.40	0.45
	保定市	17.2	0.30	0.40	0.45
	饶阳	18.9	0.30	0.35	0.40
	沧州市	9.6	0.30	0.40	0.45
	黄骅	6.6	0.30	0.40	0.45
	南宫市	27.4	0.25	0.35	0.40

续 表

省区市名	市县名	海拔高度/m	风压/(kN/m²)		
			$n=10$	$n=50$	$n=100$
山西	太原市	778.3	0.30	0.40	0.45
	右玉	1345.8			
	大同市	1067.2	0.35	0.55	0.65
	河曲	861.5	0.30	0.50	0.60
	五寨	1401.0	0.30	0.40	0.45
	兴县	1012.6	0.25	0.45	0.55
	原平	828.2	0.30	0.50	0.60
	离石	950.8	0.30	0.45	0.50
	阳泉市	741.9	0.30	0.40	0.45
	榆社	1041.4	0.20	0.30	0.35
	隰县	1052.7	0.25	0.35	0.40
	介休	743.9	0.25	0.40	0.45
	临汾市	449.5	0.25	0.40	0.45
	长冶县	991.8	0.30	0.40	0.60
	运城市	376.0	0.30	0.40	0.45
	阳城	659.5	0.30	0.45	0.15
内蒙古	呼和浩特	1063.0	0.35	0.55	0.60
	额右旗拉布达林	581.4	0.35	0.50	0.60
	牙克石市图里河	732.6	0.30	0.40	0.45
	满洲里市	661.7	0.50	0.65	0.70
	海拉尔市	610.2	0.45	0.65	0.75
	鄂伦春小二沟	286.1	0.30	0.40	0.45
	新巴尔虎右旗	554.2	0.45	0.60	0.65
	新巴尔虎左旗阿木古郎	642.0	0.40	0.55	0.60
	牙克石市博克图	739.7	0.40	0.55	0.60

省区市名	市县名	海拔高度/m	风压/(kN/m²)		
			$n=10$	$n=50$	$n=100$
	扎兰屯市	306.5	0.30	0.40	0.45
	科右翼前旗阿尔山	1 027.4	0.35	0.50	0.55
	科右翼前旗索伦	501.8	0.45	0.55	0.60
	乌兰浩特市	274.7	0.40	0.55	0.60
	东乌珠穆沁旗	838.7	0.35	0.55	0.65
	额济纳旗	940.50	0.40	0.60	0.70
	额济纳旗拐子湖	960.0	0.45	0.55	0.60
	阿左旗巴彦毛道	1 328.1	0.40	0.55	0.60
	阿拉善右旗	1 510.1	0.45	0.55	0.60
	二连浩特市	964.7	0.55	0.65	0.70
	那仁宝力格	1 181.6	0.40	0.55	0.60
	达茂旗满都拉	1 225.2	0.50	0.75	0.85
	阿巴嘎旗	1 126.1	0.35	0.50	0.55
内蒙古	苏尼特左旗	1 111.4	0.40	0.50	0.55
	乌拉特后旗海力素	1 509.6	0.45	0.50	0.55
	乌拉特右旗朱日和	1 150.8	0.5	0.65	0.75
	乌拉特中旗海流图	1 288.0	0.45	0.60	0.65
	百灵庙	1 376.6	0.50	0.75	0.85
	四子王旗	1 490.1	0.40	0.60	0.70
	化德	1 482.7	0.45	0.75	0.85
	杭锦后旗陕坝	1 056.7	0.30	0.45	0.50
	包头市	1 067.2	0.35	0.55	0.60
	集宁市	1 419.3	0.40	0.60	0.70
	阿拉善左旗吉兰泰	1 031.8	0.35	0.50	0.55
	临河市	1 039.3	0.30	0.50	0.60
	鄂托克旗	1 380.3	0.35	0.55	0.65
	东胜市	1 460.4	0.30	0.50	0.60

省区市名	市县名	海拔高度/m	风压/(kN/m²)		
			$n=10$	$n=50$	$n=100$
内蒙古	阿腾席连	1 329.3	0.40	0.50	0.55
	巴彦浩特	1 561.4	0.40	0.60	0.70
	西乌珠穆沁旗	995.9	0.45	0.55	0.60
	扎鲁特鲁北	265.0	0.40	0.55	0.60
	巴林左旗林东	484.4	0.40	0.55	0.60
	锡林浩特市	989.5	0.40	0.55	0.60
	林西	799.0	0.45	0.60	0.70
	开鲁	241.0	0.40	0.55	0.60
	通辽市	178.5	0.40	0.55	0.60
	多伦	1 245.4	0.40	0.55	0.60
	翁牛特旗乌丹	631.8			
	赤峰市	571.1	0.30	0.55	0.65
	敖汉旗宝国图	400.5	0.40	0.50	0.55
辽宁	沈阳市	42.8	0.40	0.55	0.60
	彰武	79.4	0.35	0.45	0.50
	阜新市	144.0	0.40	0.60	0.70
	开原	98.2	0.30	0.45	0.50
	清原	234.1	0.25	0.40	0.45
	朝阳市	169.2	0.40	0.55	0.60
	建平县叶柏寿	421.7	0.30	0.35	0.40
	黑山	37.5	0.45	0.65	0.75
	锦州市	65.9	0.40	0.60	0.70
	鞍山市	77.3	0.30	0.50	0.60
	本溪市	185.2	0.35	0.45	0.50
	抚顺市章党	118.5	0.30	0.45	0.50
	桓仁	240.3	0.25	0.30	0.35

省区市名	市县名	海拔高度/m	风压/(kN/m²)		
			$n=10$	$n=50$	$n=100$
辽宁	绥中	15.3	0.25	0.40	0.45
	兴城市	8.8	0.35	0.45	0.50
	营口市	3.3	0.40	0.60	0.70
	盖县熊岳	20.4	0.30	0.40	0.45
	本溪县草河口	233.4	0.25	0.45	0.55
	岫岩	79.3	0.30	0.45	0.50
	宽甸	260.1	0.30	0.50	0.60
	丹东市	15.1	0.35	0.55	0.65
	瓦房店市	29.3	0.35	0.50	0.55
	新金县皮口	43.2	0.35	0.50	0.55
	庄河	34.8	0.35	0.50	0.55
	大连市	91.5	0.40	0.65	0.75
吉林	长春市	236.8	0.45	0.65	0.75
	白城市	155.4	0.45	0.65	0.75
	乾安	146.3	0.35	0.45	0.50
	前郭尔罗斯	134.7	0.30	0.45	0.50
	通榆	149.5	0.35	0.50	0.55
	长岭	189.3	0.30	0.45	0.50
	扶余市三岔河	196.6	0.35	0.55	0.65
	双辽	114.9	0.35	0.50	0.55
	四平市	164.2	0.40	0.55	0.60
	磐石县烟筒山	271.6	0.30	0.40	0.45
	吉林市	183.4	0.40	0.50	0.55
	蛟河	295.0	0.30	0.45	0.50
	敦化市	523.7	0.30	0.45	0.50
	梅河口市	339.9	0.30	0.40	0.45

省区市名	市县名	海拔高度/m	风压/(kN/m²)		
			$n=10$	$n=50$	$n=100$
吉林	桦甸	263.8	0.30	0.40	0.45
	靖宇	549.2	0.25	0.35	0.40
	抚松县东岗	774.2	0.30	0.40	0.45
	延吉市	176.8	0.35	0.50	0.55
	通化市	402.9	0.30	0.50	0.60
	浑江市临江	332.7	0.20	0.30	0.35
	集安市	177.7	0.20	0.30	0.35
	长白	1 016.7	0.35	0.45	0.50
黑龙江	哈尔滨市	142.3	0.35	0.55	0.65
	漠河	296.0	0.25	0.35	0.40
	塔河	296.0	0.25	0.35	0.40
	新林	494.6	0.25	0.35	0.40
	呼玛	177.4	0.30	0.50	0.60
	加格达奇	371.7	0.25	0.35	0.40
	黑河市	166.4	0.35	0.50	0.55
	嫩江	242.2	0.40	0.55	0.60
	孙吴	234.5	0.40	0.60	0.70
	北安市	269.7	0.30	0.50	0.60
	克山	234.6	0.30	0.45	0.50
	富裕	162.4	0.30	0.40	0.45
	齐齐哈尔市	145.9	0.35	0.45	0.50
	海伦	239.2	0.35	0.55	0.65
	明水	249.2	0.35	0.45	0.50
	伊春市	240.9	0.25	0.35	0.40
	鹤岗市	227.9	0.30	0.40	0.45
	富锦	64.2	0.30	0.45	0.50

续 表

省区市名	市县名	海拔高度/m	风压/(kN/m²)		
			$n=10$	$n=50$	$n=100$
黑龙江	泰来	149.5	0.30	0.45	0.50
	绥化市	179.6	0.35	0.55	0.65
	安达市	149.3	0.35	0.55	0.65
	铁力	210.5	0.25	0.35	0.40
	佳木斯市	81.2	0.40	0.65	0.75
	依兰	100.1	0.45	0.65	0.75
	宝清	83.0	0.30	0.40	0.45
	通河	108.6	0.35	0.50	0.55
	尚志	189.7	0.35	0.55	0.60
	鸡西市	233.6	0.40	0.55	0.65
	虎林	100.2	0.35	0.45	0.50
	牡丹江市	241.4	0.35	0.50	0.55
	绥芬河市	496.7	0.40	0.60	0.70
山东	济南市	51.6	0.30	0.45	0.50
	德州市	21.2	0.30	0.45	0.50
	惠民	11.3	0.40	0.50	0.55
	寿光县羊角沟	4.4	0.30	0.45	0.50
	龙口市	4.8	0.45	0.60	0.65
	烟台市	46.7	0.40	0.55	0.60
	威海市	46.6	0.45	0.65	0.75
	荣成市成山头	47.7	0.60	0.70	0.75
	莘县朝城	42.7	0.35	0.45	0.50
	泰安市泰山	1533.7	0.65	0.85	0.95
	泰安市	128.8	0.30	0.40	0.45
	淄博市张店	34.0	0.30	0.40	0.45
	沂源	304.5	0.30	0.35	0.40

省区市名	市县名	海拔高度/m	风压/(kN/m²)		
			$n=10$	$n=50$	$n=100$
山东	潍坊市	44.1	0.30	0.40	0.45
	莱阳市	30.5	0.30	0.40	0.45
	青岛市	76.0	0.45	0.60	0.70
	海阳	65.2	0.40	0.55	0.60
	荣城市石岛	33.7	0.40	0.55	0.65
	菏泽市	49.7	0.25	0.40	0.45
	兖州	51.7	0.25	0.40	0.45
	临沂	87.9	0.30	0.40	0.45
	日照市	16.1	0.30	0.40	0.45
	莒县	107.4	0.25	0.35	0.40
江苏	南京市	8.9	0.25	0.40	0.45
	徐州市	41.0	0.25	0.35	0.40
	赣榆	2.1	0.30	0.45	0.50
	盱眙	34.5	0.25	0.35	0.40
	淮阳市	17.5	0.25	0.40	0.45
	射阳	2.0	0.30	0.40	0.45
	镇江	26.5	0.30	0.40	0.45
	无锡	6.7	0.30	0.45	0.50
	泰州	6.6	0.25	0.40	0.45
	连云港	3.7	0.35	0.55	0.65
	盐城	3.6	0.25	0.45	0.55
	高邮	5.4	0.25	0.40	0.45
	东台市	4.3	0.30	0.40	0.45
	南通市	5.3	0.30	0.45	0.50
	启东县吕泗	5.5	0.35	0.50	0.55
	常州市	5.3	0.30	0.45	0.50

省区市名	市县名	海拔高度/m	风压/(kN/m²)		
			$n=10$	$n=50$	$n=100$
江苏	溧阳	7.2	0.25	0.40	0.45
	吴县东山	17.5	0.30	0.45	0.50
浙江	杭州市	41.7	0.30	0.45	0.50
	临安县天目山	1 505.9	0.55	0.70	0.80
	平湖县乍浦	5.4	0.35	0.45	0.50
	慈溪市	7.1	0.30	0.45	0.50
	嵊泗	79.6	0.85	1.30	1.55
	嵊泗县嵊山	124.6	0.95	1.50	1.75
	舟山市	35.7	0.50	0.85	1.00
	金华市	62.6	0.25	0.35	0.40
	嵊县	104.3	0.25	0.40	0.50
	宁波市	4.2	0.30	0.50	0.60
	象山县石浦	128.4	0.75	1.20	1.40
	衢州市	66.9	0.25	0.35	0.40
	丽水市	60.8	0.20	0.30	0.35
	龙泉	198.4	0.20	0.30	0.35
	临海市括苍山	1 383.1	0.60	0.90	1.05
	温州市	6.0	0.35	0.60	0.70
	椒江市洪家	1.3	0.35	0.55	0.65
	椒江市下大陈	86.2	0.90	1.40	1.65
	玉环县坎门	95.9	0.70	1.20	1.45
	瑞安市北麂	42.3	0.95	1.60	1.90
安徽	合肥市	27.9	0.25	0.35	0.40
	砀山	43.2	0.25	0.35	0.40
	亳州市	37.7	0.25	0.45	0.55
	宿县	25.9	0.25	0.40	0.50

省区市名	市县名	海拔高度/m	风压/(kN/m²)		
			$n=10$	$n=50$	$n=100$
安徽	寿县	22.7	0.25	0.35	0.40
	蚌埠市	18.7	0.25	0.35	0.40
	滁县	25.3	0.25	0.35	0.40
	六安市	60.5	0.20	0.35	0.40
	霍山	68.1	0.20	0.35	0.40
	巢县	22.4	0.25	0.35	0.40
	安庆市	19.8	0.25	0.40	0.45
	宁国	89.4	0.25	0.35	0.40
	黄山	1 840.4	0.50	0.70	0.80
	黄山市	142.7	0.25	0.35	0.40
	阜阳市	30.6			
江西	南昌市	46.7	0.30	0.45	0.55
	修水	146.8	0.20	0.30	0.35
	宜春市	131.3	0.20	0.30	0.35
	吉安	76.4	0.25	0.30	0.35
	宁冈	263.1	0.20	0.30	0.35
	遂川	126.1	0.20	0.30	0.35
	赣州市	123.8	0.20	0.30	0.35
	九江	36.1	0.25	0.35	0.40
	庐山	1 164.5	0.40	0.55	0.60
	波阳	40.1	0.25	0.40	0.45
	景德镇市	61.5	0.25	0.35	0.40
	樟树市	30.4	0.20	0.30	0.35
	贵溪	51.2	0.20	0.30	0.35
	玉山	116.3	0.20	0.30	0.35
	南城	80.8	0.25	0.30	0.35

省区市名	市县名	海拔高度/m	风压/(kN/m²)		
			$n=10$	$n=50$	$n=100$
江西	广昌	143.8	0.20	0.30	0.35
	寻乌	303.9	0.25	0.30	0.35
福建	福州市	83.8	0.40	0.70	0.85
	邵武市	191.5	0.20	0.30	0.35
	铅山县七仙山	1401.9	0.55	0.70	0.80
	浦城	276.9	0.20	0.30	0.35
	建阳	196.9	0.25	0.35	0.40
	建瓯	154.9	0.25	0.35	0.40
	福鼎	36.2	0.35	0.70	0.90
	泰宁	342.9	0.20	0.30	0.35
	南平市	125.6	0.20	0.35	0.45
	福鼎县台山	106.6	0.75	1.00	1.10
	长汀	310.0	0.20	0.35	0.40
	上杭	197.9	0.25	0.30	0.35
	永安市	206.0	0.25	0.40	0.45
	龙岩市	342.3	0.20	0.35	0.45
	德化县九仙山	1653.5	0.60	0.80	0.90
	屏南	896.5	0.20	0.30	0.35
	平潭	32.4	0.75	1.30	1.60
	崇武	21.8	0.55	0.80	0.90
	厦门市	139.4	0.50	0.80	0.90
	东山	53.3	0.80	1.25	1.45
陕西	西安市	397.5	0.25	0.35	0.40
	榆林市	1057.5	0.25	0.40	0.45
	吴旗	1272.6	0.25	0.40	0.50
	横山	1111.0	0.30	0.40	0.45

续 表

省区市名	市县名	海拔高度/m	风压/(kN/m²)		
			$n=10$	$n=50$	$n=100$
	绥德	929.7	0.30	0.40	0.45
	延安市	957.8	0.25	0.35	0.40
	长武	1 206.5	0.20	0.30	0.35
	洛川	1 158.3	0.25	0.35	0.40
	铜川市	978.9	0.20	0.35	0.40
	宝鸡市	612.4	0.20	0.35	0.40
	武功	447.8	0.20	0.35	0.40
陕西	华阴县华山	2 064.9	0.40	0.50	0.55
	略阳	794.2	0.25	0.35	0.40
	汉中市	508.4	0.20	0.30	0.35
	佛坪	1 087.7	0.25	0.30	0.35
	商州市	742.2	0.25	0.30	0.35
	镇安	693.7	0.20	0.30	0.35
	石泉	484.9	0.20	0.30	0.35
	安康市	290.8	0.30	0.45	0.50
	兰州市	1 517.2	0.20	0.30	0.35
	吉诃德	966.5	0.45	0.55	0.60
	安西	1 170.8	0.40	0.55	0.60
	酒泉市	1 477.2	0.40	0.55	0.60
	张掖市	1 482.7	0.30	0.50	0.60
甘肃	武威市	1 530.9	0.35	0.55	0.65
	民勤	1 367.0	0.40	0.50	0.55
	乌鞘岭	3 045.1	0.35	0.40	0.45
	景泰	1 630.5	0.25	0.40	0.45
	靖远	1 398.2	0.20	0.30	0.35
	临夏市	1 917.0	0.20	0.30	0.35

续 表

省区市名	市县名	海拔高度/m	风压/(kN/m²)		
			$n=10$	$n=50$	$n=100$
甘肃	临洮	1 886.6	0.20	0.30	0.35
	华家岭	2 450.6	0.30	0.40	0.45
	环县	1 255.6	0.20	0.30	0.35
	平凉市	1 346.6	0.25	0.30	0.35
	西峰镇	1 421.0	0.20	0.30	0.35
	玛曲	3 471.4	0.25	0.30	0.35
	夏河县合作	2 910.0	0.25	0.30	0.35
	武都	1 079.1	0.25	0.35	0.40
	天水市	1 141.7	0.20	0.35	0.40
	马宗山	1 962.7			
	敦煌	1 139.0			
	玉门市	1 526.0			
	金塔县鼎新	1 177.4			
	高台	1 332.2			
	山丹	1 764.6			
	永昌	1 976.1			
	榆中	1 874.1			
	会宁	2 012.2			
	岷县	2 315.0			
宁夏	银川市	1 111.4	0.40	0.65	0.75
	惠农	1 091.0	0.45	0.65	0.70
	陶乐	1 101.6			
	中卫	1 225.7	0.30	0.45	0.50
	中宁	1 183.3	0.30	0.35	0.40
	盐池	1 347.8	0.30	0.40	0.45
	海源	1 854.2	0.25	0.30	0.35

续　表

省区市名	市县名	海拔高度/m	风压/(kN/m²)		
			$n=10$	$n=50$	$n=100$
宁夏	同心	1 343.9	0.20	0.30	0.35
	固原	1 753.0	0.25	0.35	0.40
	西吉	1 916.5	0.20	0.30	0.35
青海	西宁市	2 261.2	0.25	0.35	0.40
	茫崖	3 138.5	0.30	0.40	0.45
	冷湖	2 733.0	0.40	0.55	0.60
	祁连县野牛沟	3 180.0	0.30	0.40	0.45
	祁连	2 787.4	0.30	0.35	0.40
	格尔木市小灶火	2 767.0	0.30	0.40	0.45
	大柴旦	3 173.2	0.30	0.40	0.45
	德令哈市	2 918.5	0.25	0.35	0.40
	刚察	3 301.5	0.25	0.35	0.40
	门源	2 850.0	0.25	0.35	0.40
	格尔木市	2 807.6	0.30	0.40	0.45
	都兰县诺木洪	2 790.4	0.35	0.50	0.60
	都兰	3 191.1	0.30	0.45	0.55
	乌兰县茶卡	3 087.6	0.25	0.35	0.40
	共和县恰卜恰	2 835.0	0.25	0.35	0.40
	贵德	2 237.1	0.25	0.30	0.35
	民和	1 813.9	0.20	0.30	0.35
	唐古拉山五道梁	4 612.2	0.35	0.45	0.50
	兴海	3 323.2	0.25	0.35	0.40
	同德	3 289.4	0.25	0.30	0.35
	泽库	3 662.8	0.25	0.30	0.35
	格尔木市托河	4 533.1	0.40	0.50	0.55
	治多	4 179.0	0.25	0.30	0.35

省区市名	市县名	海拔高度/m	风压/(kN/m²)		
			$n=10$	$n=50$	$n=100$
青海	杂多	4 066.4	0.25	0.35	0.40
	曲麻莱	4 231.2	0.25	0.35	0.40
	玉树	3 681.2	0.20	0.30	0.35
	玛多	4 273.3	0.30	0.40	0.45
	称多县清水河	4 415.4	0.25	0.30	0.35
	达日县吉迈	3 967.5	0.25	0.35	0.40
	河南	3 500.0	0.25	0.40	0.45
	久治	3 628.5	0.20	0.30	0.35
	班玛	3 750.0	0.20	0.30	0.35
	昂欠	3 643.7	0.25	0.30	0.35
	祁连县托勒	3 367.0	0.30	0.40	0.45
	玛沁县仁峡姆	4 211.1	0.30	0.35	0.40
新疆	乌鲁木齐市	917.9	0.40	0.60	0.70
	阿勒泰市	735.3	0.40	0.70	0.85
	博乐市阿拉山口	284.8	0.95	1.35	1.55
	克拉玛依市	427.3	0.65	0.90	1.00
	伊宁市	662.5	0.40	0.60	0.70
	昭苏	1 851.0	0.25	0.40	0.45
	乌鲁木齐县达板城	1 103.5	0.55	0.80	0.90
	和静县巴音布鲁克	2 458.0	0.25	0.35	0.40
	吐鲁番市	34.5	0.50	0.85	1.00
	阿克苏市	1 103.8	0.30	0.45	0.50
	库车	1 099.0	0.35	0.50	0.60
	库尔勒市	931.5	0.30	0.45	0.50
	乌恰	2 175.7	0.25	0.35	0.40
	喀什市	1 288.7	0.35	0.55	0.65

省区市名	市县名	海拔高度/m	风压/(kN/m²)		
			$n=10$	$n=50$	$n=100$
	阿合奇	1 984.9	0.25	0.35	0.40
	皮山	1 375.4	0.20	0.30	0.35
	和田	1 374.6	0.25	0.40	0.45
	民丰	1 409.3	0.20	0.30	0.35
	民丰县安的河	1 262.8	0.20	0.30	0.35
	于田	1 422.0	0.20	0.30	0.35
	哈密	737.2	0.40	0.60	0.70
	哈巴河	532.6			
	吉木乃	984.1			
	福海	500.9			
	富蕴	807.5			
	塔城	534.9			
新疆	和布克赛尔	1 291.6			
	青河	1 218.2			
	托里	1 077.8			
	北塔山	1 653.7			
	温泉	1 354.6			
	精河	320.1			
	乌苏	478.7			
	石河子	442.9			
	蔡家湖	440.5			
	奇台	793.5			
	巴仑台	1 752.5			
	七角井				
	库米什	922.4			
	焉耆	1 055.8			

续 表

省区市名	市县名	海拔高度/m	风压/(kN/m²)		
			$n=10$	$n=50$	$n=100$
新疆	拜城	1 229.2			
	轮台	976.1			
	吐尔格特	3 504.4			
	巴楚	1 116.5			
	柯坪	1 161.8			
	阿拉尔	1 012.2			
	铁干里克	846.0			
	若羌	888.3			
	塔吉克	3 090.9			
	莎车	1 231.2			
	且末	1 247.5			
	红柳河	1 700.0			
河南	郑州市	110.4	0.30	0.45	0.50
	安阳市	75.5	0.25	0.45	0.55
	新乡市	72.7	0.30	0.40	0.45
	三门峡市	410.1	0.25	0.40	0.45
	卢氏	568.8	0.20	0.30	0.35
	孟津	323.3	0.30	0.45	0.50
	洛阳市	137.1	0.25	0.40	0.45
	栾川	750.1	0.20	0.30	0.35
	许昌市	66.8	0.30	0.40	0.45
	开封市	72.5	0.30	0.45	0.50
	西峡	250.3	0.25	0.35	0.40
	南阳市	129.2	0.25	0.35	0.40
	宝丰	136.4	0.25	0.35	0.40
	西华	52.6	0.25	0.45	0.55

省区市名	市县名	海拔高度/m	风压/(kN/m²)		
			$n=10$	$n=50$	$n=100$
河南	驻马店市	82.7	0.25	0.40	0.45
	信阳市	114.5	0.25	0.35	0.55
	商丘市	50.1	0.20	0.35	0.45
	固始	57.1	0.20	0.35	0.40
湖北	武汉市	23.3	0.25	0.35	0.40
	郧县	201.9	0.20	0.30	0.35
	房县	434.4	0.20	0.30	0.35
	老河口市	90.0	0.20	0.30	0.35
	枣阳市	125.5	0.25	0.40	0.45
	巴东	294.5	0.15	0.30	0.35
	钟祥	65.8	0.20	0.35	0.25
	麻城市	59.3	0.20	0.35	0.35
	恩施市	457.1	0.20	0.30	0.35
	巴东县绿葱坡	1819.3	0.30	0.35	0.40
	五峰县	908.4	0.20	0.30	0.35
	宜昌市	133.1	0.20	0.30	0.35
	江陵县荆州	32.6	0.20	0.30	0.35
	天门市	34.1	0.20	0.30	0.35
	来凤	459.5	0.20	0.30	0.35
	嘉鱼	36.0	0.20	0.35	0.45
	英山	123.8	0.20	0.30	0.35
	黄石市	19.6	0.25	0.35	0.40
湖南	长沙市	44.9	0.25	0.35	0.40
	桑植	322.2	0.20	0.30	0.35
	石门	116.9	0.25	0.30	0.35
	南县	36.0	0.25	0.40	0.50

省区市名	市县名	海拔高度/m	风压/(kN/m²)		
			$n=10$	$n=50$	$n=100$
湖南	岳阳市	53.0	0.25	0.40	0.50
	吉首市	206.6	0.20	0.30	0.35
	沅陵	151.6	0.20	0.30	0.35
	常德市	35.0	0.25	0.40	0.50
	安化	128.3	0.20	0.30	0.35
	沅江市	36.0	0.25	0.40	0.45
	平江	106.3	0.20	0.30	0.35
	芷江	272.2	0.20	0.30	0.35
	雪峰山	1 404.9			
	邵阳市	248.6	0.20	0.30	0.20
	双峰	100.0	0.20	0.30	0.35
	南岳	1 265.9	0.60	0.75	0.85
	通道	341.0	0.20	0.30	0.35
	武岗	341.0	0.20	0.30	0.35
	零陵	172.6	0.25	0.40	0.45
	衡阳市	103.2	0.25	0.40	0.45
	道县	192.2	0.25	0.35	0.40
	郴州市	184.9	0.20	0.30	0.35
广东	广州市	6.6	0.30	0.50	0.60
	南雄	133.8	0.20	0.30	0.35
	连县	97.6	0.20	0.30	0.35
	韶关	69.3	0.20	0.35	0.45
	佛岗	67.8	0.20	0.30	0.35
	连平	214.5	0.20	0.30	0.35
	梅县	87.8	0.20	0.30	0.35
	广宁	56.8	0.20	0.30	0.35

省区市名	市县名	海拔高度/m	风压/(kN/m²)		
			$n=10$	$n=50$	$n=100$
广东	高要	7.1	0.30	0.50	0.60
	河源	40.6	0.20	0.30	0.35
	惠阳	22.4	0.35	0.55	0.60
	五华	120.9	0.20	0.30	0.35
	汕头市	1.1	0.50	0.80	0.95
	惠来	12.9	0.45	0.75	0.90
	南澳	7.2	0.50	0.80	0.95
	信宜	84.6	0.35	0.60	0.70
	罗定	53.3	0.20	0.30	0.35
	台山	32.7	0.35	0.55	0.65
	深圳市	18.2	0.45	0.75	0.90
	汕尾	4.6	0.50	0.85	1.00
	湛江市	25.3	0.50	0.85	0.95
	阳江	23.3	0.45	0.70	0.80
	电白	11.8	0.45	0.70	0.80
	台山县上川岛	21.5	0.75	1.05	1.20
	徐闻	67.9	0.45	0.75	0.90
广西	南宁市	73.1	0.25	0.35	0.40
	桂林市	164.4	0.20	0.30	0.35
	柳州市	96.8	0.20	0.30	0.35
	蒙山	145.7	0.20	0.30	0.35
	贺山	108.8	0.20	0.30	0.35
	百色市	173.5	0.25	0.45	0.55
	靖西	739.4	0.20	0.30	0.35
	桂平	42.5	0.20	0.30	0.35
	梧州市	114.8	0.20	0.30	0.35

续　表

省区市名	市县名	海拔高度/m	风压/(kN/m²)		
			$n=10$	$n=50$	$n=100$
广西	龙州	128.8	0.20	0.30	0.35
	灵山	66.0	0.20	0.30	0.35
	玉林	81.8	0.20	0.30	0.35
	东兴	18.2	0.45	0.75	0.90
	北海市	15.3	0.45	0.75	0.90
	涠州岛	55.2	0.70	1.00	1.15
海南	海口市	14.1	0.45	0.75	0.90
	东方	8.4	0.55	0.85	1.00
	儋县	168.7	0.40	0.70	0.85
	琼中	250.9	0.30	0.45	0.55
	琼海	24.0	0.50	0.85	1.05
	三亚市	5.5	0.50	0.85	1.05
	陵水	13.9	0.50	0.85	1.05
	西沙岛	4.7	1.05	1.80	2.20
	珊瑚岛	4.0	0.70	1.10	1.30
四川	成都市	506.1	0.20	0.30	0.35
	石渠	4 200.0	0.25	0.30	0.35
	若尔盖	3 439.6	0.25	0.30	0.35
	甘孜	3 393.5	0.35	0.45	0.50
	都江堰市	706.7	0.20	0.35	0.35
	绵阳市	470.8	0.20	0.30	0.35
	雅安市	627.6	0.20	0.30	0.35
	资阳	357.0	0.20	0.30	0.35
	康定	2 615.7	0.30	0.35	0.40
	汉源	795.9	0.20	0.30	0.35
	九龙	2 987.3	0.20	0.30	0.35

省区市名	市县名	海拔高度/m	风压/(kN/m²)		
			$n=10$	$n=50$	$n=100$
四川	越西	1 659.0	0.25	0.30	0.35
	昭觉	2 132.4	0.25	0.30	0.35
	雷波	1 474.9	0.20	0.30	0.35
	宜宾市	340.8	0.20	0.30	0.35
	盐源	2 545.0	0.20	0.30	0.35
	西昌市	1 590.9	0.20	0.30	0.35
	会理	1 787.1	0.20	0.30	0.35
	万源	674.0	0.20	0.30	0.35
	阆中	382.6	0.20	0.30	0.35
	巴中	358.9	0.20	0.30	0.35
	达县市	310.4	0.20	0.35	0.45
	奉节	607.3	0.25	0.35	0.40
	遂宁市	278.2	0.20	0.30	0.35
	南充市	309.3	0.20	0.30	0.35
	梁平	454.6	0.20	0.30	0.35
	万县市	186.7	0.15	0.30	0.35
	内江市	347.1	0.25	0.40	0.50
	涪陵市	273.5	0.20	0.30	0.35
	泸州市	334.8	0.20	0.30	0.35
	叙永	377.5	0.20	0.30	0.35
	德格	3 201.2			
	色达	3 893.9			
	道孚	2 957.2			
	阿坝	3 275.1			
	马尔康	2 664.4			
	红原	3 491.6			

续　表

省区市名	市县名	海拔高度/m	风压/(kN/m²)		
			$n=10$	$n=50$	$n=100$
四川	小金	2 369.2			
	松潘	2 850.7			
	新龙	3 000.0			
	理塘	3 948.9			
	稻城	3 727.7			
	峨眉山	3 047.4			
	金佛山	1 905.9			
贵州	贵阳市	1 074.3	0.20	0.30	0.35
	威宁	2 237.5	0.25	0.35	0.40
	盘县	151.2	0.25	0.35	0.40
	桐梓	972.0	0.20	0.30	0.35
	习水	1 180.2	0.20	0.30	0.35
	毕节	1 510.6	0.20	0.30	0.35
	遵义市	843.9	0.20	0.30	0.35
	湄潭	791.8			
	思南	416.3	0.20	0.30	0.35
	铜仁	279.7	0.20	0.30	
	黔西	1 251.8			
	安顺市	1 392.9	0.20	0.30	0.35
	凯里市	720.3	0.20	0.30	0.35
	三穗	610.5			
	兴仁	1 378.5	0.20	0.30	0.35
	罗甸	440.3	0.20	0.30	0.35
	独山	1 013.3			
	榕江	285.7			
云南	昆明市	1 891.4	0.20	0.30	0.35

省区市名	市县名	海拔高度/m	风压/(kN/m²)		
			$n=10$	$n=50$	$n=100$
	德钦	3 485.0	0.25	0.35	0.40
	贡山	1 591.3	0.20	0.30	0.35
	中甸	3 276.1	0.20	0.30	0.35
	维西	2 325.6	0.20	0.30	0.35
	昭通市	1 949.5	0.25	0.35	0.40
	丽江	2 393.2	0.25	0.30	0.35
	华坪	1 244.8	0.25	0.35	0.40
	会泽	2 109.5	0.25	0.35	0.40
	腾冲	1 654.6	0.20	0.30	0.35
	泸水	1 804.9	0.20	0.30	0.35
	保山市	1 653.5	0.20	0.30	0.35
	大理市	1 990.5	0.45	0.65	0.75
云南	元谋	1 120.2	0.25	0.35	0.40
	楚雄市	1 772.0	0.20	0.35	0.40
	曲靖市沾益	1 898.7	0.25	0.30	0.35
	瑞丽	776.6	0.20	0.30	0.35
	景东	1 162.3	0.20	0.30	0.35
	玉溪	1 636.7	0.20	0.30	0.35
	宜良	1 532.1	0.25	0.40	0.50
	泸西	1 704.3	0.25	0.30	0.35
	孟定	511.4	0.25	0.40	0.45
	临沧	1502.4	0.20	0.30	0.35
	澜沧	1 054.8	0.20	0.30	0.35
	景洪	552.7	0.20	0.40	0.50
	思茅	1 302.1	0.25	0.45	0.55
	元江	400.9	0.25	0.30	0.35

续　表

省区市名	市县名	海拔高度/m	风压/(kN/m²)		
			$n=10$	$n=50$	$n=100$
云南	勐腊	631.9	0.20	0.30	0.35
	江城	1 119.5	0.20	0.40	0.50
	蒙自	1 300.7	0.25	0.30	0.35
	屏边	1 414.1	0.20	0.30	0.35
	文山	1 271.6	0.20	0.30	0.35
	广南	1 249.6	0.25	0.35	0.40
西藏	拉萨市	3 658.0	0.20	0.30	0.35
	班戈	4 700.0	0.35	0.55	0.65
	安多	4 800.0	0.45	0.75	0.90
	那曲	4 507.0	0.30	0.45	0.50
	日喀则市	3 836.0	0.20	0.30	0.35
	乃东县泽当	3 551.7	0.20	0.30	0.35
	隆子	3 860.0	0.30	0.45	0.50
	索县	4 022.8	0.25	0.40	0.45
	昌都	3 306.0	0.20	0.30	0.35
	林芝	3 000.0	0.25	0.35	0.40
	葛尔	4 278.0			
	改则	4 414.9			
	普兰	3 900.0			
	申扎	4 672.0			
	当雄	4 200.0			
	尼木	3 809.4			
	聂拉木	3 810.0			
	定日	4 300.0			
	江孜	4 040.0			
	错那	4 280.0			

续 表

省区市名	市县名	海拔高度/m	风压/(kN/m²)		
			$n=10$	$n=50$	$n=100$
西藏	帕里	4 300.0			
	丁青	3 873.1			
	波密	2 736.0			
	察隅	2 327.6			
台湾	台北	8.0	0.40	0.70	0.85
	新竹	8.0	0.50	0.80	0.95
	宜兰	9.0	1.10	1.85	2.30
	台中	78.0	0.50	0.80	0.90
	花莲	14.0	0.40	0.70	0.85
	嘉义	20.0	0.50	0.80	0.95
	马公	22.0	0.85	1.30	1.55
	冈山	10.0	0.55	0.80	0.95
	台东	10.0	0.65	0.90	1.05
	恒春	24.0	0.70	1.05	1.20
	阿里山	2 406.0	0.25	0.35	0.40
	台南	14.0	0.60	0.85	1.00
香港	香港	50.0	0.80	0.90	0.95
	横澜岛	55.0	0.95	1.25	1.40
澳门		57.0	0.75	0.85	0.90

注:摘自《建筑结构荷载规范》(GB50009-2001)(2006 年版)。

附录 B　风荷载体型系数

房屋和构筑物的风载体型系数,可按下列规定采用:

(1) 房屋和构筑物与下表中的体型类同时,可按该表的规定采用;

(2) 房屋和构筑物与下表中的体型不同时,可参考有关资料采用;

(3) 房屋和构筑物与下表中的体型不同且无参考资料可以借鉴时,宜由风洞试验确定;

(4) 对于重要且体型复杂的房屋和构筑物,应由风洞试验确定。

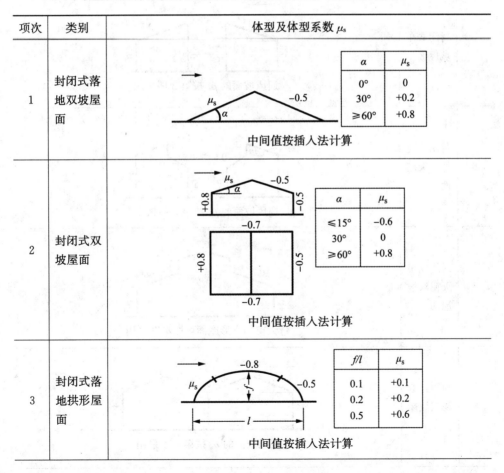

项次	类别	体型及体型系数 μ_s
1	封闭式落地双坡屋面	（图示）$\begin{array}{cc} \alpha & \mu_s \\ 0° & 0 \\ 30° & +0.2 \\ \geq 60° & +0.8 \end{array}$　中间值按插入法计算
2	封闭式双坡屋面	（图示）$\begin{array}{cc} \alpha & \mu_s \\ \leq 15° & -0.6 \\ 30° & 0 \\ \geq 60° & +0.8 \end{array}$　中间值按插入法计算
3	封闭式落地拱形屋面	（图示）$\begin{array}{cc} f/l & \mu_s \\ 0.1 & +0.1 \\ 0.2 & +0.2 \\ 0.5 & +0.6 \end{array}$　中间值按插入法计算

项次	类别	体型及体型系数 μ_s		
4	封闭式拱形屋面	 中间值按插入法计算		
5	封闭式单坡屋面	 迎风坡面的 μ_s 按第 2 项采用		
6	封闭式高低双坡屋面	 迎风坡面的 μ_s 按第 2 项采用		
7	封闭式带天窗双坡屋面	 带天窗的拱形屋面可按本图采用		
8	封闭式双跨双坡屋面	 迎风坡面的 μ_s 按第 2 项采用		

项次 4 的体型系数表：

f/l	μ_s
0.1	-0.8
0.2	0
0.5	$+0.6$

续 表

项次	类别	体型及体型系数 μ_s
9	封闭式不等高不等跨的双跨双坡屋面	μ_s α -0.6 -0.6 -0.6 -0.4 $+0.8$ -0.4 $\quad$ μ_s α -0.6 -0.6 -0.2 -0.5 $+0.8$ -0.4 迎风坡面的 μ_s 按第 2 项采用
10	封闭式不等高不等跨的三跨双坡屋面	μ_{s1} μ_s -0.6 -0.2 -0.5 -0.5 h -0.5 -0.4 α h_1 $+0.8$ -0.4 迎风坡面的 μ_s 按第 2 项采用 中跨上部迎风墙面的 μ_{s1} 按下式采用： $\mu_{s1}=0.6(1-2h_1/h)$ 但当 $h_1=h$ 时，取 $\mu_{s1}=-0.6$
11	封闭式带天窗带坡的双坡屋面	-0.2 $+0.6$ -0.7 0.6 -0.5 0.6 $+0.8$ -0.5 -0.5 $\quad$ $+0.8$ -0.2 $+0.7$ -0.3 $+0.3$ -0.6 0.6 -0.5 -0.5
12	封闭式带天窗带双坡的双坡屋面	$+0.3$ -0.6 $+0.7$ -0.3 -0.6 -0.2 -0.6 -0.5 $+0.8$ -0.4
13	封闭式不等高不等跨且中跨带天窗的三跨双坡屋面	$+0.3$ -0.6 μ_{s1} -0.3 -0.6 μ_s -0.6 -0.6 α h -0.5 -0.4 h_1 $+0.8$ -0.4 迎风坡面的 μ_s 按第 2 项采用 中跨上部迎风墙面的 μ_{s1} 按下式采用： $\mu_{s1}=0.6(1-2h_1/h)$ 但当 $h_1=h$ 时，取 $\mu_{s1}=-0.6$

项次	类别	体型及体型系数 μ_s
14	封闭式带天窗的双跨双坡屋面	 迎风面第 2 跨的天窗面的 μ_s 按第 2 项采用: 当 $\alpha \leqslant 4h$ 时,取 $\mu_s = 0.2$ 当 $\alpha > 4h$ 时,取 $\mu_s = 0.6$
15	封闭式带女儿墙的双坡屋面	 当女儿墙高度有限时,屋面上的体型系数 可按无女儿墙的屋面采用
16	封闭式带雨篷的双坡屋面	 迎风坡面的 μ_s 按第 2 项采用
17	封闭式对立两个带雨篷的双坡屋面	 本图适用于 s 为 8~20m,迎风坡面的 μ_s 按第 2 项采用
18	封闭式带下沉天窗的双坡屋面或拱形屋面	

项次	类别	体型及体型系数 μ_s
19	封闭式带下沉天窗的双跨双坡或拱形屋面	
20	封闭式带天窗挡风板的屋面	
21	封闭式带天窗挡风板的双跨屋面	
22	封闭式锯齿形屋面	 迎风坡面的 μ_s 按第 2 项采用 齿面增多或减少时,可均匀地在(1),(2),(3)三个区段内调节
23	封闭式复杂多跨屋面	 天窗面的 μ_s 按第 2 项采用: 当 $\alpha \leqslant 4h$ 时,取 $\mu_s = 0.2$ 当 $\alpha > 4h$ 时,取 $\mu_s = 0.6$

项次	类别	体型及体型系数 μ_s

(a)

本图适合于 $\dfrac{H_m}{H} \geqslant 2$ 及 $\dfrac{s}{H} = 0.2 \sim 0.4$ 的情况

体型系数 μ_s：

β	α	A	B	C	D	
	15°	+0.9	−0.4	0	+0.2	−0.2
30°	30°	+0.9	+0.2	−0.2	−0.2	−0.3
	60°	+1.0	+0.7	−0.4	−0.2	−0.5
	15°	+1.0	+03	+0.4	+0.5	+0.4
60°	30°	+1.0	+0.4	+0.3	+0.4	+0.2
	60°	+1.0	+0.8	−0.3	0	−0.5
	15°	+1.0	+0.5	+0.7	+0.8	+0.6
90°	30°	+1.0	+0.6	+0.8	+0.9	+0.7
	60°	+1.0	+0.9	−0.1	+0.2	−0.4

(b)

体型系数 μ_s：

β	ABD	E	$A'B'C'D'$	F
15°	−0.8	+0.9	−0.2	−0.2
30°	−0.9	+0.9	−0.2	−0.2
60°	−0.9	+0.9	−0.2	−0.2

24　靠山封闭式双坡屋面

项次	类别	体型及体型系数 μ_s
25	靠山封闭式带天窗的双坡屋面	 本图适合于 $H_m/H \geqslant 2$ 及 $s/H = 0.2 \sim 0.4$ 的情况 体型系数 μ_s： 下表
26	单面开敞式双坡屋面	 迎风坡面的 μ_s 按第 2 项采用
27	双面开敞及四面开敞式双坡屋面	 体型系数 μ_s

体型系数 μ_s：

β	A	B	C	D	D'	C'	B'	A'	E
30°	+0.9	+0.2	−0.6	−0.4	−0.3	−0.3	−0.3	−0.2	−0.5
60°	+0.9	+0.6	+0.1	+0.1	+0.2	+0.2	+0.2	+0.4	+0.1
90°	+1.0	+0.8	+0.6	+0.2	+0.6	+0.6	+0.6	+0.8	+0.6

项次	类别	体型及体型系数 μ_s
27	双面开敞及四面开敞式双坡屋面	<table><tr><td>α</td><td>μ_{s1}</td><td>μ_{s2}</td></tr><tr><td>$\leqslant 10°$</td><td>-1.3</td><td>-0.7</td></tr><tr><td>$30°$</td><td>$+1.6$</td><td>$+0.4$</td></tr></table> 中间值按插入法计算 注：1. 本图屋面对风有过敏反应，设计时应考虑 μ_s 值变号的情况； 2. 纵向风荷载对屋面所引起的总水平力： 当 $\alpha \geqslant 30°$ 时，为 $0.05 A w_h$ 当 $\alpha < 30°$ 时，为 $0.10 A w_h$ A 为屋面的水平投影面积，w_h 为屋面高度 h 处的风压 3. 当室内堆放物品或房屋处于山坡时，屋面吸力应增大，可按第（26）项（a）采用
28	前后纵墙半开敞双坡屋面	 迎风坡面的 μ_s 按第 2 项采用 本图适用于墙的上部集中开敞面积 $\geqslant 10\%$ 且 $<50\%$ 的房屋 当开敞面积达 50% 时，背风墙面的系数改为 -1.1
29	单坡及双坡顶盖	(a) <table><tr><td>α</td><td>μ_{s1}</td><td>μ_{s2}</td><td>μ_{s3}</td><td>μ_{s4}</td></tr><tr><td>$\leqslant 10°$</td><td>-1.3</td><td>-0.5</td><td>$+1.3$</td><td>$+0.5$</td></tr><tr><td>$30°$</td><td>-1.4</td><td>-0.6</td><td>$+1.4$</td><td>$+0.6$</td></tr></table> 中间值按插入法计算

续　表

项次	类别	体型及体型系数 μ_s
29	单坡及双坡顶盖	(b) 体型系数按第 27 项采用 (c) <table><tr><td>α</td><td>μ_{s1}</td><td>μ_{s2}</td></tr><tr><td>$\leqslant 10°$</td><td>+1.0</td><td>+0.7</td></tr><tr><td>$30°$</td><td>-1.6</td><td>-0.4</td></tr></table> 中间值按插入法计算 注:(b),(c)应考虑第 27 项注 1 和注 2
30	封闭式房屋和构筑物	(a) 正多边形(包括矩形)平面 (b) Y 型平面

项次	类别	体型及体型系数 μ_s
30	封闭式房屋和构筑物	(c) L 型平面　　　　　　　　　　　　　　　(d) Ⅱ 型平面 (e) 十字型平面　　　　　　　　　　　　　(f) 截角三边形平面
31	各种截面的杆件	$\mu_s = +1.3$
32	桁架	(a) 单榀桁架的体型系数 $\mu_{st} = \varphi\mu_s$ μ_s 为桁架构件的体型系数,对型钢杆件按第 31 项采用,对圆管杆件按第 36(b)项采用 $\varphi = \dfrac{A_n}{A}$ 为桁架的挡风系数 A_n 为桁架杆件和节点挡风的净投影面积 $A = hl$ 为桁架的轮廓面积

续　表

项次	类别	体型及体型系数 μ_s

32　桁架

(b)

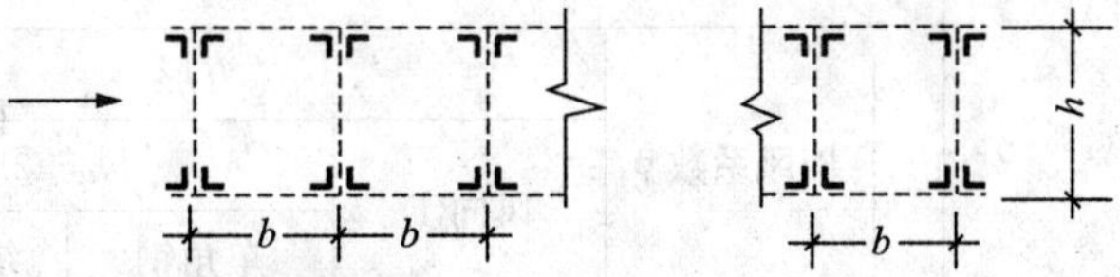

n 榀平行桁架的整体体型系数

$$\mu_{stw} = \mu_{st}\frac{1-\eta^n}{1-\eta}$$

μ_{st} 为单榀桁架的体型系数，η 按下表采用

	≤1	2	4	6
≤0.1	1.00	1.00	1.00	1.00
0.2	0.85	0.90	0.93	0.97
0.3	0.66	0.75	0.80	0.85
0.4	0.50	0.60	0.67	0.73
0.5	0.33	0.45	0.53	0.62
0.6	0.15	0.30	0.40	0.50

33　独立墙壁及围墙

+1.3

34　塔架

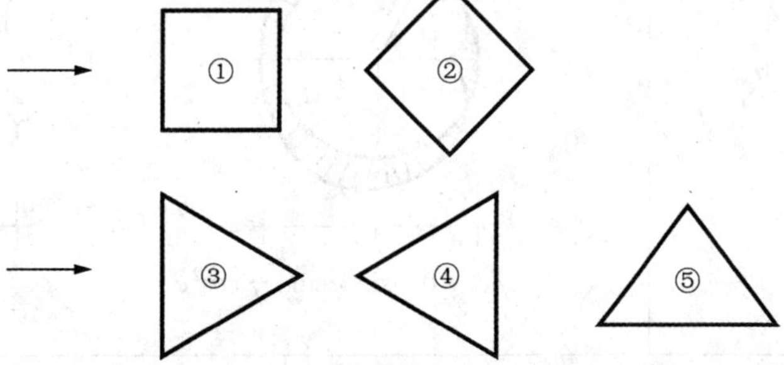

①　②

③　④　⑤

项次	类别	体型及体型系数 μ_s			

(a) 角钢塔架整体计算时的体型系数 μ_s

挡风系数 ϕ	方形			三角形风向③④⑤
	风向①	风向②		
		单角钢	组合角钢	
≤0.1	2.6	2.9	3.1	2.4
0.2	2.4	2.7	2.9	2.2
0.3	2.2	2.4	2.7	2.0
0.4	2.0	2.2	2.4	1.8
0.5	1.9	1.9	2.0	1.6

（项次 34　类别 塔架）

(b) 管子及圆钢塔架整体计算时的体型系数 μ_s

当 $\mu_z w_0 d^2 \leq 0.002$ 时，μ_s 按角钢塔架的 μ_s 值乘以 0.8 采用；

当 $\mu_z w_0 d^2 \geq 0.015$ 时，μ_s 按角钢塔架的 μ_s 值乘以 0.6 采用；

中间值按插值法计算

（项次 35　类别 旋转壳顶）

(a) $\dfrac{f}{l} > \dfrac{1}{4}$

(b) $\dfrac{f}{l} \leq \dfrac{1}{4}$

$$\mu_s = 0.5\sin^2\varphi\sin\psi - \cos^2\varphi$$

$$\mu_s = -\cos^2\varphi$$

项次	类别	体型及体型系数 μ_s		

(a) 局部计算时表面分布的体型系数 μ_s

	$H/d \geqslant 25$	$H/d=7$	$H/d=1$
0°	+1.0	+1.0	+1.0
15°	+0.8	+0.8	+0.8
30°	+0.1	+0.1	+0.1
45°	−0.9	−0.8	−0.7
60°	−1.9	−1.7	−1.2
75°	−2.5	−2.2	−1.5
90°	−2.6	−2.2	−1.7
105°	−1.9	−1.7	−1.2
120°	−0.9	−0.8	−0.7
135°	−0.7	−0.6	−0.5
150°	−0.6	−0.5	−0.4
165°	−0.6	−0.5	−0.4
180°	−0.6	−0.5	−0.4

表中数值适用于 $\mu_z w_0 d^2 \geqslant 0.015$ 的表面光滑情况,其中 w_0 以 kN/m² 计,d 以 m 计

(b) 整体计算时的体型系数 μ_s

$\mu_z w_0 d^2$	表面情况	$H/d \geqslant 25$	$H/d=7$	$H/d=1$
$\geqslant 0.015$	$\Delta \approx 0$	0.6	0.5	0.5
	$\Delta = 0.02d$	0.9	0.8	0.7
	$\Delta = 0.08d$	1.2	1.0	0.8
$\leqslant 0.002$		1.2	0.8	0.7

中间值按插值法计算;

△为表面凸出高度

项次 36　类别：圆截面构筑物(包括烟囱、塔桅等)

项次	类别	体型及体型系数 μ_s

本图适用于 $\mu_z w_0 d^2 \geqslant 0.015$ 的情况

(a)上下双管

s/d	$\leqslant 0.25$	0.5	0.75	1.0	1.5	2.0	$\geqslant 3.0$
μ_s	+1.2	+0.9	+0.75	+0.7	+0.65	+0.63	+0.6

(b)前后双管

37　架空管道

s/d	$\leqslant 0.25$	0.5	1.5	3.0	4.0	6.0	8.0	$\geqslant 10.0$
μ_s	+0.68	+0.86	+0.94	+0.99	+1.08	+1.11	+1.14	+1.2

表列 μ_s 值为前后两管之和,其中前管为 0.6

(c)密排多管

$$\mu_s = +1.4$$

μ_s 值为各管总和

38　拉索

风荷载水平分量 w_x 的体型系数 μ_{sx} 及垂直分量 w_y 的体型系数 μ_{sy}:

项次	类别	体型及体型系数 μ_s					
		α	μ_{sx}	μ_{sy}	α	μ_{sx}	μ_{sy}
		0°	0	0	50°	0.60	0.40
		10°	0.05	0.05	60°	0.85	0.40
		20°	0.10	0.10	70°	1.10	0.30
		30°	0.20	0.25	80°	1.20	0.20
		40°	0.35	0.40	90°	1.25	0

注:摘自《建筑结构荷载规范》(GB50009-2001)(2006 年版)。